U0170352

山区滑坡多场监测与动态预警

任青阳　周建庭　王礼刚　著

科学出版社

北　京

内 容 简 介

本书针对现有山区滑坡监测预警技术还存在的监测手段、体系单一，预警动态性、准确性较差的问题，开展了山区滑坡多场监测新技术与滑坡灾变动态预警技术研究，创建了基于时空演化规律的滑坡地质灾害多场监测预警理论和技术体系，研发了多时空分辨率的滑坡地质灾害多场监测数据融合技术，构建了基于演化特征信息判识的滑坡地质灾害多场协同预警技术。

本书可供防灾减灾工程及防护工程、岩土工程、测绘工程、交通运输工程等相关专业的高等院校、科研院所的教学、科研人员参考阅读。

图书在版编目（CIP）数据

山区滑坡多场监测与动态预警/任青阳，周建庭，王礼刚著. —北京：科学出版社，2022.10

ISBN 978-7-03-073086-2

Ⅰ.①山… Ⅱ.①任… ②周… ③王… Ⅲ.①山区－滑坡－预警系统－研究 Ⅳ.①P642.22

中国版本图书馆 CIP 数据核字（2022）第 162053 号

责任编辑：朱小刚 / 责任校对：杨聪敏
责任印制：罗 科 / 封面设计：陈 敬

科 学 出 版 社 出版
北京东黄城根北街 16 号
邮政编码：100717
http://www.sciencep.com
四川煤田地质制图印刷厂 印刷
科学出版社发行 各地新华书店经销

*

2022 年 10 月第 一 版 开本：720×1000 B5
2022 年 10 月第一次印刷 印张：16 1/4
字数：320 000

定价：148.00 元
（如有印装质量问题，我社负责调换）

前　　言

　　我国是世界上地质灾害最严重、受威胁人口最多的国家之一。特别是在我国西南山区，地表水系发育、地形切割强烈，地层岩性及地质构造复杂，具有形成滑坡地质灾害的典型不良地质条件，灾害隐患多、分布广，且隐蔽性、突发性和破坏性强。因此，亟须开展滑坡地质灾害科学高效监测、预警工作。

　　然而，山区滑坡监测预警技术是一个跨学科的综合性技术，它包括岩土工程、工程地质、测绘工程、力学、数学、信息科学等多方面的知识。随着科学技术的发展，尽管滑坡监测预警技术在监测手段多样化和预警方法上逐渐成熟，但是滑坡的监测预警在与滑坡灾变机理有机结合、监测设备的可靠性和稳定性、多场数据的融合分析、有效监测数据的选取和智能预警的动态性方面存在较为明显的局限性。本书在山区滑坡地质灾害调查与分析的基础上，主要围绕以下 3 个方面的科学与工程问题展开研究。

　　1）山区滑坡多场特征信息监测技术问题

　　山区滑坡有效监测预警的前提是正确界定滑坡演化阶段，复杂环境条件下滑坡多场特征信息是正确判识滑坡演化阶段的依据，因此，开展多场动态信息监测与识别十分重要。而监测信息的准确性、可靠性、稳定性和精度，直接影响滑坡监测预警科学性和有效性，而目前在山区滑坡监测过程中由于使用环境、监测传感本身问题以及传感开发针对性欠强等，造成了监测信息在准确性、可靠性、稳定性、精度等方面不尽如人意，影响了滑坡监测预警系统的效益发挥。

　　2）复杂海量多源监测数据融合处理技术问题

　　滑坡体本身及其演化过程在时间和空间上错综复杂，需要使用不同的技术手段对其进行全方位的监测，使得滑坡的监测数据成为集宏观与微观、连续与离散、时间与空间、动态与静态、数值与文本多种形态共存的多源、多维、异构于一体的超复杂数据集，且数据量巨大。如此不同时间尺度-空间尺度-属性域的复杂海量的数据形态，该采用何种方法对其进行融合分析，是限制滑坡监测预警技术发展的因素之一。

　　3）滑坡灾变动态预警技术问题

　　滑坡的内、外部影响因素多且具有关联性，这些影响因素的变化会产生不同的演化结果，现有的预测模型多是单纯根据历史监测数据推演得出的，这些模型既没有考虑这些数据是否与滑坡演化规律相结合，也没有反映出多场数据间的关联影响，造成现有预测模型缺乏对滑坡灾变预警的动态适应性，导致预测的长期有效性欠佳，是限制滑坡监测预警技术发展的另一个因素。

本书以重庆、贵州、四川、云南、湖北等一批重大山区公路滑坡防治工程为依托，以复杂山区滑坡成灾机理为基础，围绕山区公路滑坡监测预警中的关键科学问题和技术难题，重点阐述了在国家重点研发计划重点专项等 15 项国家和省部级科研项目资助下，所取得的基于多场大数据融合的山区滑坡地质灾害智能监测、预警理论关键技术成果，对于滑坡地质灾害科学防控，保护人民群众生命财产安全具有重要的科学意义和工程应用价值。

本书研究成果已成功地应用于重庆、贵州、四川等地山区公路滑坡灾害防控实践中，在自然资源、交通、市政等工程领域得到了广泛应用，产生了巨大的经济效益、社会效益、环保效益，应用前景广阔。

在本书编写过程中，得到了重庆地质矿产研究院徐洪教授级高级工程师、重庆交通大学唐菲菲博士的大力支持，在此深表感谢！

本书主要得到了国家自然科学基金项目"强卸荷条件下岩体流变特性对高边坡锚固效果影响研究"，重庆市高校创新研究群体项目"山区重大工程环境灾害防控"，重庆市自然科学基金重点项目、重庆英才·创新创业领军人才项目等的资助，在此深表感谢！

由于作者水平有限，书中难免会有不足之处，恳请广大读者批评指正。

作　者

2022 年 8 月

目　　录

第1章 绪 论

1.1 研究背景

我国是世界上地质灾害发生最多、受威胁人口最多的国家之一，地质条件复杂，构造活动频繁，崩塌、滑坡、泥石流、地面塌陷、地面沉降、地裂缝等灾害隐患多、分布广，且隐蔽性、突发性和破坏性强，防范难度大。特别是近年来受极端天气、地震、工程建设等因素影响，地质灾害多发，给人民群众生命财产造成严重损失。自然资源部在 2018 年对地质灾害防治工作的总体部署中，依据全国地质灾害易发区分布，考虑不同区域社会经济重要性因素，如土地利用、工程建设、经济发展和社会防灾减灾能力，结合国家"一带一路"建设、京津冀协同发展和长江经济带发展，把地质灾害易发、人口密集、社会经济财富集中、重要基础设施和国民经济发展的重要规划区作为地质灾害重点防治区，共划分地质灾害重点防治区 17 个。

重庆地处四川盆地东部盆周山地及盆缘斜坡区，地跨扬子准地台和秦岭褶皱系两大构造单元，属典型高山峡谷地貌，山地、丘陵面积占全市总面积的 90.9%，地表水系发育、地形切割强烈，地层岩性及地质构造复杂，具有形成滑坡地质灾害的典型不良地质条件，是全国滑坡地质灾害高易发省市之一。2004 年 9 月 5 日，重庆万州特大滑坡（图 1.1），长约 1237m，均宽 394m，民国村 1100 户房屋全部倒塌；滑坡前缘万开高速大桥桥墩倾斜、折断。2014 年 9 月 1 日，云阳县咸池水

图 1.1 2004 年 9 月 5 日重庆万州特大滑坡

库发生滑坡，造成 20 户居民房屋全部掩埋，直接经济损失近 1000 万元，滑坡发生前紧急撤离了 29 户 148 人，未造成人员伤亡。2015 年 6 月 24 日，重庆巫山大宁河江东寺北岸突发大面积滑坡引发巨大涌浪，事故造成一名 8 岁男孩死亡，5人受伤，对岸靠泊的 21 艘小型船舶翻沉，另有 21 艘靠泊船舶断缆漂航。2017 年 3 月 25 日，重庆北碚区水土镇一山体发生滑坡，2 人被掩埋。2018 年 11 月 13 日，奉节县竹园镇一村道突然出现山体滑坡，未造成人员伤亡。2019 年 4 月 19 日，重庆市万盛经开区关坝镇突降暴雨，累计降水量达 169.8mm，引发新生突发土层滑坡 1.2 万 m^3，导致凉风村芝麻土社小河扁 2 户农房垮塌，4 人失踪。

　　受极端异常气候和人为活动影响，重庆市地质灾害发生频率和危害性日益加大，2013～2017 年，全市共发生地质灾害 4884 起（灾情 2136 起、险情 2748 起），造成 104 人死亡、22 人失踪、43 人受伤，直接经济损失达 42.9 亿元，间接经济损失超 100 亿元（图 1.2）。

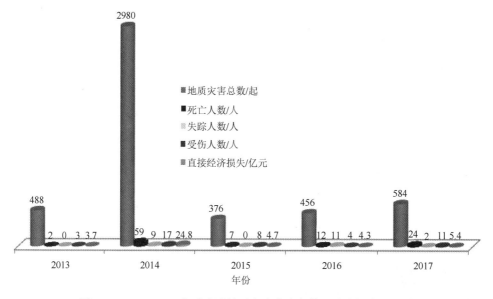

图 1.2　2013～2017 年重庆市地质灾害发生起数及造成损失对比图

　　特别是 2014 年 8 月 30 日～9 月 15 日,渝东北地区遭遇百年不遇特大暴雨(其中云阳 24h 最大雨量达到 403mm)，云阳县、巫山县、巫溪县、开县（2016 年改开州区）、奉节县共发生 2340 起地质灾害（灾情 1014 起、险情 1326 起），经济损失达 24.8 亿元。2017 年 9 月 1 日～10 月 5 日，渝东北持续性降雨，造成地质灾害灾情、险情 326 起。

　　因此，亟须开展滑坡地质灾害科学高效监测、预警工作。本书结合复杂山区滑坡成灾机理和多场监测数据，以滑坡稳定性变化规律研究为基础，结合多场监测数据多源融合的思路解决滑坡智能化动态监测预警问题，开展基于多场数据融合的山区滑坡地质灾害监测、预警研究，提高监测预警的准确性和实时性，这对于滑坡地质灾害科学防控，保护人民群众生命财产安全具有重要的科学意义和工程应用价值。

1.2　研究目的和意义

滑坡是雨季中频繁发生的一种地质灾害，对人类的生命财产安全、自然环境和社会经济发展造成重大损失。根据灾难流行病学研究中心（比利时布鲁塞尔）统计得到，滑坡造成的损失至少占到所有地质灾害中的 17%。在我国，山体滑坡这一地质灾害的发生频率在所有地质灾害中也占到了较大比例（图 1.3）。

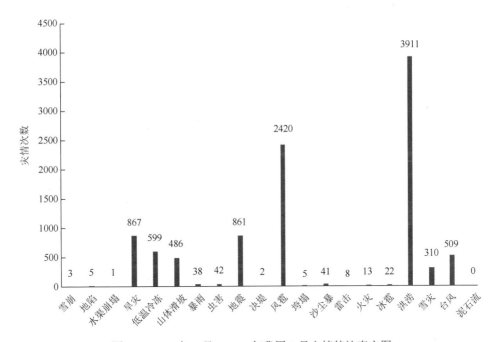

图 1.3　2008 年 1 月～2017 年我国 3 月灾情统计直方图

国内外研究人员对滑坡监测预警、减灾防灾进行了大量的研究和实践。然而，滑坡的监测预警在与滑坡灾变机理有机结合、多场数据的融合分析、有效监测数据的选取和智能预警的动态性方面存在较为明显的局限性。目前急需加强对基于滑坡机理的监测数据处理、监测数据进行甄别选取和准确关联分析、有效动态预警方法的研究，以提高滑坡体形变早期识别和预警准确性，尤其是以下三个方面的科学与工程问题：

1. 基于演化过程的滑坡地质灾害监测预警技术

现有滑坡监测大多依据某一时段监测数据（多为位移）的发展趋势、变化速率进行预警，而没有把滑坡变形机理、稳定性系数变化作为基本依据，在理论和实践上均存在较大缺陷，这样的后果就是监测数据尽管实时、量大，但仍无法对滑坡灾害发生做出准确的研判和预警。因此，通过滑坡演化机理的系统研究，在滑坡灾变破坏力学分析的基础上进行监测预警，是实现滑坡动态监测预警的重要基础。

2. 复杂海量多源监测大数据融合处理技术

滑坡体本身及其演化过程在时间和空间上错综复杂，需要使用不同的技术手段对其进行全方位的监测，使得滑坡的监测数据成为集宏观与微观、连续与离散、时间与空间、动态与静态、数值与文本多种形态共存的多源、多维、异构于一体的超复杂数据集，且数据量巨大。如此不同时间尺度-空间尺度-属性域的复杂、海量的数据形态，该采用何种方法对其进行融合分析，是滑坡监测预警技术发展需要解决的问题之一。

3. 滑坡灾变预警动态模型研究

滑坡的内、外部影响因素多且具有关联性，这些影响因素的变化会产生不同的演化结果，现有的预测模型多是单纯根据历史监测数据推演得出的，这些模型既没有考虑这些数据是否与滑坡演化规律相结合，也没有反映出多场数据间的关联影响，造成现有预测模型缺乏对滑坡灾变预警的动态适应性，导致预测的长期有效性欠佳，是滑坡监测预警技术发展需要解决的另一个问题。

综上所述，滑坡体的监测数据存在海量、多结构、变化速率的不确定性、数据类型多样的特点。然而，目前对滑坡监测大数据的优化采集和选取、监测数据的处理技术、关联关系分析技术的滞后导致滑坡的预警准确性不高。因此，急需加强对监测数据进行甄别选取、准确关联分析、有效动态预警方法的研究以提高滑坡体形变早期识别和预警准确性，达到减灾防灾实效。

因此，本书紧紧围绕以上三个方面的问题展开研究，结合复杂山体成灾机理和多场监测数据，从定性和定量、多源融合的思路解决滑坡智能化动态监测预警问题，若这种新的思想能在我国西部山区乃至全国推广，将会从根本上提高监测预警的准确性和动态可预测性。因此，开展基于多场数据融合的山区滑坡地质灾害智能监测、预警研究，对于科学防灾减灾和智能化监测预警具有重要的科学意义和实用价值。

1.3 国内外研究现状

1.3.1 滑坡演化机理研究

很早以前就有人提及渐进破坏这个观点。边坡工程界是在 20 世纪 60 年代末认识到了这个事实,当时意大利瓦依昂(Vajoni)坝上游出现了滑坡现象,人们对此都认为是因为峰值强度饱水下降到了极值,但是瞬时的破坏机理无法解释发生滑坡的根本原因。后来经过多年的观察研究,人们认为边坡破坏不是瞬间发生的,而是一个带有间歇性的渐进过程。

1. 滑坡的破坏模式

开挖顺层岩石高边坡,往往需要进行预加固,因而合理确定坡体开挖松动区范围就成为核心问题。在高切坡的开挖松动区的研究方面,孙书伟等(2008a,2008b)结合实际破坏变形的顺层高边坡工点对顺层高边坡开挖松动区进行了研究,总结了松动区的特点及影响因素,同时也对顺层高边坡松动区的长度进行了统计分析,可供今后类似工程参考借鉴。

在滑坡动力机理及模型的研究方面,曹卫文等(2008a)以重庆武隆的滑坡为例进行了研究,运用能量守恒定律及动力学有关理论得出了滑体的启程速度、滑动速度和滑行距离方程,为确定滑体的致灾能力及致灾范围提供了依据。苏天明等(2011)运用工程地质分析方法研究了边坡地质特点和崩塌的影响因素,为边坡失稳的工程治理防护提供了地质基础;从崩塌发生的力学本质出发,按崩塌形成力学机制对崩塌提出了不同于前人的新的崩塌分类方法;将崩塌发育过程划分为 3 个阶段,深化了对崩塌灾害发育演化过程的认识,为崩塌的监测、预警提供了理论基础。Zou 等(2009)通过离散单元法研究了边坡开挖过程中应力-应变趋势,定量分析了可能的失效模型和安全系数。研究认为伴随裂缝发育的斜坡,发育在背斜岩的中心,其稳定性受岩石外倾程度的影响较大;开挖过程中边坡原始平衡被打破,导致边坡内部发生大范围剪切破坏带,出现与土坡类似的整体圆形断裂。苏天明(2012)提出泥质岩的风化崩解从岩石表层开始,结构的改变不受原有岩石的结构面控制;岩石风化崩解能力的控制性因素是岩石的黏粒含量、黏土矿物成分、比表面积和胶结物成分,并具有很好的相关性,岩石内部微结构的破坏是崩解的前提。

在破坏模式研究方面,孙玉科等(1999)提出了 5 种地质模型及其相应的破坏模式:完整岩体边坡的圆弧破坏模式;层状结构边坡的顺层滑动、倾倒变形破坏、溃屈破坏;块状结构边坡的平面滑动、阶梯状滑动、折线形滑动;碎裂结构边坡的圆弧滑动、追踪结构面滑动;散体结构边坡的圆弧形滑动。罗国煜等(1992)以优势面组合破坏形式为基础,提出火成岩的 15 种破坏模式和层状岩体的 4 种破坏模式。黄润秋(2004)从变形破坏的力学机理角度出发,指出岩石高边坡的破坏模式的力学机理有滑移-拉裂-剪断 3 段式机理,"挡墙溃屈"机理,阶梯状、蠕滑-拉裂机理,压缩-倾倒变形机理,高应力-强卸荷深部破裂机理。陈洪凯等(2007)依据岩性及其组合、岩体结构、岩体强度、结构面间距、走向与边坡走向的关系、结构面倾角与坡角的关系等各种组合情况具体分析了公路边坡可能破坏的具体模式:表层冲蚀、表层剥落、蠕滑-坐落式高切坡、圆弧形滑动、平面滑动、楔形体破坏、崩塌、折线滑动等,提出了楔形体-平面滑动破坏模式、崩塌-滑动破坏模式、滑动-拉裂型破坏模式及滑动-压裂型破坏模式 4 种复合破坏模式。阮高和李本云(2017)结合岩土复合型边坡的特征,将破坏形式划分为上部土体内部破坏、上部土体沿土岩界面破坏、下部岩层平面滑动、下部岩层倾倒破坏 4 种类型。

2. 滑坡机理研究

王宇等(2011)以岩土体空间的变异性为基础,考虑了极限状态函数以及随机变量的模糊性,认为基本变量为模糊随机变量,并建立了边坡渐进破坏的模糊极限状态方程,从而得到了渐进破坏的模糊概率。以模糊随机理论为基础的分析方法,能将边坡的实际状态反映得更加清楚。韩流等(2014)对边坡渐进性破坏过程中的稳定性变化规律和力学机理进行了研究,基于滑动面抗剪强度退化机理,提出了推移式以及牵引式的力学模型,并且建立了有关平面边坡稳定性的计算公式。又根据单一条块力学的平衡原理和不平衡推力法,推导出曲面边坡稳定性的计算公式。陈冲和张军(2016)通过底面摩擦模型实验,研究了基底在天然状态和饱水状态下的排土场边坡的变形破坏特征,并对排土场边坡潜在破坏的演化过程和诱因进行了探讨。基底天然状态下排土场边坡整体稳定,仅在下部边坡发生局部破坏。

Skempton(1964)把渐进性的概念应用到边坡稳定性的分析中,他在对黏土边坡长期的稳定性分析研究中提到,边坡中的滑裂面是从局部开始出现的,并且最先发生破裂的位置,它的抗剪强度将由峰值转成残余值。国内学者刘爱华和王思敬(1994)将渐进破坏的观点引入边坡稳定性分析中,考虑材料的残余强度和峰值强度的不同作用,从而很好地解释了破坏是随着时间发展的这一问题。胡志杰(2017)以陈家岭公路边坡治理为实例,研究了边坡渐进破坏稳定性分析法中的主推力法、综合位移法和富余位移法在治理中的应用,结果表明:主推力法、综合位移法和富余位移法能够应用于工程实践,并且它们能对边坡力和变形行为分别进行描述。其中,综合位移法是对边坡特征进行描述,而主推力法与富余位移法是对边坡富余程度进行描述，三种稳定系数均随边坡变形的演化而变化，可以描述边坡的渐进演化破坏特征。

3. 滑坡破坏模型研究

澳大利亚的 Chowdhury 和 Grivas（1982）提出了关于均匀土质边坡的渐进性破坏可靠度的计算模型，在模型中，假设从坡脚部分开始发生破坏，然后沿着向上的方向，破坏在空间上逐步发展。但是，边坡在地质构造及岩体性质等多方面存在一定的差异，因此，该理论模型与边坡实际的渐进性破坏相差甚远。刘开富等（2008）在进行土质边坡的局部化剪切带分析时，将大变形分岔理论看成是判断局部化的条件，利用有限元法有效获取了剪切带的位置及其发展情况，并进行了边坡的渐进性破坏分析。陈国庆等（2013）以强度折减法为基础，提出了能够更好模拟边坡渐进破坏的动态强度折减法。该方法可有效解决强度折减法中折减范围问题，克服整体强度折减法破损区过大的缺陷，获得的位移变化趋势与破损区演化过程也具有良好的一致性。动态强度折减法真实再现了边坡渐进失稳的过程，为强度折减法更有效地应用于边坡稳定性定量评价奠定了基础。

王浩等（2015）在对高边坡基本特征及孕育过程开展详细调查研究的基础上，采用节理有限单元法对该高边坡经路堑开挖导致的破坏，以及对其实施卸载、支挡回填及锚固的治理过程开展数值模拟，再现了该边坡孕育发展全过程，分析了其稳定性演化规律；得出该边坡破坏的平面滑动机构及滑动面的物理力学特征，论述了该类边坡启动高速远程滑动的开挖松弛致滑机理和裂隙充水致滑机理。

4. 边坡的稳定性分析

岩土体的抗剪强度参数是边坡稳定性分析的前提，参数取值的合理性直接影响稳定分析结果的准确性。在边坡的安全评价分析方面的研究，王家成（2011）主要采用室内大型直剪试验与参数反演相结合的取值方法选取工程实际合适的参数，提出了目前碎石土抗剪强度参数取值的方法。Canal 和 Akin（2016）使用边坡稳定概率分类系统，在概率方法的基础上评估了土耳其某高速公路和高陡峭沉积岩切割斜坡的稳定性。研究发现主要的边坡稳定问题是不连续性控制和不连续取向独立的质量运动问题，几乎所有研究的切割斜率都受到与方向无关的稳定性问题的影响，稳定性概率很低。

在利用数值分析方法对边坡稳定性方面的研究，曹卫义等（2008b）运用ANSYS 软件对开挖过程进行了模拟，得出了开挖前后岩体的应力、位移等值线，并对其进行了对比分析；根据塑性变形区节点坐标，利用最小二乘法原理得出了潜在滑动面方程并对该边坡进行了稳定性评价。崔志波等（2008）利用赤平极射投影法、有限元 ANSYS 法对边坡整体和局部稳定性做出了评价，通过研究发现坡体主控结构面对岩质高边坡的整体稳定性起控制作用；煤夹层对岩质高边坡的局部稳定性起控制作用，并提出建议采用锚杆喷射混凝土-挂网来加固坡体整体，用锚索-格构梁和劈裂注浆联合法来加固坡体局部。Zeng（2016）采用岩土力学、水文地质、边坡法等数值分析方法，以深圳市市政工程隆平路高陡边坡为背景进行研究，采用萨尔马（Sarma）法，分析得出边坡稳定前后的稳定性挖掘计算和稳定性评估方法。

在稳定性分析模型的研究方面，林孝松等（2009）基于简单关联函数对各评价指标进行相对重要程度排序，采用层次分析法和专家效度对评价指标权重进行修正，利用物元可拓分析方法建立山区公路高边坡物元可拓评价模型。周志军等（2013）基于理想点法的基本原理，选取边坡的黏聚力、内摩擦角、边坡类型、地形坡度、边坡高度作为评价指标，通过熵权算法确定其权重，建立边坡安全评价模型，并利用工程实测资料进行模型检验；验证了理想点法用于边坡的安全评估是可行的。Ma 等（2013）提出了利用模糊综合评价区域高边坡稳定性的指标体系，并考虑了地质构造特征 U1、地貌 U2、保护措施 U3 和其他影响因素 U4。采用层次分析法确定指标体系的评价指标权重，根据二次模糊综合评判法和最大隶属度原则，建立边坡区域边坡稳定性模糊综合评价模型。祝辉和叶四桥（2015）基于岩土复合型边坡特点，将其破坏模式归纳为上部土体内部破坏、上部土体沿土岩界面破坏、下部岩层平面滑动、下部岩层倾倒破坏四种类型，进而提出了岩土复合型边坡稳定性分析流程。

综上所述，当前在边坡的稳定性研究方面国内外采用的方法各有不同，但总的来说还存在着以下不足之处：

（1）在岩质边坡工程中，稳定性评估通常通过分析或数值分析进行，主要考虑因素安全概念。事实上，很难为分析或数值分析方法中的设计参数指定最合适的值。

（2）山区路基开挖容易形成岩土复合型高边坡，在研究其破坏机制以及稳定性时通常会将其作为单一岩质或者是土质边坡进行处理，在治理过程中分析结果不具备针对性和有效性。

（3）山区滑坡在分类上没有具体统一的规定，这就造成了其破坏模式分析出现混乱，从而对山区滑坡的监测预期缺乏针对性和有效性。

1.3.2 滑坡监测技术

1. 星载差分干涉雷达滑坡面域调查技术

星载雷达差分干涉测量（D-InSAR）技术是 20 世纪 90 年代发展起来的一项对地观测新技术，可用于地震、火山运动、冰川漂移、地面沉降以及山体滑坡等地表形变的监测，其精度可以达到厘米级甚至是毫米级；在滑坡监测中可以得到很好的应用。

在处理方法的研究方面，王超等（2002）利用欧洲空间局 ERS-1/2 卫星获取的苏州地区 1993～2000 年合成孔径雷达（synthetic aperture radar，SAR）数据，通过差分干涉测量处理，得到苏州市地面沉降场测量值。结果表明，利用 SAR 差分干涉测量技术进行城市地面沉降监测和时空演化特征研究具有很大的优势，同时可用于其他类型城市地质灾害的监测。夏耶等（2006）通过研究三种非常规的星载合成孔径雷达差分干涉处理方法，一是利用德洛奈三角网（Delaunay triangulation network）进行不规则格点的相位解缠，二是利用差分干涉图的长时间序列分析，三是利用人工三角反射器，较好地解决了差分干涉处理中的制约问题。通过实际应用检验了雷达差分干涉测量与全球定位系统（global positioning system，GPS）测量结果也十分吻合。Li 等（2009）总结了分布式卫星干涉合成孔径雷达（distributed satellite-interferometric synthetic aperture radar，DS-InSAR）系统建模和仿真单视复数（single looking complex，SLC）图像的意义，并提出了一种 DS-InSAR SLC 图像仿真实现方法。王腾（2010）通过研究复杂地形条件下时间序列合成孔径雷达干涉测量（synthetic aperture radar interferometry，InSAR）数据分析技术的误差模型和相干性模型，解决了该技术在困难地区应用的瓶颈问题，从而将其适用范围扩展至地形崎岖且点目标分布稀疏的非城市地区。陈怡曲（2013）根据步进频连续波（SFCW）信号原理以及地基 SAR 方位合成孔径观测方式，模拟出回波信号并根据地基 SAR 成像算法生成两幅复影像作为实验数据，采用枝切线法以及质量图引导法两种解缠算法进行解缠，从解缠后的干涉图上获取形变发生的位置及形变值，且测量精度达到厘米级。

星载差分干涉雷达在灾害监测评价的研究方面，Colesanti 和 Wasowski（2006）总结了 InSAR 在高切坡评估中的用途，并认为由 SAR 系统采集的数据可以提供三维地形模型并用于区域尺度调查中，如旨在评估斜坡失效的敏感性。朱仁义（2012）系统地研究了星载宽幅合成孔径雷达干涉测量理论及其在地质灾害中的监测应用（ScanSAR 干涉测量处理方法及其误差、用 ScanSAR 干涉测量获取了 Bam 地震的形变场、ScanSAR 干涉测量技术在汾渭盆地综合形变监测中的应用），总结了不同卫星的 ScanSAR 模式及其相应参数，证明了 ScanSAR 干涉测量对于地震等大尺度形变监测的优越性和可靠性。

黄继磊（2013）采用一种新的方法，即利用差分干涉合成孔径雷达技术对矿区采空区沉降进行了监测。从面域对沉降区域进行监测，对沉降的趋势性监测有很好的效果，并重点研究了合成孔径雷达进行差分干涉测量的原理，对进行差分干涉处理的步骤进行了介绍，提出了一种进行粗基线估计的新方法。张珂（2014）系统地研究了星载扫描合成孔径雷达干涉测量的理论，提出分条带处理的方法和改进的配准加权的条带拼接方法，并对改进后的配准加权拼接方法进行了对比分析，说明了改进的配准加权方法的可靠性和有效性，也进一步证明了 ScanSAR 干涉测量对于大范围、大尺度形变监测的可行性和可靠性。

王志勇（2007）对 D-InSAR 技术的关键步骤和算法进行了详细的理论分析，并针对不同的差分干涉方法进行了深入研究；形成了实用化的数据处理流程，重点对参考影像的选取、干涉点目标的选择进行了深入的探讨，总结了参考影像选取的三原则。谭衢霖等（2008）研究比较了雷达干涉测量技术与当前常用的数字高程模型（digital elevation model，DEM）生产方法，分析了星载合成孔径雷达差分干涉测量技术在铁路地质灾害监测与青藏线多年冻土区形变长期监测的应用潜力。认为与常用的 DEM 生产方式相比较，合成孔径雷达差分干涉测量技术具有一些独特优势，适合快速获取各种范围、高精度、高分辨率的 DEM。涂鹏飞等（2010）根据三峡库区近地表大气水汽含量变化频繁的特点，研究了大气水汽变化对重轨星载 InSAR 观测精度的影响，在对 Zebker 的相关研究结论进行实证后，探讨了重轨星载 InSAR 技术应用于三峡库区高切坡监测的可行性。杨阳（2013）对小基线集（small baseline subsetl，SBAS）技术数据处理流程中的相位滤波、干涉图选择及相位解缠问题开展了深入的研究，并提出了新的解决方法（基于方向统计学的长时间序列相位滤波算法、基于模拟退火算法的干涉序列选择方法、基于最小网络流技术的区域增长相位解缠算法）。通过大量 SAR 实测数据处理实验，验证了提出的方法能显著提高 SBAS 技术的形变观测性能。

Closson 等（2003）对阿拉伯钾盐公司工业盐蒸发池新建的 12km 长堤，使用 D-InSAR 技术来研究其变形的前兆。Sansosti 等（2010）分析了选定的可用 C 波段 SAR 数据档案的案例，展示了检索到的空间稠密变形时间序列对于理解若干地球物理现象的相关性；最后通过一个真实的案例介绍了新一代 X 波段星载 SAR 传感器的研究进展，实现了快速变化变形现象的新调查可能性。Guo 等（2011）采用 D-InSAR 技术对包括 C 波段 ENVISAT ASAR、L 波段 JERS SAR 和 ALOS PALSAR 数据在内的星载 SAR 数据进行分析处理，提出了采用 D-InSAR 进行采煤诱导沉陷监测的可行性和局限性，并对利用星载 InSAR 数据进行地下采矿活动监测的可能性进行了评估。Onuma 等（2011）使用卫星 SAR 数据分析了阿尔及利亚某项目与注入二氧化碳有关的地表变形的情况；利用 D-InSAR 分析了三个注入井 KB-501 至 KB-503 周围的地表变形情况。王煜和董新宇（2014）利用北斗导航卫星的快速准确定位和短报文功能，将其与星载 InSAR、高分辨率遥感卫星集成，通过地面综合控制中心和用户手持终端向专业部门和普通用户提供泥石流、滑坡等地质灾害预警信息。陈海洋（2016）针对 PS-InSAR 技术，分析了相关原理并给出了其数据处理流程，对其中的关键技术进行了分析（SAR 图像的配准、使用相干点识别方法进行 PS 点的探测，PS 网络解缠及线性参数的求解等步骤），最后利用实测数据，结合 SAR 侧视成像几何关系图，粗略得到研究区域的三维形变速率场。

综上所述，星载差分干涉雷达在地质灾害面域调查研究中还存在以下不足之处：

（1）与常规城市地面沉降监测技术相比，D-InSAR 技术具有大面积、快速、准确、低成本等优势，然而，D-InSAR 技术在山体滑坡监测方面还远不完善，在具体的应用中还有很多瓶颈问题未得到很好的解决，如时间去相关、基线去相关、大气效应的影响等，实用化的数据处理方法也有待进一步的研究。

（2）当传统 D-InSAR 技术受各种严重去相关源及大气相位不均匀延时的影响严重时，会导致形变测量精度降低，这在一定程度上制约了其在地表形变监测方面的实用化程度。

（3）目前，InSAR 技术是获取地表高精度高程信息的代表性技术之一。作为其延伸，D-InSAR 技术在监测地形的形变和预测滑坡等地质灾害方面，有着巨大的应用前景，但是它受到时间去相关、空间去相关和大气延迟因素的影响。

2. 无人机低空遥感面域调查方法

在无人机低空遥感技术原理方面，胡开全和张俊前（2011）针对固定翼无人机低空遥感系统在山地区域的影像获取情况，研究了山地区域无人机类型的选择以及无人机起降场地的要求，提出了无人机航摄设计、航空摄影实施等方面的技术。王利勇（2011）利用固定翼无人机平台获取的遥感数据，实现了低空遥感数字影像自动拼接与快速定位处理，重点探讨了基于运动重构（structure from motion，SFM）的数字影像自动拼接和低空遥感数字影像与移动道路测量系统相结合的快速空中三角测量。张俊前（2013）针对无人机影像量大、无规律、像幅小、拼接困难的特点，试验研究对比了几种无人机低空遥感影像拼接方法，并分析了其拼接影像的精度及应用范围。Chen（2015）提出了一种新的经济和安全的远程监控方法，主要内容包括固定翼飞机、地面控制站、通用数码相机，以及包括 LPC2148（ARM7）微处理器、惯性测量单元（inertial measurement unit，IMU）、GPS 模块、电流和电压传感器的飞行控制板的优化和集成。

在无人机低空遥感倾斜摄影技术方面，赵海龙（2012）围绕无人机高分辨率灾害信息提取这一中心环节，以四川地区的无人机高分辨率影像为主要实验数据，采用面向对象的方法对影像进行分类；提出了面向对象无人机高分辨率影像信息提取过程中的关键技术。Wang 等（2012）利用 Direct（D）相对定位方法获取了相对定位参数的粗略值，并将 RANSAC（R）算法最终应用于定位和提取相对方向的粗差，解决了低空摄影测量中的相对定位问题。刘洋（2016）研究了无人机倾斜摄影测量影像的处理和三维建模技术，分别从无人机倾斜摄影测量、非量测数码相机的标定、数字影像匹配和无人机倾斜摄影测量三维建模等方面进行了研究。文雄飞等（2016）研究发现水田、坡耕地、果园、茶园、林地等水土保持相关的各种土地利用类型在我国国产高分辨率遥感影像上都有比较明显的特征，而无人机技术作为辅助监测手段可以作为卫星影像的有效补充，在水土保持行业及其他相关领域有很大的应用潜力。杨永明（2016）研究探讨了无人机遥感系统数据的获取与处理方法，围绕无人机平台选型、传感器集成、数据获取、数据质量评价、数据处理、倾斜摄影测量等开展了系统的实验和分析工作。曹琳（2016）研究了无人机倾斜摄影测量技术获取遥感影像的特点、像片控制点布设和量测方法、影像内业数据处理关键技术，并系统分析了采用此种方法建立三维模型所能达到的理论精度和实际精度水平，详细阐述了无人机倾斜摄影测量技术建模精度的影响因素，为实际应用奠定了理论和实践基础。宋志锋和冯玉铃（2017）对无人机倾斜摄影数据处理的关键技术进行了分析与研究，并对其在实景三维建模中的应用进行了探讨。庞燕（2017）对低空大倾角立体影像自动匹配方法进行了研究，结合当前计算机视觉研究热点之一的深度学习方法，提出深度学习辅助的影像匹配方法，采用深度学习方法对影像进行分类，基于分类结果进行了影像匹配。

　　曾涛等（2009）研究了无人机低空遥感影像快速处理方法，并采用面向对象的遥感图像信息的快速分类和信息自动提取方法，实现了汶川灾后地质灾害信息快速勘测中信息提取，快速确定滑坡、泥石流等地质灾害体空间位置和评价的目的。高姣姣（2010）研究了黄土地区高精度无人机遥感图像解译方法，并建立了相应的解译标志，通过无人机遥感影像识别与解译，查明了地质灾害分布特征与危害程度，为监测治理提供了依据，为防灾减灾工作提供了技术服务。王玉鹏（2011）对无人机航空摄影测量的质量管理、数字图像预处理、滤波处理和镜头畸变校正方法进行了探讨；研究了基于 Erdas LPS 软件的数字正射影像图（digital orthophoto map，DOM）制作、高精度 DEM 的构建以及大比例尺倾斜影像图的制作方法，并针对倾斜影像配准精度低的特点，提出了三种解决方案。刘合凤（2013）探讨了面向应急响应的航空/低空遥感影像的几何处理方法，利用定位测姿系统（position and orientation system，POS）中的 GPS 数据对构建的自由网进行绝对定向，验证了该方法可以在无控制点的情况下完成影像的定向，获得具有可量测性的三维点坐标。李迁（2013）研究了低空无人机遥感数据快速处理的技术流程和技术方法，明确了低空无人机遥感数据在矿山调查中的精度，通过研究低空无人机遥感矿山解译标志库建立的方法，为低空无人机遥感技术在矿山遥感调查与监测中的广泛应用提供了指导。尚海兴和黄文钰（2013）针对无人机低空遥感影像拼接问题，引入一种基于加速健壮特征（speed-up robust features，SURF）的匹配方法，该算法具有稳健和高精度特性，实现了低空影像的快速匹配，并提出采用 L-M（Levenberg-Marquardt）优化的全局拼接策略，该策略能有效减小累积误差的影响，实现测区影像的自动全景拼接。Liu 等（2017）针对大型铝土矿区域特点，采用较少特征元素与无人机图像快速空三加密和数字线划地图（digital line graphic，DLG）、数字高程模型（digital elevation models，DEM）、数字正射影像图（digital orthophoto map，DOM）生产技术，取得较好的低空无人机遥感和测绘成果。吴永亮等（2017）基于无人机低空遥感系统的功能设计考虑，归纳工作流程，形成了一套完整的无人机低空遥感应用于地质调查的技术路线；并认为该技术方法可为地质调查、应急测绘等提供及时有效的影像数据，对无人机低空遥感应用具有参考意义。Xu 等（2018）提出采用无人机数据采集、倾斜摄影建模、人工解译等方法检测坝体裂缝、地表破损、渗漏等；并通过验证该方法可以实时检测大坝，其结果是准确和有效的，且比传统方法高效。

　　综上所述，无人机低空遥感面域调查方法存在的不足之处为：低空倾斜摄影测量由于在多个角度对地物进行拍摄，影像包含复杂的三维场景信息以及更多的信息量、数据量和数据冗余，具有更大的辐射畸变和几何变形，影像中地物互相遮挡、地物阴影、视差断裂等现象也较为普遍，这些使倾斜影像匹配难度大大增加。

3. 基于三维激光扫描的点云实景监测技术

　　三维激光扫描监测是滑坡监测及预测的重要技术手段，目前三维激光扫描技术已应用于变形监测（如滑坡监测）之中，基于三维激光扫描技术的滑坡监测不仅可以减轻人员劳动强度，缩短作业时间，而且扫描得到的点云数据经处理及建模后可以得到滑坡体地表的整体变化信息，弥补了传统监测方法的不足，必将成为滑坡监测中的重要技术手段。

　　三维激光扫描技术在变形监测方面的应用：刘文龙和赵小平（2009）采用深度图像分割、点云数据匹配、点云过滤等技术手段，获取了滑坡的 DEM，从而为三维滑坡监测预警进行了有益的尝试。卢晓鹏（2010）结合黄河小浪底 4# 公路高切坡监测三维激光扫描数据的应用试验，研究了 LeicaScanStation2 激光扫描仪作业时可能产生的误差及其对点云数据扫描精度的影响，分析了三维激光扫描技术结合实时动态载波相位差分技术（real-time kinematic，RTK）作业方式的点云数据特点及其监测精度，从而提出一些对策与措施。王婷婷等（2011）利用双三次插值方法对点云数据拟合曲面函数，建立曲面模型，并通过多期观测建立的模型获取测区的整体变形信息，验证了在地表实测点处此方法获取的沉降值与传统水准测量方法测定的沉降值比较吻合，三维激光扫描技术在地表变形监测中具有较高的实用价值。Li 和 Zhou（2014）分别从点云数据流线消噪的角度对点云数据的关键内容、压缩曲线和曲面拟合三个方面的数据处理进行了详细分析；最终使离散点云数据成为逼真的合成曲面，并将其应用于文物保护、测绘技术、虚拟现实等方面。王举和张成才（2014）提出了一种基于三维激光扫描技术的土石坝变形监测方法，将不同时期所采集的序列点云进行绝对定向完成了坐标系统一，然后获取了一组不同期的点云数据，并与在同一位置处的剖面数据进行对比分析，监测了大坝在水平与垂直方向的变形和位移。于欢欢等（2015）通过对由点云数据构建的坡体 DEM 进行处理分析，基于坡体表面坡度变化在整体和局部表现出一致性和相似性的特点，运用遥感影像几何校正的方法，实现了在两期坡体坡度分级图中控制点的生成，完成了坡体的形变量计算工作。张小青（2016）对三维激光扫描技术应用于变形监测进行了研究，并提出点、面结合的变形监测方法。通过提取变形监测点的三维坐标信息，进行多期数据的监测点坐标信息的比较，获取局部的变形信息。运用豪斯多夫距离对点云模型进行求差运算，得到整体变形信息，并对模型的求差运算结果进行了对比分析。张云等（2016）根据三维激光扫描点云的高精度与高密度，获取边坡实体三维数据海量点云完整的采集，进而快速重构出边坡实体目标的三维模型及点、线、面、体、空间等各种监测基础数据，达到坡体全面化多方面的监测目的。Mayr 等（2017）提出了一种基于点云的方法来分类受浅层滑坡影响的多时相场景，这极大地改善了最终的对象提取。宋晓蛟等（2017）基于三维激光扫描技术测量精度高、监测速度快、无须接触被测物体等特点，结合工程实例论述了三维激光扫描技术在滑坡等地质灾害动态监测中应用的可行性。

　　基于三维激光扫描的点云实景监测技术应用实例方面，谢谟文等（2013）以云南省乌东德地区金坪子边坡为例，运用三维激光扫描监测技术对处在库区的金坪子表面变形进行了监测与研究。DEM 比较、断面比较与固定点比较三种方法，为我们对存在高风险的大型边坡变形监测提供了直观和高效的方法。Zheng 和 Wei（2014）利用三维可视化技术和空间技术直观地再现了修武变电站三维建筑景观，构建了三维可视化监控系统。王堃宇等（2017）基于三维激光扫描技术展开对张承高速某边坡表面位移监测工作，建立了点与面结合的监测系统；同时利用扫描点云生成的网格及等高线，获取了整个边坡的三维模型及位移云图，进而进行整体位移场的动态分析和特征点的重点监测。

　　基于以上国内外学者的研究，三维激光扫描的点云实景监测技术存在的不足之处为：

　　（1）地面激光扫描（terrestrial laser scanning，TLS）通常用于监测具有高水平几何细节和准确度的滑坡运动；然而非结构化 TLS 点云缺乏语义信息，这是地貌学解释测量变化所需的。

　　（2）利用该技术在复杂和动态的环境中提取有意义的对象是具有挑战性的，这是因为对象在现实中的模糊性以及形态测量特征空间中模式的可变性和模糊性。

4. 测地机器人地质灾害监测技术

滑坡灾害往往呈现出突发性强、危害巨大、分布较为广泛的特点，针对这些特点研究人员提出利用测地机器人对滑坡进行监测的方法。目前国内外有很多科研人员开展了测地机器人的研究工作，并取得了相关的研究成果。在边坡工程中，充分利用测地机器人进行边坡监测可以起到减少人为工作量、提高工作效率，减少不必要的经济损失的作用。

当前在测地机器人研究方面，Mochizuki 等（2006）提出通过组合水下机器人和海底平台，在选择海洋和 GPS 卫星分布的有利条件的情况下进行观测，使观测更加频繁，并且可以灵活规划观测以应对突然的大地测量事件。郭子珍等（2008）提出远程无线遥控测量机器人变形监测系统的构架，阐述了其软硬件的构成，浅谈了系统特点及应用领域，并列举了应用案例。李文静（2011）提出采用全景摄像的技术采集钻孔孔壁的实时变化情况，利用螺旋轮式驱动的方式驱动机器人的运行，实现钻孔监测作业的自动化、智能化、小型化、高可靠性、低成本，增加了各种地质工程的安全性和可靠性，使人们对工程地质的了解更加直观和全面。邓建华等（2011）针对边坡变形的各个阶段的情况，采取灵活的测量机器人全自动化应急监测方案，并根据边坡坡体区域地形地貌特征和坡体类型，做出及时准确的预警预报。

梁旭（2013）从兼顾轮式和足式特点的弧形足推进机构与水陆过渡环境松软介质的相互作用机理出发，开展了弧形足在松软介质中推进过程力学行为分析计算、颗粒流仿真分析、松软介质土槽中多变量正交实验研究，以及基于可变形足-蹼复合两栖推进技术的水陆两栖机器人系统设计，水陆两栖机器人样机陆地、水中、水陆过渡环境推进性能实验测试等研究工作。赵火焱和曹媛（2015）提出结合 Visual Basic 6.0 开发环境，可以实现地铁监测数据自动化采集以及监测数据的实时分析，在数据分析方面采用不同小波模型进行分析。整个系统具有监测数据自动化采集，实时分析与预报警功能，并提供报表输出功能。章国锋和李小红（2016）提出了应急测绘时采用测量机器人监测系统的工作方案，并结合实例介绍了具体的作业方法，对监测成果做了初步的分析，重点阐述了该应急测绘方案的实施情况及优缺点。张超（2016）通过面向负重行走的下肢助力外骨骼机器人HIT-LEX 的研制，对其仿生学构型设计、机器人本体的研制、运动学和动力学分析、人体运动意图辨识及人机协调运动控制进行了深入探讨，对我国滑坡等灾害的防治有重要的研究价值和现实意义。

目前，虽然有很多测地机器人这方面的研究成果，但是还存在以下方面的不足：

（1）国内外虽然已存在众多的下肢助力外骨骼机器人样机，但具有大负载能力，能够适应野外复杂地形的研究成果相对较少；相应的机器人设计方法、人机交互方法及人机协调运动控制方法等，还有待更深入的研究。

（2）对于水陆两栖机器人的研究工作大多集中在复合推进机构设计、简单水陆单一环境下的推进性能实验研究等方面，而对于影响水陆两栖机器人走向实用化的机器人推进机构在水陆过渡环境松软介质（如不同含水量的砂质或泥质介质）中的运动特性研究却很少涉及。

（3）我国的地形地貌较为复杂，滑坡等灾害分布广泛，其特点也各有不同，尤其是滑坡、泥石流等地质灾害。对于一些地形复杂、具有特殊地质灾害的地方，测地机器人是否能够满足监测使用的要求，有待进一步研究。

5. 多手段结合的空地一体地质灾害立体化监测体系

在滑坡监测的研究方面，采用单一的手段往往达不到滑坡监测的预期效果。而采用多手段结合、全方位立体化的滑坡灾害监测系统比单一的监测手段效果好得多，而且准确度也要高些。

利用多手段结合监测体系研究方面，卓宝熙（1998）以铁路滑坡灾害为例进行研究，提出以"3S"技术为主要手段。建立"3S"地质灾害信息立体防治系统，在滑坡发生时间的预测预报方面，提出不同于传统思路的全新概念，即滑坡发生时间的预测，不提出具体时间，而是相对的、随机的时间概念。谢小艳（2012）在研究现有三维建模模型与方法的基础上，对三维地质环境信息系统的运行环境、总体架构进行了总体设计，对系统所使用的数据进行了数据组织与管理分析。李刚等（2012）综合使用孔隙水压力计、水分含量仪、钻孔倾斜仪、雨量计和库水位计监测三峡库区李家坡边坡，通过现场站建设、采集仪调试、数据传输、数据处理与发布实现了边坡的实时监测和实时发布。王建强（2012）在不改变地球投影方式和图示内容的情况下利用传统的二维地学数据，通过 DEM 生成具有正立体视觉效果的图件，再与正立体纠正过的遥感影像图进行数据融合处理，使二维地学图具有显著的正立体视觉效果，不仅地形起伏变化直观，景观感受立体感较强，而且地表信息丰富，信息的空间特征清晰易读。王杰（2015）研究选取 TM 影像、ALOS 影像、GeoEye 影像作为多尺度遥感数据源，DEM 数据作为主要高程数据源，文字统计资料作为多源数据，结合相关地形图，通过多种技术手段实现了矿区空间变化监测与分析。廉琦（2017）利用 AGS200 高精度全球导航卫星系统（global navigation satellite system，GNSS）数据辅助无人机航测技术，在无控制点区域直接利用 Patb 成果恢复立体模型，经检验结果基本满足恶劣地形条件精度要求的 1∶1000 DLG 成果。

多手段立体化监测研究方面，薄立群等（2001）总结了空间技术、空间对地观测技术和天测技术在陆域强震及火山灾害监测预测领域发挥的作用，通过实验研究认为这些空天观测技术是响应高频地壳运动的有效手段，并建议将立体监测系统应用在地震、火山地区，这能起到有效的监测效果。李长明（2005）认为在边坡稳定性监测工作中应该建立全方位、多种手段的立体监测网，仅仅运用某一种或者单方面的监测方法是片面的，无法准确了解边坡的动态情况；建议在边坡监测中建立全方位、多种手段的立体监测网，并提出立体监测网建设的主要内容。Zhang 等（2014）提出了三维可视化的边坡监测数据综合框架，通过拟议的框架提出了基于专题点源边坡监测数据库和边坡三维地质模型监测数据整合策略。李小根等（2014）将滑坡评价与三维可视化地理信息系统相结合，利用虚拟现实技术为滑坡的评估建立了一个三维可视化平台，在系统分析设计原理的基础上分别从数据采集和处理、三维立体模型的构建、滑坡发生过程预演、灾害各个阶段评估等方面对系统进行分析研究。

基于多手段结合的空地一体立体化监测体系研究成果，很多学者将其运用到了实际工程中。刘刚等（2011）总结认为"立体灾害地质图软件及图库建设"是三峡库区滑坡等地质灾害防治及预警指挥系统的重要组成部分，具体要求是利用 1：10000 二维灾害地质图和地表 DEM 数据，以三维可视化的方式表达地质灾害的易发性分区、灾害体分布和地质灾害的危害对象等信息，并以泸西县为例，通过 TerraBuilder 软件构建三维场景，使用 TerraExplorer 提供的接口进行二次开发，建立了三维地质环境信息系统。李霞（2012）以遥感技术为主要手段，以震后高分辨率 IKONOS 卫星立体像对、震前 ETM＋影像和地图 DEM 为数据源，辅以滑坡分类、变化检测和卫星立体测量等技术方法，对滑坡体位置、范围和规模进行遥感解译，对滑坡体体积进行定量计算，通过定量的结果对高切坡的三维特征进行了研究。徐涛和杨明（2016）研究认为沉陷等值线图、三维立体图等是进行沉陷灾害分析所必需的图件，并提出运用概率积分法进行沉陷离散数据分析，结合 MapGIS 的 DTE 模块进行离散数据插值可以很好地实现这一目的。邬满等（2017）以某沿海铜矿为例，提出建立一套"天空地海"沿海铜矿地质灾害立体监测网络体系，为沿海铜矿地质防灾减灾决策及灾后重建提供准确、可靠的理论依据和数据支撑。杨娟（2017）提出用无人机航测技术实现对三峡库区滑坡地质灾害的全方位、立体化实时监测，并分析了具体的监测方法；主要分析了无人机在对滑坡等地质灾害侦测过程中使用的内业和外业方法及相应的数据处理和三维建模技术。

1.3.3 多场监测数据融合技术

1. 多场监测技术国内外研究现状

国内外对多场理论的研究经历了从"场"的概念探讨、双场耦合效应分析到多场耦合效应分析三大阶段；相应地对多场监测技术的研究也经历了单一场监测研究、双场监测研究、多场监测研究的过程。

1）多场理论的发展

滑坡领域中，某一滑坡现象往往是多种因素综合影响的结果，仅依靠对某一个或少数几个因素的分析难以获得准确的解释，场及其多场耦合理论的研究便为解决此类问题开辟了新的思路。

在场的概念方面，法拉第首先用"电场"和"磁场"解释了牛顿力学中的电磁相互作用难题，自此场逐渐取代了超距作用力，场论也得以不断发展。19世纪60年代，麦克斯韦在法拉第研究的基础上，创立了一套系统的电磁场理论，使人们对场的定性研究进入到定量研究阶段。19世纪80年代后期，赫兹的研究成就使场论取代牛顿经典力学，进而使物理学的基础理论取得了重大进展。

在场的定义方面，物理学界的焦点在于场是空间还是一种作用，哲学界的焦点在于场是空间还是物质的一种基本形式。在物理学界，朗文现代高级词典定义场的物理学意义为：电、重力或磁效应存在的空间，而引力场是其中能够探测到引力并与质量分布有关的一个空间区域。牛津高阶英汉双解词典（Oxford Advanced Learner's English-Chinese Dictionary，1997）把物理场定义为：存在某种力的效应的范围或空间，地球引力场即地球引力作用的空间。韦氏词典（Merriam-Webster's Collegiate Dictionary，2003）定义物理场为：给定效应（如磁力效应）存在的区域或空间。从以上定义来看，目前普遍的定义是：场是力作用的空间。

爱因斯坦认为场就是空间的物理状态，场同物质的基本粒子一样，是实在存在的，因此场是自然物质的一种基本形式，它把物质、运动、时空联系在一起。征汉文（1992）在《关于场的本质问题》中认为场是空间，理由是场中粒子被证实，这就为解释场所具有的质量、能量提供了足够的事实根据。场中的粒子有质量、能量，如果认为场的质量、能量本质上都属于场中的粒子所具有，那么场就不再是物质的一种形态了。曾华霖（2011）在《"场"的物理学定义的澄清》中认为场是物理作用，而非空间，他建议的物理场定义是：空间中存在的物理作用，该观点也得到了一些国内外同行的认可。

在双场及多场研究方面，周创兵和熊文林（1996）在考虑了渗流与变形的双场耦合效应的基础上，根据渗流能量叠加原理提出了确定裂隙岩体渗透张量的新模型，研究表明，考虑了双场耦合效应的新模型与其他模型相比更能全面地揭示裂隙岩体复杂的渗透特性，并适用于渗流场与应力场的耦合分析。

朱珍德和孙钧（1999）从流体扩散能量叠加原理出发，建立了裂隙岩体介质的渗流张量解析表达式，综合应用断裂力学与损伤理论，建立了裂隙岩体在压剪、拉剪应力状态下损伤演化方程，提出了渗透张量随裂隙损伤发展的关系以及裂隙岩体非稳态渗流场与损伤场耦合模型。

杨天鸿等（2001）则研究了岩石破裂过程渗透性质及其与应力耦合作用。

此后，国内外对于双场耦合效应的研究逐渐增多，并慢慢发展成对多场耦合效应的研究。

柴军瑞（2004）通过对岩土体灾变危害主要形式的分析，提出了渗流-应力-温度-溶质运移等多场耦合作用决定着作为人类重大工程活动背景的工程岩土体的本质属性，从灾害学的角度说明了岩土体多相介质多场耦合作用与工程灾变动力学研究的重要意义，描述了岩土体渗流-应力-温度-溶质运移两两之间的相互作用。

张成良（2007）研究了深部岩体多场耦合作用及地下空间开挖卸荷机理；刘文剑（2008）研究了基于渗流场-损伤场耦合理论的隧道涌水量预测；赵延林（2009）研究了裂隙岩体渗流-损伤-断裂耦合理论及其应用。陆银龙（2013）研究了渗流-应力耦合作用下岩石损伤破裂演化模型与煤层底板突水机理。

周创兵等（2008）提出岩体多场耦合通常指岩体应力场、渗流场、温度场及化学场之间的相互影响和相互作用，岩体多场耦合存在于岩体形成及整个演化过程，具有复杂的耦合机制，并受岩体地质特征及赋存环境的影响。通过研究爆破开挖、锚固支护、固结灌浆及库水骤降等工程作用的岩体多场耦合，认为工程作用在岩体多场耦合过程中对岩体地质特征、力学特性及工程性质产生强烈的改造作用，并由此提出了岩体多场广义耦合的新思想。

施斌（2013）通过对工程地质中的场及其多场耦合进行系统分析，给出了场的定义，提出了基本场的概念，将工程地质中的场分为基本场、作用场和耦合场三类，提出了场的统一表达式及耦合场的数学模型，归纳了工程地质中多场耦合关系的主要类型并提出了 10 种耦合关系。

2）滑坡多场监测技术的研究

随着对场的进一步认识及多场耦合理论的发展，在工程地质监测研究中，越来越注重多场融合监测技术的研究及应用，随着信息技术的进一步提升，近年来多场监测技术也得到了快速发展，对它的研究也越来越多。

多场监测技术分类方法研究方面：唐亚明等（2012）从降雨临界值、监测技术方法、区域性监测预警系统三个方面对滑坡监测预警的国内外研究现状进行了回顾和总结，提出按监测对象不同，滑坡监测可分为四大类，即位移监测、物理场监测、地下水监测和外部诱发因素监测；按监测手段不同，则可分为人工监测、简易监测、专业监测三大类。目前国内外在滑坡监测技术、方法、手段上并无太大差距，专业仪器已成为常规设备，只是由于价格因素得不到普及；一些新技术如 InSAR、二维激光扫描等能很快应用到滑坡监测领域；监测数据的采集和传输也都实现了自动化和远程化；监测和预警系统有向 WebGIS 发展的趋势。

费冰（2014）总结了滑坡多场监测的分类：按监测对象的不同，可以分为对滑坡位移的监测、对滑坡内各物理场的监测和对外部诱发因素的监测；按监测仪器的不同，可以分为接触式和非接触式，同时提出传统的滑坡监测系统主要是基于各类电式、振弦式等点式感测技术，如钢筋计、测斜管、压力计、雨量计和位移计等。

马俊伟（2016）根据滑坡监测指标，将多场监测分为宏观变形迹象监测、位移（坡面、深部）监测、物理场监测、外部诱发因素监测等。具体细分为：宏观变形迹象监测主要是指监测滑坡演化发育中各种变形迹象，如地面裂缝、房屋裂缝、树木倾斜及泉水动态等。位移监测主要包括坡面位移和深部位移监测，坡面位移监测通常是指采用 GPS 监测墩、裂缝伸长计等监测元器件对坡面的变形，对裂缝宽度展开监测；深部位移监测是指通过钻孔测斜仪对滑坡坡体内部的变形特征展开测量。物理场监测主要包括：坡体渗流监测、应力监测、应变监测、声发射监测。坡体渗流监测是指对地下水位、孔隙水压力、土体含水量等内容展开监测。外部诱发因素监测是指对引起滑坡稳定性变化的外部扰动进行监测，主要有降雨和库水位监测、地震监测、冻融监测和人类工程活动监测。最后利用三维激光扫描技术、颗粒图像测速技术、红外热像技术设计了滑坡的位移场、速度场、温度场监测平台。

基于分布式光纤传感（distributed fiber optic sensing，DFOS）技术的多场监测研究方面：DFOS 技术是在 20 世纪 70 年代末提出并快速发展起来的，目前已商用化的 DFOS 技术中有基于光纤布拉格光栅（fiber Bragg grating，FBG）原理的各式应力、应变、温度传感技术，基于光时域反射（optical time-domain reflectometer，OTDR）技术，基于布里渊光时域反射（Brillouin optical time-domain reflectometer，BOTDR）、布里渊光时域分析（Brillouin optical time-domain analysis，BOTDA）和布里渊光频域分析（Brillouin optical frequency-domain analysis，BOFDA）技术，基于光学后向散射反射（optical backward scattering reflector，OBR）技术，基于拉曼光时域反射（Raman optical time-domain reflectometer，ROTDR）技术等。这些 DFOS 技术各有所长，监测的物理指标和适用范围也各不相同，这为滑坡多场信息的获取提供了新的监测手段。

刘永莉（2011）针对滑坡监测中光纤布设的困难，提出了通过缠绕方式固定光纤的方法，保证光纤与监测对象的同步协调变形，并将分布式光纤监测技术和灰色关联理论结合应用，提出综合关联决策模型分析双排抗滑桩的协调变形特征。

谭玖（2015）研究了基于 FBG 技术的温度场监测原理，通过对某煤矿采空区的温度场监测，发现 FBG 技术能够准确测定各监测点的温度值。

揭奇等（2015）设计了滑坡应变场、变形场、渗流场、温度场和环境参量等多场信息 DFOS 的获取方案，并以三峡库区马家沟滑坡为例，采用 DFOS 技术获得了滑坡多场分布信息，对 DFOS 获得的滑坡多场监测数据进行关联规则分析，揭示了监测时间与库水位涨落、库水位涨落与坡体前缘地下水位间的关联性，并与实际监测数据进行比较，证明了采用关联规则方法对 DFOS 滑坡多场信息分析的有效性。

孙义杰（2015）从场的角度提出库岸滑坡是一个由基本场、渗流场、应力场、温度场、变形场、化学场等构成的复杂多场系统，并认为传统的岸坡多场监测技术与方法存在诸多不足；围绕三类分布式光纤感测技术——FBG、BOTDR 和 ROTDR，在室内外试验基础上，系统地开展了库岸滑坡多场监测技术的研究，分析了岸坡演化过程中多场间的关联性及其对滑坡稳定性的影响。同时还改进了基于 DFOS 技术的新型金属基索状应变感测光缆，利用基于 FBG 技术的温度传感器、渗压计、液位计、钢筋应力计和止压力计，在三峡库区马家沟滑坡开展了一系列试验测试，成功获得了岸坡两年的多场信息数据，准确定位了滑坡深部滑动面和坡表滑动边界，并定量得到了岸坡的位移变化规律。

揭奇（2016）将人工神经网络理论引入滑坡稳定性的多场分析中，并论证了该方法应用于滑坡稳定性分析的可行性和优势，总结了相关分布式光纤传感（DFOS）技术的基本原理，分析了 DFOS 技术的优越性，在此基础上，建立了基于 DFOS 的库岸滑坡多场监测系统，提出了滑坡变形场、温度场、渗流场和应力场的监测方案，引入了数据挖掘中的关联规则方法来分析和处理滑坡多场信息数据，挖掘出了库水位高低和涨落影响滑坡变形速率的规律，确立了滑坡的渗流场、温度场、应力场与变形场之间紧密的关联性。

汪其超等（2017）归纳了滑坡监测技术有大地测量法、近景摄影测量法、GIS 监测法、GPS 监测法、InSAR 监测法、时域反射（time domain reflectometry，TDR）监测法；分析了基于 DFOS 技术的滑坡多场信息监测法，总结了常见的几类 DFOS 技术：FBG、布里渊光时域反射/分析（BOTDR/A）、ROTDR。在考虑应变、位移、温度、渗压、降水、库水位等因素的基础上设计了基于 DFOS 技术的滑坡变形场、水分场、温度场、化学场及环境参量的监测方案。

多场监测软件平台研究方面：随着多场监测技术的发展及应用，所监测的数据量也日益增多，原有的软件平台功能较为简单，已不能满足多场监测的大量数据采集、存储、处理和三维实时显示的要求。自刘大安和柯天河（2000）提出土木工程安全监测信息系统构想以来，土木工程安全监测系统已渐成规模；曹国金和苏超（2002）进行了基于数据库的隧洞工程安全监测管理系统的开发，用于大量现场数据的存储和管理，但是功能相对比较单一，只实现了单一参数的监测。长久以来，土木工程安全监测软件的开发仍然存在不足，具有三维立体实时显示的可视化软件平台更是少有。因此，开发具有友好人机交互界面，对数据进行有效的采集、存储、处理和三维实时显示平台成为土木工程安全监测技术进一步发展的需求。

王正方等（2017）基于研制的土木工程光纤安全监测硬件系统，构建了一套多场三维实时可视化监测软件平台，实现了人机交互良好的多功能土木工程安全监测，克服了传统软件的功能单一和不能实现三维实时显示等缺陷。该系统以采集处理土木工程关键参数实时显示为核心，首先实现了监测系统参数设置、数据采集处理、三维显示和实时曲线显示、数据库存储等功能，然后采用等比例扩展的算法完成三维立体模拟显示，实现了土木工程安全多场监测与三维显示。

上述表明，目前对于场的认识已经较为全面和准确，多场监测的重要性及紧迫性正日益提升，但国内外的多场监测技术仍处于起步阶段，通常还是采用 DFOS 技术对应力场、位移场、温度场等多场信息进行监测；同时监测手段仍较单一，有待进一步发展。相对于某单一场的监测而言，目前的多场监测还是体现出了一定的系统性和全面性。

2. 数据融合技术国内外研究现状

在滑坡多场监测中，会产生海量的监测数据，如何对所采集到的这些数据进行多元融合，并清洗挖掘出其中蕴含的各类有用信息，是目前滑坡多场监测行业的一大技术难题。自 2012 年以来，"大数据"一词被广泛提及，信息爆炸时代产生的海量数据需要大数据来描述和定义，大数据时代的到来，也带动了各行业向着信息多元化和复杂化的方向前进。

利用计算机对多场监测获得的若干信息，在一定的准则下加以自动分析、综合，以完成在多场共同监测条件下对滑坡体稳定性评估任务，这一技术称为多场监测数据融合技术。多场监测数据融合技术在滑坡体的监测评估过程中有着十分重要的工程指导意义和广阔的市场前景。

1）数据融合技术的发展

20 世纪 70 年代，美国率先提出信息融合技术并开始了其研究工作，其主要的研究内容是多传感器信息融合的通用结构及实时信息融合，随后西方国家也开始普遍重视信息融合技术的研究。受美国和西方国家的影响，我国信息融合技术迅速发展，取得了相应的成果。在此基础上，随着大数据时代的到来，借鉴多传感器信息融合的思想，多场监测的数据融合技术由于国家的大力支持，发展速度较快。

作为多传感器融合的研究热点之一，融合方法一直受到人们的重视，这方面国外已经做了大量的研究，并且提出了许多融合方法。目前，多传感器数据融合的常用方法大致可分为两大类：随机和人工智能方法。信息融合的不同层次对应不同的算法，包括加权平均融合、卡尔曼（Kalman）滤波法、贝叶斯（Bayes）估计、统计决策理论、概率论方法、模糊逻辑推理、人工神经网络、Dempster-Shaper（D-S）理论等。

陈锦源（2011）研究了无线传感器网络中数据融合和数据挖掘的关键技术，提出了基于数据融合和数据挖掘的热带作物监测系统，实现了时序关联、遗传分类、孤立点检测等知识挖掘。仿真结果表明，该系统可以降低网络能耗，延长网络寿命。Staphorst 等（2014）以结构方程模型（structural equation model，SEM）的技术预测数据融合（data fusion，DF）框架为例进行了模型实例化，以各种与技术相关的度量作为技术相关模型构造的指标，对模型实例化进行了信度和效度分析。

刘超云等（2015）提出了 Kalman 滤波数据融合技术，建立了基于位移参数的 Kalman 滤波数据融合预测模型，利用 Kalman 滤波方法对多个位移监测数据进行滤波融合处理，对滑坡体的稳定状态和变化趋势做出更准确的预测，并将该技术应用于京港澳高速公路某滑坡体的变形分析与预测，对该滑坡体的四个位移传感器数据进行了 Kalman 滤波分析。结果表明，融合后的位移量估计精度更高，融合后的滤波数据更能准确地反映滑坡体的整体变形趋势，为滑坡后期施工及处治提供了依据。

孟小峰和杜治娟（2016）认为解决如何利用数据的关联、交叉和融合实现大数据的价值最大化这一问题的关键在于数据的融合，所以提出了大数据融合的概念。首先以 Web 数据、科学数据和商业数据的融合作为案例分析了大数据融合的需求和必要性，并提出了大数据融合的新任务。然后，总结分析了现有融合技术。最后对大数据融合问题可能面临的挑战和大数据融合带来的问题进行了分析。

姚富光等（2018）分析了大数据融合问题的内涵和特点，从复杂系统角度分析了深度学习技术研究新视角和粒计算在信息融合方面的新技术动态，推测了粒计算与深度学习的融合拓展可行性。最后，探讨了面向复杂系统认知研究的大数据融合智能建模粒计算处理架构，力求为复杂系统管理与控制技术研究拓展思路。

张子凌和南新元（2019）提出了一种基于多连通融合结构的传感器分层融合结构，在数据处理过程中，引入一种基于渐消记忆指数加权的多重衰落因子调整预测误差协方差，提高基于扩展卡尔曼滤波（extended Kalman filter，EKF）在预测中的有效性，以各传感器的状态估计精度用作加权融合准则，通过添加动态加权因子来预测每个传感器的预测置信度。仿真实验的性能指标表明，该方法比传统的单传感器方法具有更高的全局精度。

徐绪堪等（2019）以突发事件网络媒体信息的多源数据为研究对象，针对突发事件的动态性、分布性、不确定性等特征，通过贝叶斯理论分析计算数据可信度和数据源可信度，建立一种基于 D-S 理论的信任评估模型，描述基于 D-S 理论的突发事件可信度识别，并通过已有案例对一般突发事件决策进行实验，说明该方法的可行性和科学性，为突发事件快速响应获取有价值信息提供可行的方法，也为突发事件决策需求优质化提供科学有效的依据和高质量的数据源支撑。

2）滑坡多场监测数据融合技术的研究

滑坡监测中的数据融合最早开始于对位移场的多点监测，将多传感器的位移信息进行融合处理，进而分析潜在滑移面。刘明贵和杨永波（2005）认为对滑坡的稳定状况进行监测和准确预报是一个亟待解决的问题。但是由于监测的参数众多，包括物理的、化学的和统计的参量，用传统的方法进行处理时，不便于将各参量综合同步考虑，而信息融合技术则能方便、快捷地弥补这种不足。因此，采用信息融合技术对采集的多参数信息进行综合和协同利用，以期达到更加准确判断稳定状况和预测失稳时间的目的。

郭科等（2006）将滑坡视为一个机动目标，将对滑坡的监测视为对机动目标的跟踪，提出了利用多传感器目标跟踪融合技术来处理滑坡多点监测数据的方法，分析了其可行性，并用实例说明了此方法在实际应用中是有效的。

陈明金等（2007）结合工程实例，研究了多传感器数据融合技术在滑坡综合监测信息提取中的应用。采用分级式数据融合结构和基于遗传神经网络的数据融合算法提取滑坡特征信息，获得了完整的滑坡特征时间序列。

秦鹏等（2012）根据边坡的演化特性，在研究得到滑坡是一个非线性动态系统，其监测数据具有分形特征的基础上，利用改进变维分形预测模型对滑坡体的监测数据时间序列趋势项进行预测，并引入人工神经网络对时间序列的偏离项进行纠偏优化，从而建立滑坡体监测数据的改进变维分形-人工神经网络（improved variable dimension fractal-artificial neural network，IVDF-ANN）耦合模型，并以茅坪滑坡体的实测位移为例进行预测。预测结果证明，该模型充分利用了分形理论的自相似性和人工神经网络的自学习能力，具有良好的抗噪性，对小数据量的监测数据能够达到较高的预测精度和较好的预测长度，为滑坡体安全监控预测提供了新的参考方法。

樊俊青（2015）针对三峡库区滑坡监测工作，建立了基于不同物理场的滑坡监测系统原型，在各子系统中部署了多传感器系统（信息融合的硬件基础），获取到了多源和异构监测信息（信息融合的加工对象），并对不同特征的场数据进行了相应的时间序列的预处理（信息融合的加工条件）。随后运用多变量统计分析的基本理论，开展了滑坡监测信息的统计模型和方法研究，进行了多源信息融合方法的研究和实验分析处理，获得具有相关联特征和集成特性的融合信息，并应用于对滑坡预测的性能对比。

以上多场监测数据融合技术研究现状表明，已有的研究主要分为两个方面：其一是对场的概念、多场耦合作用以及多场监测技术的研究；其二是对监测数据融合技术的研究。尽管这些研究各有优点，但研究现状总体来说还存在以下不足之处：

（1）国内外对滑坡多场监测技术研究仍然处于对位移场、应力场、渗流场、温度场等传统场的研究阶段，严重滞后于滑坡多场监测技术的发展需求。而真正意义上的滑坡多场监测技术研究理应是对不同场的监测进行系统综合研究，可见目前的滑坡多场监测技术研究还处于初始阶段，有待深入研究。

（2）监测数据融合技术随着大数据时代的到来应运而生，大数据的发展非常迅速，但国内外对数据融合处理技术的研究还十分缺乏，仍有很多技术问题亟待解决，且对滑坡多场监测数据融合技术的研究严重不足，需要进一步加强。

1.3.4 滑坡智能化预警技术

1. 滑坡预警技术的发展

滑坡灾害研究的主要内容是滑坡的发生机理和滑坡预测、预警建模。滑坡的时间预警和空间预警是核心研究课题，主要是对滑坡发生的时间和空间地理位置做研究。随着滑坡研究由浅入深，地质环境的恶化使得滑坡频发，最终使得滑坡预警研究成为世界公认的尖端课题。滑坡的发生时间预警一直是人们想要攻克的难题，主要是因为滑坡的形成条件、地质过程和诱发因素的复杂多样性和随机性，使得滑坡预警的动态信息很难获取，并且滑坡动态监测技术和滑坡预警理论尚处于不完善的阶段。广大学者经过长时间的探索实践，使滑坡预报理论和方法有了极大的进展，总体上经历了现象预警、经验预警和统计概率预警、灰色模型预警，最后到非线性预警的艰难历程。随着各种技术的不断改进，滑坡预警也得到了相应的发展，目前正步入综合预警和实施跟踪预警的发展阶段。国内外对滑坡预报预警的研究进展总体上可归纳为四个阶段。

1）现象和经验预警阶段

历史上最早采用的滑坡失稳预警方法就是现象预警法，它对滑坡失稳的判断依据包括地表开始变形的时间、地表裂缝的产生、地面沉陷的程度、地下水的异常以及动物的失常表现等。例如，我国科学家曾经用这种方法对须家河滑坡进行了成功预警。现象预警法是一种定性的预警方法，虽然精度不是很高，但是简单易行，方便在野外进行初步判断。

经验预警法是通过分析滑坡变形的监测资料，建立滑坡变形特征与失稳时间之间的相关数学关系。经验预警法最早是在 20 世纪 60 年代由日本学者斋藤迪孝提出来的，他在分析总结了大量的室内试验和现场位移监测资料的基础上，提出了滑坡预警的经验公式，并做了相应的图解，在此基础上提出了变形破坏三阶段理论，同时建立了加速变形的微分方程，并利用该模型成功对日本高汤山滑坡进行了预警。

2）以统计分析为基础的预警阶段

以统计分析为基础的预警阶段主要是在对边坡失稳破坏做出预警时，运用各类数理统计方法和模型。随着概率论、数理统计等数理力学理论被引入到滑坡预警研究中，众多国内外学者在此基础上提出了多种滑坡预警模型。晏同珍（1988）发现滑坡过程与生物生长过程具有一定的相似性，因此，滑坡时间预警研究中引入生物学家威尔逊（Vehrulst）的生物生长模型，并通过 Vajont 滑坡的监测数据验证了该生物生长模型的合理性；李天斌和陈明东（1999）在前人的基础上，综合分析了滑坡的位移量化曲线和 Vehrulst 反函数的相似性，并提出了 Vehrulst 反函数预警模型；张倬元和黄润秋（1988）通过对多个具有完整历时曲线的滑坡进行分析研究，提出了黄金分割法，同时表明该方法适用于滑坡的中长期预警；缪卫东和侯连中（2003）针对白鹿原地区滑坡的特征，根据累计降水量与滑坡发生时间之间的规律，应用卡尔曼滤波分析法对其进行了中长期预警；魏星等（2002）将滑坡系统作为一个灰色系统，利用灰色理论建立了滑坡灰色预警模型。此外，还有许多学者在滑坡预警中引入了正交多项式最佳逼近模型、梯度正弦模型等，这些预报方法使得滑坡预警从定性分析向定量分析前进了许多。

3）非线性理论发展的预警阶段

20 世纪 90 年代以来，非线性理论的发展使得人们认识到滑坡的演变过程是一个复杂的过程。因此，许多学者在研究滑坡预警问题时开始引入非线性科学理论。易顺民和唐辉明（1996）发现在滑坡临滑前具有明显的降维现象，因此运用分形理论研究了滑坡活动中的自相似结构特征；秦四清（2005）以非线性动力学理论为基础，提出滑坡预警的非线性动力学模型，并以此为依据预警滑坡发生时间；郑明新等（1998）在分析黄茨滑坡和新滩滑坡监测资料的基础上，采用分形理论，提出了滑坡动态位移分维理论，并指出当位移速度分维接近时，滑坡进入加速变形阶段；黄润秋（2007）认为在整个滑坡的发育过程中会出现一种遵从非线性系统的演变规律的合作和协同效应，在此理论基础上提出了描述斜坡体系发展的演化方程；张飞等（2003）利用混沌动力学能重构系统的相空间，并且具有与实际动力系统相同的几何、信息性质的特点，建立了重构相空间滑坡预警模型；张英等（2002）结合新滩滑坡的实例，利用灰色系统和混沌动力学理论，建立了滑坡时间预警的非线性模型；陈益峰等（2001）在重构相空间理论的基础上，依据滑坡的历史数据，提出了改进李雅普诺夫（Lyapunov）指数算法的滑坡预警模型。以上学者的研究都推进了非线性理论在滑坡预警方面的发展。

4）系统综合分析和滑坡实时动态预警阶段

随着各学科的不断发展，滑坡预警从利用单一方法预测向系统化和智能化的方向发展。利用先进的计算机技术对大量监测数据进行分析，查找出边坡的安全隐患并对滑坡进行预警，成为新阶段滑坡预警的发展方向。该阶段的研究特点可归纳为以下 3 个方面。

（1）多种预警方法相结合的综合预警法。许强等在 1994 年提出了综合预警滑坡信息的技术路线图；钟荫乾在 1995 年以黄蜡石滑坡为案例，挑选了在滑坡活动过程中所占的地位或权重很重要的、能反映滑坡活动状态的各种预报因子，结合这些预报因子对滑坡危险状态进行判定，实现了滑坡综合信息动态预警；付冰清和何述东（1998）建立了多位相关专家支持的专家系统，并在此基础上成功预测了豆芽棚滑体在三峡工程蓄水后的状态；高玮和冯夏庭（2004）以灰色理论和人工神经网络模型的优点为基础，提出了滑坡灰色-神经网络预警模型；尹光志等（2007）以滑坡的变形值和变形速率为判据，把指数平滑法与非线性回归分析法结合起来，在分析实际监测数据的基础上做出对滑坡失稳时间的预警；李喜盼等（2009）通过把遗传算法和 BP 神经网络模型结合起来建模，提高了滑坡预警精度。

（2）更高层次的现代数理科学新理论在滑坡预警理论中的应用。2004 年黄润秋提出了地质-力学机理-形变（geology-mechanism-deformation，GMD）滑坡数值预警模型；陆付民等（2009）应用泰勒级数建立滑坡变形与时间的函数关系，并应用于滑坡变形的预警，取得良好的预测结果；宫清华和黄光庆（2009）将人工神经元网络模型应用到滑坡稳定性的评价预警中，预警结果具有较高的精度。

（3）滑坡预警的信息化系统研究。袁相儒和谢广林（1995）在前人研究的基础上建立了滑坡预警的专家系统；张华杰等（1996）用计算机语言编写了 LFEES 定量预警专家系统，取得了良好的效果；李天斌（2002）编写了预警软件 SIPS，提出了滑坡实时跟踪预警的技术方法；李秀珍等（2005）提出了基于地理信息系统（geographic information system，GIS）的滑坡综合预测预报信息系统，提高了滑坡的预警水平；王威（2009）研究利用不规则三角网（triangulated irregular network，TIN）方法建立了地质体模型，并在此基础上将得到的监测数据通过卫星传输和三维地质模型结合，建立以三维 GIS 为基础的滑坡预警系统，该系统使得滑坡灾害预警的快速性和直观性有了显著提高。

2. 滑坡预警的理论研究

滑坡预测预警法和其他现象的预测预警一样，基本上都可以分为三大类：以内因分析为主的预警，以监测、数据处理为主的预警和以外因分析为主的预警。

1）以内因分析为主的预警

有关滑坡预测预警中的大多数成果以内因研究为主，通常的研究方法是先进行详细的现场工程地质调查，建立地质模型，再取样在实验室或在现场进行力学试验，进一步建立力学模型，然后进行各种力学分析。此外，还包括从滑坡的孕灾环境、滑坡过程机制及孕灾机理等内因进行研究。苏白燕（2018）基于地质灾害诱发因素与形成机理，结合动态数据驱动、多源数据可视化及监测数据实时传输等技术，建立了基于动态数据驱动技术的地质灾害监测自动预警方法体系，并采用阈值判别预警、过程跟踪预警以及时空信息的综合分析预警方法，充分采用服务流引擎技术与数据库技术，研制了基于网络环境的新型地质灾害动态监测系统。张铸和张华赞（2018）以边坡滑坡破坏机理为研究基础，通过对滑坡变形预测模型、监测预警技术研究等方面进行深入分析，提出了以"3S"技术实时动态监测和交叉学科研究建立监测预警模型的建议。栾婷婷等（2017）在充分调研我国典型矿山排土场安全现状和滑坡事故案例分析的基础上，基于安全流变-突变理论，构建了短期预警和中长期预警相结合的贵州省矿山排土场滑坡预警指标体系宏观框架。李聪等（2011）在传统条分法的基础上，考虑降雨引起地下水位变化，采用太沙基一维固结理论描述超孔隙水压力消散，基于条块连续变形假定，提出了一种新的边坡演化动力学预测模型。王家海等（2008）在分析地下水对滑坡稳定性影响的基础上对比分析了滑坡稳定性影响因素与地下水位影响因素，论证了利用地下水位对单体滑坡预警在理论上的可行性，并探讨了利用地下水位对滑坡预警的方法。周翠英等（2008）通过引入边坡失稳的速率变化极值条件，获得边坡非线性演化失稳破坏的时间推演式，提出边坡单点预测到系统预测的方法；同时，根据鞍点出现条件，提出边坡混沌动力学演化预警标准。秦四清（2005）考虑应变软化介质的黏性或蠕变性，建立了斜坡演化的非线性动力学模型——物理预报模型。

2）以监测、数据处理为主的预警

赵久彬等（2018）研究了大数据处理及挖掘分析等关键技术，结合滑坡监测预警大数据系统的应用环境，论述了大数据技术在滑坡监测预警大数据系统的架构、数据挖掘、系统功能等方面的应用情况。李玮瑶（2018）通过大数据网络，研究矿山的地形、地貌、地层特性、地质构造等几个诱灾因子发生地质灾害的频率及损害程度，进而确定诱灾因子的概率取值，利用大数据计算方法，准确构建了地质灾害预警模型。Carlà等（2017）以某未公开露天矿为例，通过地面雷达设备对该矿发生的9处边坡失稳进行了综合分析，确定了典型的边坡变形特征，并确定了相应的报警策略。陈贺等（2015）介绍了阵列式位移计（shape acceleration array，SAA）新型监测技术和常规监测方法应用于高原山区公路滑坡的深部位移监测过程，提出监测孔动能计算方法，并对滑坡从变形启动至整体失稳破坏过程中的位移速率、加速度及动能和动能变化率的变化规律进行系统的分析研究，提出基于动能和动能变化率的临滑预警方法。张清志等（2013）应用GPS监测滑坡时对监测点位选择、数据处理等结合地表裂缝和植被等地表特征，发现降水量和坡脚大渡河的冲刷、浸泡对滑坡的发育趋势有着决定作用，并以此进行了预警预报。Chao等（2012）将GPS实时运动学技术应用于沉降观测，系统分析了其误差的主要来源，基于球面拟合和经验模态分解（empirical mode decomposition，EMD）的基本理论，对误差降低模型进行了详尽的研究。Vaziri等（2010）通过评估边坡的变形破坏预期值和临界读数频率两个参数，根据边坡特征、使用条件和破坏的影响，构建了边坡的监测可靠性图，提出了一种简单的方法来评估监测系统的有效性和可靠性，以预警即将发生的边坡灾害。Herrera 等（2009）通过全站仪、测斜仪、差分 GPS 和先进的地面监测技术进行的位移测量，并对 GPS 和DGPS（difference GPS）数据集进行比较，利用地基合成孔径雷达（ground-based synthetic aperture radar，GB-SAR）测量，通过反分析对一维无限模型进行了标定。李季等（2008）基于龙羊峡库岸稳定监测，对滑坡预警及下滑判据进行了探索性研究。单九生等（2008）在监测试验和统计分析的基础上，建立了滑坡稳定性预报预警的数学模型，确定了滑坡灾害发生时的降水临界值，应用 WebGIS 技术，建立了滑坡灾害预报预警的实时业务系统。

3）以外因分析为主的预警

对于边坡工程来说，所谓"十滑九水"，降水是滑坡发生的最重要的外部因素之一，因此，相关研究人员也进行了大量的降水诱发滑坡预测预警相关研究工作。郭富赟通过对降水与滑坡、泥石流关系研究，分类建立了甘肃省滑坡 24h 气象预警模型和滑坡、泥石流实时降雨预警模型。宫清华等（2015）针对广东省小流域地区滑坡灾害形成的地质环境和滑坡特点，提出了一套适合小流域地区的滑坡灾害预警系统框架和方法。唐亚明等（2015）将滑坡风险区划与降雨临界值耦合以设定区域性的滑坡预警级别，据此分别对宝塔山斜坡和延安市宝塔区进行了单体滑坡监测和区域性滑坡预警。唐冬梅等（2013）为了实现暴雨型山体滑坡的动态预警，基于已有的滑坡成果，在线性时不变理论的框架内探讨了一种预警方法——电抗阈值法。詹良通等（2012）对我国东南沿海残积土地区降雨强度和历时曲线的影响进行了分析，明确了影响该曲线的关键因素，该曲线对我国东南沿海残积土地区降雨诱发滑坡预警的研究工作提供了一定的理论依据。李聪（2011）建立了 31 个典型岩质滑坡组成的滑坡数据库，基于滑坡数据库、工程类比和模糊综合评判方法开发了滑坡实例推理系统。邬凯等（2011）以周为计算周期，采用加卸载响应比理论分析建立了降雨型滑坡的短周期预警模型，对某公路边坡进行实例分析发现该模型可以有效地对降雨诱发滑坡进行预警。李家春等（2010）结合边坡发生破坏的文字记录资料及降雨数据，提出了适用于陕北地区公路边坡降雨灾害预测预警的方法。乔建平等（2009）通过对滑坡与雨量相关性、降雨滑坡启动值等对滑坡预警的时间概率、空间概率及预警概率进行分析，计算了危险区内已发生滑坡频率和降雨滑坡发生频率，得到降雨滑坡预警概率，使得预警系统更加可靠。贺可强等（2009）提出将降雨和孔隙水压力作为加卸载参数，平均位移速率作为响应参数的堆积层滑坡位移动力学特征分析模型，该模型计算结果可以有效地实现堆积层滑坡的预警。钟洛加等（2008）在研究降雨量和降雨过程与地质灾害的空间分布的对应关系基础上，建立了地质灾害时空分布与降雨过程的统计关系，开展了区域性地质灾害发生的临界降水量和预警预报判据模型的应用研究。李铁锋和丛威青（2006）将逻辑斯谛（Logistic）回归模型与前期有效降雨量结合，形成了一套对降雨诱发型滑坡进行定量预测预报的方法，并以长江三峡地区为例进行了检验。李媛和杨旭东（2006）以四川省雅安市雨城区为研究区，将逻辑回归模型引入区域降雨型滑坡预警预报，建立了同时考虑降雨强度和降雨过程的降雨临界值表达式。此外，Erzin和Gul（2012）研究了人工神经网络（artificial neural networks，ANN）和多元回归（multi-regression，MR）模型在地震作用下对典型人工边坡安全临界因子（F_s）值的估计问题，用简化的毕晓普（Bishop）方法计算了该边坡的 F_s 值，确定了每种情况下的最小（临界）F_s 值，并将其用于 ANN 和 MR 模型的建立，计算了确定系数、方差解释、平均绝对误差和均方根误差等性能指标，验证了所建立模型的预测能力。

3. 滑坡预警平台研究

在滑坡预测预报研究中，斋藤迪孝于 20 世纪 60 年代提出了蠕变破坏的三阶段理论，建立了滑坡时间与蠕变速率之间的经验公式和加速蠕变微分方程。在此基础上，各国学者又提出了一些修正的模型，用于滑坡的短期和临滑预报。曹兰柱等（2018）通过预警及时性、抗干扰性及可信度三方面对样本容量及标准差倍数进行优化，确定了滑坡预警的最优化模型。郇凯等（2018）采用饱和与非饱和渗流有限元对该区域典型滑坡体进行了降雨入渗模拟，研究了降雨强度、降雨持时和降水类型对边坡稳定性的影响，验证和修正了有效降水量经验模型。将修正后的有效降水量模型与滑坡发生的历史频率曲线相结合，得到了该区域降雨型滑坡预警等级模型。郑杨（2017）以蠕变理论为基础，建立了斋藤迪孝时序预测模型；以动态 GM（1，1）模型为基础，开展了跑马山滑坡变形趋势预测模型研究；以非线性灰色时间预测预报模型为基础，开展了边坡整体失稳时间预测预报模型的研究。杨志洲（2017）建立了地下水流模型，获取了整个研究区分布式水文地质参数，结合其他水力学参数和介质的工程性质参数，建立了黄土边坡稳定性预警模型。秦宏楠（2016）通过分析排土场滑坡体变形信息与降水量的关系，提出了一种基于不等周期加卸载响应比的预警模型。温铭生（2014）在因子权重基础上建立了 Logistic 回归预测模型，并基于显式统计预警理论，建立了预警指标和多参数综合预警模型。孙玮（2013）将可视化数据挖掘技术应用于滑坡形成机理研究，进而建立了可视化滑坡预警分析模型。梁润娥等（2012）通过对多种预警模型的介绍，并根据各个模型的特点及兰州市的地质环境条件，采用了两种预警模型，在 GIS 技术的支持下，将降水量模型概率值和滑坡灾害危险性概率值进行耦合，实现了滑坡灾害的实时预警。Sornette 等（2004）提出了一个简单的物理模型来解释一些灾难性滑坡前的加速位移，该模型基于一个具有状态和速度依赖的摩擦定律的滑块模型。该模型预测了两种滑动状态，稳定和不稳定导致临界有限时间奇异。

4. 滑坡预警系统研究

从 20 世纪 90 年代起相应出现了基于 GIS 技术的滑坡（灾害）信息系统，随着滑坡预测研究的进展以及经济发展的需要，进入 21 世纪以来，关于灾害预警及预警系统方面的文章逐渐增多。赵晓东等（2018）以温州市为例，提出基于 GIS 的潜势度地质灾害预警预报模型，系统预警预报模型采用潜势度模型，使用 ArcObjects 技术在 ArcGIS 地理信息系统中集成开发。何朝阳等（2018）以 SWOT（strengths、weakness、opportunity、threats）分析模型为主要设计思想，开展了以降雨、地质、地形等多因子的区域地质灾害精细化自动预警模型及系统研究。王珣等（2018）以西原模型为基础，通过理论推导出蠕变型滑坡等速应变速率和临滑切线角的关系式，建立了通过滑坡均速阶段速率确定临滑切线角的动态评估方法，在此评估方法的基础上结合当今流行的无线传感器网络、云平台技术研发了一套基于无线组网技术的滑坡智能监测预警系统。裴灵等（2017）自主研发出地质灾害智能监测预警系统，拥有云端的关系数据库管理系统（relational database management system，RDMS）对位移数据进行分析判断，根据失稳阈值智能发出预警。张像源和周萌（2006）利用层次分析法，结合专家评分模型，构建了滑坡预警评价指标体系；在 GIS 技术的支持下，开发出滑坡预警分析系统。李政国等（2016）以 Client/Server 和 Browser/Server 模式建立系统的框架，利用信息量模型进行延安市地质灾害易发分区评价，设定三类降雨预警指标，实现了延安市地质灾害气象预警分级系统。孔金玲等（2016）采用 RIA/JavaScript 技术，基于 ArcGIS Server 平台，开发了高速公路滑坡监测预警系统。江俊翔等（2015）系统阐述了公路地质灾害智能预警系统的原理，并对其气象预警技术进行了探讨。司大刚等（2014）将 3S 技术融入数据获取与提取、空间数据库管理、空间分析、动态监测等方面，构建出滑坡地质灾害监测预警系统。陈炜峰等（2014）基于物联网技术设计了山体滑坡监测及预警系统。台伟等（2013）基于 WebAPP 模式的系统构建关键技术及滑坡、泥石流预测预警技术，构建了长江上游滑坡、泥石流预测预警系统。郭雨非（2013）基于对滑坡监测数据预处理、长期预报、中期预报、短临预报方法和模型的综合研究，采用面向对象的软件 Delphi 设计开发了功能丰富的单体滑坡预报预警平台。赵洪壮等（2012）针对地质灾害监测传感网的特点设计了多协议支持的网络结构，实现了对山体滑坡等自然灾害监测的可靠性和预报预警的实时性。张晓超等（2011）阐述了 WSN、ANN、GIS、多媒体等技术在构建综合远程智能地质灾害监测预警系统中所起到的重要作用，提出了一个可行的综合远程智能地质灾害监测预警系统架构。谭万鹏等（2010）在动态评估滑坡稳定性评价因子、及时修正计算条件和强度参数指标的前提下，综合采用宏观评判、监测评判和计算评判的方法，建立了滑坡预警预报全程评价体系，提出了滑坡预报具体实施方法。

　　此外，美国（Keefer et al.，1987）、日本（Fukuzono，1985）、委内瑞拉（Larsen et al.，2001）、英国、印度、韩国、澳大利亚和新西兰等国家和地区曾经或正在进行面向公众的区域性（降雨）滑坡实时预警预报，预报精度有的可以达到以小时衡量。

　　目前，虽然有很多滑坡预警技术方面的研究成果，但是还存在以下方面的不足：

　　（1）在众多的滑坡预警平台、预警系统中，真正能实现智能预警的很少，在预警的时效性和准确度方面还有待深入研究。

　　（2）预测预警模型的预警对象是一个较大的区域范围，这一范围内的地质条件是有差异的，具体到每个边坡的坡度、坡形、岩土体结构、地下水条件等都是不同的，企图用一个临界值去预警该范围内的所有滑坡是不现实的。

　　（3）因为预警的是一个区域范围，预警区范围以外的所有边坡都排除在了预警目标之外，而实际上低易发区内也会有滑坡发生，这样就会遗漏一些潜在的灾害点，许多事先确定的隐患点在一些极端气候条件下并未发生滑坡，与之相反，很多潜在的隐患点又未被调查人员识别出来。

　　（4）滑坡地质灾害在不同区域不同地质条件和降水条件下其致灾机理存在差异，在现有滑坡地质灾害预警预报过程中，因为监测技术和手段的限制，未能准确分类分析不同滑坡灾害体的岩土结构特征，导致降水条件下地质灾害致灾机理不明，影响了其预警预报的时空精度及可靠性。

　　（5）受降水量资料的时空分辨率及可靠性限制，在实际分析降水过程及特征时，未考虑不同尺度过程降水诱发滑坡地质灾害的机理差异，制约了滑坡地质灾害预警预报时空精度。

第2章 山区滑坡地质灾害调查与分析——以重庆市为例

2.1 重庆市滑坡地质灾害基本情况

重庆市位于四川盆地东南边缘，盆周为几大山脉和高原所围，构成一个封闭式的地貌环境。市域内存在多个构造体系：新华夏构造体系的渝东南川鄂湘黔隆褶带、渝西川中褶带、渝中川东褶带、渝南川黔南北构造带和渝东北大巴山弧形褶皱断裂带等。从构造形态特征来看，北部巫溪至城口一带受南北向主压力作用，构造形态为东西向转为北西向，由一系列弧形褶皱及逆冲断层组成。中部及南部为一系列北北东向、北东向展布的狭长的不对称紧密褶皱组成。重庆市域的Ⅲ级构造单元主要有大巴山陷褶带、渝东南陷褶带、川中台拱及重庆陷褶带，都属于扬子准地台。褶皱方向多为北东方向，次为北西向及南北向；褶皱形态多为背斜狭窄、向斜宽缓的隔挡式梳状褶皱，次为背斜宽缓、向斜狭窄的隔槽式箱状褶皱。深断裂有华蓥山深断裂、城口-房县深断裂等，它们控制着大地构造格局及地貌形态。各构造体系具有不同岩层组合、差异性很大的构造特性和发生、发育规律，故地貌形态复杂多样，并以山地、丘陵为主。其中，山地（中低山）面积多达 62400km^2，丘陵面积达 14983km^2，分别占该区面积的 75.7%和 18.2%；而台地和平坝的面积仅为 2900km^2 和 2000km^2，分别占该区面积的 3.5%和 2.4%，主要地貌类型形成"二丘、七山、三里坝"的地貌组成结构格局。复杂的地质构造与特殊地理环境使重庆市成为全国滑坡地质灾害高发地区之一。

重庆市地质灾害以滑坡为主，滑坡 11980 处，占 74.52%，其他地质灾害 4096 处，占 25.48%（表 2.1 和图 2.1），其中重庆三峡库区滑坡 3503 处。根据滑坡的规模（体积），可以将滑坡分为小型滑坡（小于 10 万 m^3）、中型滑坡（10 万～100 万 m^3）、大型滑坡（100 万～1000 万 m^3）、巨型滑坡（1000 万 m^3 以上）。据有关调查可知重庆地区以大、中型滑坡为主，两者所占滑坡的比例高达 80%，且两者的比例相当，都在 40%左右；小型滑坡与巨型滑坡数量也相当，比例都在 10%左右。

表 2.1　重庆市滑坡地质灾害统计汇总表

序号	区县	数量/处	地质灾害危害性	
		滑坡	威胁人数/人	潜在经济损失/万元
1	万州区	703	92921	535765
2	黔江区	379	23590	72642
3	涪陵区	512	47827	99236
4	渝中区	2	14241	138952
5	大渡口区	37	3251	36240
6	江北区	49	681	5790
7	沙坪坝区	46	8903	23398
8	九龙坡区	51	1457	5487
9	南岸区	66	1569	6549
10	北碚区	56	11719	72279
11	渝北区	101	5169	13996
12	巴南区	513	17803	43874
13	长寿区	232	10229	20449
14	江津区	716	27762	32131
15	合川区	429	13876	43290
16	永川区	44	3460	13038
17	南川区	220	11764	21710
18	綦江区	267	9110	4023
19	大足区	47	8226	14550
20	璧山区	33	1652	2772
21	铜梁区	32	1245	4006
22	潼南区	33	1726	6652
23	荣昌区	20	711	4423
24	开州区	521	57733	153099
25	梁平区	290	12978	19675
26	武隆区	256	35381	185662
27	城口县	251	15841	171000
28	丰都县	465	26882	57510
29	垫江县	83	6997	24380
30	忠县	732	56235	169132

续表

序号	区县	数量/处	地质灾害危害性	
		滑坡	威胁人数/人	潜在经济损失/万元
31	云阳县	970	82360	255651
32	奉节县	1372	158277	394834
33	巫山县	914	113692	594138
34	巫溪县	295	52319	127186
35	石柱土家族自治县 a	370	19403	46475
36	秀山土家族苗族自治县 b	175	7892	33233
37	酉阳土家族苗族自治县 c	222	25865	24190
38	彭水苗族土家族自治县 d	364	25597	38287
39	两江新区	20	190	2585
40	万盛经济技术开发区 e	92	4066	8806
	合计	11980	1020600	3527095

a 简称石柱县；b 简称秀山县；c 简称酉阳县；d 简称彭水县；e 简称万盛经开区。

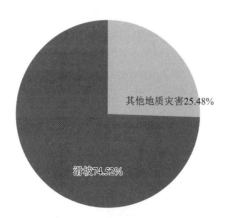

图 2.1　重庆市地质灾害统计图

　　重庆属亚洲季风区，为典型的亚热带季风性湿润气候，是热带海洋气团（印度洋和太平洋）和极地大陆气团交替控制的地带，具有气候温和、四季分明、雨水充沛、雨热同季、冬暖、夏早、夏热的气候特点。最冷月为 1 月、2 月，月均气温 5～7.9℃，最热月为 7 月、8 月，月均气温 28.6～34.4℃。总体来说，重庆气候温暖，日照时间短，风速小，常年云雾笼罩，空气湿润。年平均降水量在 1000～1400mm，降水量不等，一般集中在 5～9 月，占全年总降水量的 70%，且多大雨、暴雨等集中降水过程。重庆市河流以长江干流川江段为主，并汇集了发源于盆周山地的众多支流，形成不对称的树枝状向心水系。其中，长江左岸支流多而长，主要有嘉陵江、御临河、龙溪河等，长江右岸支流短而小（除乌江外），主要有乌江、綦江及其支流笋溪河、木洞河等。大巴山、巫山、武陵山、大娄山三面环绕，长江、嘉陵江、乌江穿越全境，山高坡陡，岩石裸露，地形地貌多样，背景条件复杂，导致滑坡灾害多发、频发。

滑坡灾害诱发因素多样，其中降水是诱发重庆市突发性地质灾害的主要因素，以暴雨引发的洪灾平均每年有 2～4 次。特别是区域性强降雨，在全球气候变化大背景下，重庆市极端强降雨发生频率、强度和持续时间呈现上升趋势，使得重庆市地质环境条件进一步恶化，成灾风险进一步加大。此外，道路建设、城市建设、水利建设及采矿等人类工程经济活动也是地质灾害的诱发因素。重庆市分布有华蓥山基底断裂带、七曜山基底断裂带、长寿-遵义基底断裂带、彭水基底断裂带和城口深断裂带五大地震构造，这些区域地震诱发滑坡地质灾害的可能性较大。

重庆市降水空间分布特征为东多西少，东南和东北部为降水较多的地区，中西部降水较少，中部地区降水空间分布差异较小，大部分地区降水量在 1000mm 以上，西部地区是重庆市降水量最少的地区。2013 年至今，重庆市主汛期共发生极端强降雨天气 45 次，导致地质灾害多发群发，破坏力强。由强降雨诱发地质灾害数量占到总数的 90%以上，造成较大人员伤亡和财产损失。例如，2014 年"8·31"特大暴雨期间，云阳县、巫山县、巫溪县、开县、奉节县共发生 2340 起地质灾害灾险情，造成 32 人死亡，10 人失踪，6 人受伤，直接经济损失 24.8 亿元。2017 年 9 月1 日至 10 月 5 日，渝东北持续性降雨，其中巫溪县断续降雨 21 日，单日雨量最大89.3mm，累计雨量 525.7mm，诱发了巫溪县大河乡广安村 1 社滑坡等 300 余起地质灾害灾险情，造成 22 人死亡，2 人失踪，直接经济损失 3.6 亿元。2018 年 6 月18 日，巫山县 5～6h 内最大雨量达到 208mm，诱发了巫山县马垭口滑坡及 G348国道 K697 段滑坡等 100 余起地质灾害灾险情。

重庆市人口分布西多东少，且以市区为中心、向邻近区县递减，重庆市区人口密度最大。东北部和东南部人口密度较小。在人口密度大的地区，人类活动强度大，修建道路、房屋等建设活动造成该区地质环境脆弱，容易发生滑坡造成人员和财产的伤亡。人口密度小的东南部为经济相对落后的地区，地广人稀，人类对地层的破坏程度较低。滑坡对降雨等诱发因素的响应敏感度不如主城区。较弱的降雨在主城区能诱发滑坡，在东南部地区却不会。但人类活动如开挖道路等，产生的破坏影响各区县一样。所以，在东南部地区人类活动为滑坡灾害的主要诱发因素，而东北部、西部等地，滑坡对其他诱发因素的响应敏感度高于东南部地区。主要诱发因素为人类活动的滑坡灾害主要发生在重庆人口密度最多的主城区和人口密度相对低的东南部。

　　人类工程经济活动已成为不可忽视的强大地质营力，日益严重地破坏着生态与环境。它不但扩大和加强了自然地理与地质环境因素的不利影响，而且直接为重庆滑坡灾害的发育、发生提供了人为动力。人类不合理工程经济活动对重庆滑坡灾害发生的影响主要表现在以下方面：

　　（1）长江上游森林过度砍伐，致使生态环境恶化。由于森林植被遭受破坏，汛期洪水灾害及与之伴生的滑坡灾害越来越严重。

　　（2）水库蓄水大大改变了原有库岸地质环境条件，也是诱发特大型滑坡发生的一大因素。

　　（3）工程经济活动规模和强度日益增大。重庆市改直辖市以后，城市化和经济建设的步伐加快，工程经济活动的规模和强度日益增大，对地质环境的改变和破坏相应增强。由于地质环境恶化而形成的滑坡灾害更加突出。

　　地处三峡库区腹心的重庆市复杂的自然地理环境以及不断增加的人类工程经济活动，决定了市域内滑坡灾害发生较为频繁。滑坡灾害具有如下分布规律及主要特征。

　　1. 分布规律

　　重庆市滑坡灾害具有一定的时间分布和空间分布规律性，时间分布规律主要体现为随机性、同发性、滞后性等；空间分布规律主要表现为垂直分带性、条带性、相对集中性等。

　　（1）在非汛期因岩体差异风化和人类不良工程活动形成的滑坡具有随机性。在汛期当降雨时间较长或大暴雨时，更易发生滑坡灾害（特别是在三峡库区），滑坡灾害具有与降雨同步或滞后发生的特征。

　　（2）滑坡灾害主要沿地层构造线、主要交通沿线及水域岸坡地段呈条带分布；在相对高差大且上陡下缓的斜坡地带，滑坡灾害又具有明显的垂直分带性。斜坡下部容易产生滑坡，上部常伴随有危岩或崩塌，具有典型的上崩下滑的分布规律；在人口密集区及城镇，随着城镇大兴土木，加载、切坡等人类工程活动增强，加大了对斜坡的改造力度，从而造成边坡失稳或诱发滑坡灾害，使滑坡灾害具有相对集中的特点。

　　2. 主要特征

　　重庆市滑坡灾害主要呈现出以下几方面的特征：

　　（1）点多面广，种类多，规模以大、中型为主，造成损失严重。

　　（2）滑坡灾害较为集中分布，顺层斜坡产生的滑坡灾害数量较多，特别在坡角大于 25°顺层斜坡的局部地段。

　　（3）区域气象影响滑坡的稳定性，长时间降雨及特大暴雨更易诱发滑坡灾害。

（4）区域经济建设的迅猛发展，对滑坡灾害环境的影响日趋加大，由不良人类工程活动诱发的滑坡灾害也日益增加。

（5）各种规模滑坡灾害突发性强，危害性大。

重庆处在"一带一路"和长江经济带的联结点上，长江干支流沿线属重庆市地质灾害重点防治区，根据滑坡地质灾害发育分布特征及滑坡地质灾害易发程度，结合重庆国民经济与社会发展规划及防灾工作部署和需求，全市共划分六个滑坡灾害重点防治区，面积 2.33 万 km²，约占全市总面积的 28.28%。一是长江三峡库区滑坡重点防治区，面积 0.42 万 km²，分布于长寿至巫山长江沿岸。二是渝东北滑坡重点防治区，面积 0.84 万 km²，分布于小江流域、任河流域、大宁河流域及奉节汾河-双土、城口高燕-白芷等地区。三是渝东南滑坡重点防治区，面积 0.52 万 km²，分布于龙河流域、郁江流域、黔江阿蓬江沿岸、黔江城区及两河、濯水、邻鄂等地。四是乌江沿岸滑坡重点防治区，面积 0.11 万 km²，分布于涪陵至酉阳乌江沿岸地区。五是主城区滑坡重点防治区，面积 0.16 万 km²，分布于中梁山、南山以及长江、嘉陵江沿岸。六是渝南滑坡重点防治区，面积 0.28 万 km²，分布于南川、万盛、綦江、江津南部地区。

总结滑坡灾害发生特点和规律，综合分析：重庆市滑坡灾害仍将呈高发频发态势，滑坡灾害防治形势仍较严峻。滑坡灾害重点防范期以汛期特别是强降雨时段为主，其中可能发生强降雨的主汛期（6～8 月）为防范滑坡地质灾害的重中之重。三峡工程重庆库区 1～4 月为水位消落期，5～9 月为汛期，10～12 月为 175m 试验性蓄水期，全年均为重点防范期。其他各水库应以库水位下调期间和高水位运行期间两个时段为重点防范期。人类工程建设活动所诱发的滑坡地质灾害应以整个工程建设期为重点防范期。

建设好重庆滑坡灾害综合防治体系，是贯彻落实习近平总书记重要指示和对重庆提出的"两点"定位、"两地""两高"目标和"四个扎实"要求的重要保障，是筑牢长江上游重要生态屏障的战略需要，是贯彻落实党中央、国务院加强地质灾害防治工作的重要抓手，是从全局谋划一域、以一域服务全局，与国民经济和社会发展规划相衔接，与长江经济带、"一带一路"等重大发展建设，以及与乡村振兴和生态文明建设紧密结合的重要成果。重庆市滑坡灾害点多面广，特别长江三峡干支流沿线的滑坡灾害发育，严重影响人民群众生命财产安全，制约经济社会发展。同时，基层防灾减灾能力依旧薄弱亟待提高，加强滑坡地质灾害防治工作是保障人民群众生命财产安全的迫切需要，也是推动重庆市经济社会发展的重要需求，更是牢筑长江上游重要生态屏障的战略需求。总之，在今后相当长一段时间，重庆市仍将处于滑坡灾害高发、多发期，滑坡灾害仍将严重威胁三峡库区长江干支流沿线、山区广大农村、城镇和重要基础设施等安全。加强滑坡灾害综合防治体系建设，将为有效保障受威胁群众生命财产安全,提升各级政府防灾减灾能力,促进经济社会可持续发展提供重要保障。

2.2　特大型滑坡地质灾害情况

重庆市域面积 8.24 万 km^2,总人口约 3200 万人,人口密度约 388.35 人/km^2,加之重庆特有的地形地貌、江河切割、岩土工程地质类型和地质构造等地质背景条件,为特大型地质灾害的形成孕育了条件。随着强降雨等极端天气频发,特大型地质灾害易发多发,严重威胁人民群众生命财产安全,已日渐成为制约重庆经济社会发展的一个重要影响因素。

1. 特大型滑坡发育情况

目前,重庆威胁 1000 人或潜在财产损失在 1 亿元以上的特大型滑坡隐患点共有 74 处(表 2.2)。

表 2.2　重庆市特大型滑坡分布一览表

序号	滑坡灾害点名称	区县	体积/万 m^3	威胁对象	威胁财产/万元	处置建议	是否库区
1	大地坪滑坡	万州区	125	居民 1289 人	6397	工程治理	是
2	重庆经济贸易学校滑坡	万州区	139.6	学校师生	4000	工程治理	否
3	二道岩滑坡	黔江区	112	居民及卫生院共 1310 人	8000	工程治理	否
4	陈家湾滑坡	涪陵区	242.5	凉塘小学师生	3000	工程治理	否
5	向家沟滑坡	江津区	40	居民 2000 余人	2000	专业监测	否
6	独树高石坎滑坡	永川区	248	居民 1650 人	2000	工程治理	否
7	柏梓溪滑坡	南川区	1356.6	居民 2000 人	8000	工程治理	否
8	红岩坪滑坡	綦江区	1425	居民 200 余人,游客	15000	专业监测	否
9	登云滑坡	开州区	1984.6	居民 1603 人	3938	工程治理	是
10	井泉滑坡	开州区	225.8	居民 1179 人	2000	工程治理	是
11	幸福宝安滑坡	开州区	1087.2	居民 1010 人	6000	工程治理	是
12	大另村滑坡	开州区	120	居民 1023 人	4000	工程治理	是
13	甘田坝滑坡	开州区	201.5	居民 1069 人及公路	5000	工程治理	是
14	段家湾滑坡	开州区	960	农田、居民 2000 人	4155	工程治理	是
15	张家老屋滑坡	开州区	190.1	农田、居民 1170 人	1500	工程治理	否

序号	滑坡灾害点名称	区县	体积/万 m³	威胁对象	威胁财产/万元	处置建议	是否库区
16	川主庙滑坡	开州区	112	鹤林村小学师生	1500	工程治理	否
17	道班滑坡	开州区	40.2	镇初级中学师生	1500	工程治理	否
18	羊角滑坡	武隆区	1335	319国道和航道	10000	专业监测	是
19	冉房坪滑坡	武隆区	178.6	居民2500人及319国道、航道	5400	工程治理	是
20	水井湾滑坡	武隆区	321	居民2000人	38000	工程治理	否
21	石桥乡场镇滑坡	武隆区	557.5	居民1258人	6000	专业监测	否
22	红春曹岩脚滑坡	武隆区	158.4	居民1450人及319国道	25000	工程治理	否
23	黄山岭滑坡	武隆区	150	居民1063人	800	工程治理	否
24	火石土滑坡	武隆区	226.2	居民3150人	10000	工程治理	否
25	简村村滑坡	武隆区	220	居民1021人	3000	工程治理	否
26	茅坡子滑坡	城口县	600	居民1150人	10000	工程治理	否
27	李家坪滑坡	城口县	230	居民1100人	5000	工程治理	否
28	东安小学滑坡	城口县	52	小学师生和其他设施	1500	工程治理	否
29	前进小学滑坡	城口县	31.2	小学师生	800	工程治理	否
30	寨堡滑坡	城口县	78	小学师生及居民	1500	工程治理	否
31	黑崖口滑坡	丰都县	119.4	居民1500人	500	工程治理	否
32	三建场镇滑坡	丰都县	194.56	居民1060人	5000	搬迁避让	否
33	迎宾居委滑坡	垫江县	119.4	居民1260人	8600	工程治理	否
34	吊钟坝滑坡	忠县	3082	居民3463人	30600	工程治理	是
35	刘家田滑坡	忠县	268	居民1100人	1500	工程治理	否
36	双土场镇滑坡	云阳县	153.2	居民2963人	14680	工程治理	是
37	大转包滑坡	云阳县	196	居民1200人	450	工程治理	是
38	蔡家坝滑坡	云阳县	1235	居民1510人	5000	工程治理	是
39	红瓦屋滑坡	云阳县	1225	居民1345人	6000	工程治理	是
40	梨园滑坡	云阳县	160	居民2477人	2500	工程治理	否
41	教学楼后滑坡	云阳县	12	云阳中学师生5250人	6000	工程治理	否
42	白衣庵滑坡	奉节县	114.88	居民7000人及公路	1000	工程治理	是
43	陈家集镇滑坡	奉节县	141.5	集镇居民1000人	5000	工程治理	是

续表

序号	滑坡灾害点名称	区县	体积/万 m³	威胁对象	威胁财产/万元	处置建议	是否库区
44	大面滑坡	奉节县	3900	居民 2200 人	5500	工程治理	是
45	藕塘滑坡	奉节县	7380	安坪集镇居民 2000 人	5000	工程治理	是
46	新铺滑坡	奉节县	3380	居民 1862 人	12200	工程治理	是
47	永乐滑坡	奉节县	316.8	永乐集镇 2000 人	10000	工程治理	是
48	厂河坝场镇滑坡	奉节县	331	集镇 2273 人及公路	3500	工程治理	否
49	王家坪滑坡	奉节县	135.6	新县城 2000 人	500	工程治理	否
50	曙光桥北桥头滑坡	奉节县	133.8	居民 1035 人	1000	工程治理	否
51	林扒里滑坡	奉节县	657.4	青莲集镇 2050 人	20000	工程治理	否
52	白水小学滑坡	奉节县	67	汾河小学师生	2000	工程治理	否
53	庙梁子滑坡	奉节县	75.2	黄龙小学师生	2000	工程治理	否
54	槽木小学滑坡	奉节县	38.5	槽木小学师生	2000	工程治理	否
55	桂花移民新村滑坡	巫山县	400	居民 1135 人及公路	3000	工程治理	是
56	牛蹄窝滑坡	巫山县	117	居民 3500 人及公路	17750	工程治理	是
57	灯盏窝滑坡	巫山县	145	居民 1140 人	5000	工程治理	是
58	狗狮包滑坡	巫山县	124	居民 4500 人	20000	工程治理	否
59	大塘湾滑坡	巫山县	143.6	居民 1800 人	2000	工程治理	否
60	实验小学滑坡	巫山县	189	实验小学师生 3110 人	3500	工程治理	否
61	双桥小学滑坡	巫山县	64	双桥小学师生	3500	工程治理	否
62	打铁岩滑坡	巫溪县	124.1	居民 2000 人	1700	工程治理	否
63	广安村 1 社滑坡	巫溪县	1700	居民 1091 人及公路河流	20000	专业监测	否
64	巫中后山滑坡	巫溪县	117	巫溪中学师生约 3000 人	2000	工程治理	否
65	徐家小学后山滑坡	巫溪县	45.1	小学师生及其他设施	1000	工程治理	否
66	幸家湾滑坡	石柱县	34.8	河嘴小学师生	600	工程治理	否
67	小银滩滑坡	酉阳县	138.71	龚滩新集镇 3000 人	6000	专业监测	否
68	记沟湾滑坡	酉阳县	262.3	居民 1582 人	6000	工程治理	否
69	王家滑坡	酉阳县	232.5	居民 1103 人	8000	工程治理	否
70	一中 1#居民点滑坡	彭水县	45.4	彭水一中及居民 6000 人	2000	工程治理	否

续表

序号	滑坡灾害点名称	区县	体积/万 m³	威胁对象	威胁财产/万元	处置建议	是否库区
71	一中 2#居民点滑坡	彭水县	50.6	彭水一中及居民 1036 人	2000	工程治理	否
72	明德小学滑坡	彭水县	43.2	明德小学师生	1000	工程治理	否
73	大脑壳田滑坡	彭水县	42	诸佛寺小学师生	1000	工程治理	否
74	山角箐滑坡	万盛经开区	222	居民 3269 人	16700	正在治理	否

资料来源：重庆地质矿产研究院提供。

特大型滑坡隐患主要分布在长江、乌江沿线及渝东北、渝东南中低山区，其中以分布在渝东北的奉节、万州、巫山、云阳、巫溪及渝东南的武隆、黔江、彭水等区域的城集镇为主。特大型滑坡多为强降雨等极端气候诱发，主要发生在汛期 5～9 月。同时，交通建设、城市建设及采矿等人类工程经济活动的扰动也进一步加大了特大型滑坡隐患的发生频率。

2. 特大型滑坡危害性

重庆市特大型滑坡主要威胁学校、医院、集镇居民及交通干线等，威胁周边居民约 23.6 万人，潜在经济损失约 91.73 亿元。特大型地质灾害一旦发生，将严重威胁周边居民生命财产安全，极易造成重大人员伤亡和重大经济损失。

历年来重庆发生多起震惊全国的特大型滑坡灾害，造成了不可估量的经济损失和人员伤亡。例如，1982 年 7 月 17 日，云阳县鸡扒子滑坡，造成 1730 间房屋受损，1353 人无家可归，滑坡前缘的县冷冻库、饲养场、卫生院等 10 多个单位被全部推入江中，严重阻碍了长江航道畅通；2001 年 5 月 1 日，武隆区县城"5·1"滑坡，造成 79 人死亡、4 人受伤；2017 年 10 月 21 日，巫溪县大河乡广安村 1 社滑坡，造成 9 人死伤，紧急转移受威胁群众 1309 人，阻塞大宁河支流西溪河河道形成堰塞湖，造成 S301 省道巫溪两河口至宁桥段交通中断，滑坡变形仍在继续。

3. 典型特大型滑坡

1）巫溪县大河乡广安村 1 社滑坡

广安村 1 社滑坡位于长江支流大宁河上游的西溪河左岸（图 2.2），滑坡纵长 1500m，横宽 1300m，总体积约 1700 万 m³，主要威胁 280 户 1091 人安全。2017 年 10 月 21 日，滑坡发生大面积滑移，滑动区纵长约 1300m，横宽 200～

300m，厚度约 20m，滑动体积约 600 万 m³，造成 7 人死亡，2 人失踪，阻塞西溪河河道形成堰塞湖（堰前平均水深 11.5m，长 1.76km，最宽 122m，总库容约 106 万 m³），阻断 S301 省道。由于驻守地质队员及时踏勘现场，划定了危险区，巫溪县政府在驻守地质队员指导下，及时组织威胁区群众 1309 人提前撤离避险，避免了重大人员伤亡。

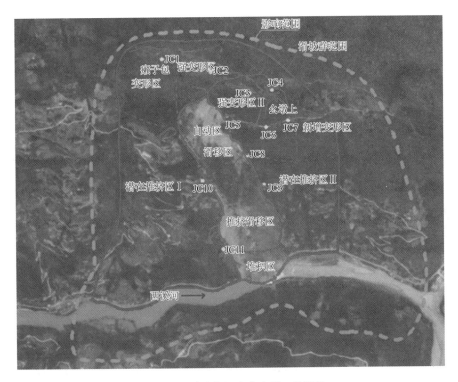

图 2.2　巫溪县大河乡广安村 1 社滑坡

2）武隆县鸡尾山滑坡

2009 年 6 月 5 日 5 时许，武隆县（2016 年改为武隆区）铁矿乡境内鸡尾山山脊斜西北翼发生大面积山体垮塌灾害。鸡尾山山体瞬间垮塌，山顶岩体崩滑垮塌区长约 700m，宽约 200m，平均厚度约 60m，面积约 14 万 m²，体积约 1200 万 m³（图 2.3）。由于垮塌区位置高，势能大，垮塌体快速滑动解体，滑坡体在冲移过程中造成更人范围的破坏和垮塌，冲过坡下铁匠沟后，直接撞击刘面山体，造成对岸山体局部垮塌，形成的堆积物主要堆积于铁匠沟内及两岸岸坡地带，堆积体长约 1700m，平均宽约 250m，面积约 42 万 m²。该堆积体以石灰岩碎石为主，含少量黏土，块石直径最大达 30m，体积上万立方米。滑坡堆积体冲移过程中引发了更大的滑坡，并填满两山之间深数十米、宽 200 余米的深沟，形成

20～60m 高的"坝"。山体垮塌造成 10 户村民的房屋、1 家铁矿厂和 1 个村民活动室被埋,75.2 亩(1 亩 ≈666.67m²)耕地和 138 亩林地被毁、8 人受伤、10 人遇难、64 人失踪的特大灾害,公路、电力、通信、人畜饮水等技术设施严重损毁,直接经济损失 1.15 亿元。

图 2.3　武隆县鸡尾山滑坡

3)云阳旧县坪滑坡

旧县坪滑坡发生于重庆云阳段长江的左岸,滑坡所在斜坡冲沟与山脊相间发育,左、右侧边界以冲沟为界,后缘以洼地为界,前缘以堆积层与基岩为界。整体坡向南东,临江处形成系列三角形单面山,滑坡即发育在单面山坡脚处,滑坡全貌如图 2.4 所示。滑坡体前缘高程小于 95m,后缘高程约 385m。滑坡体主滑方向为 144°,滑坡长约 1250m,中部宽约 1200m,滑坡总面积约 $1.5\times10^6m^2$,总体积约 $5.7\times10^7m^3$,剖面呈凹形,滑体厚度为 20～70m,前厚后薄,左厚右薄,平均厚度 40m。后缘边坡在 1982 年暴雨后曾出现 3～4m 的沉降形成了堰塘。2003～2004 年暴雨后滑坡体中部公路出现 1m 左右的沉降,导致公路废弃。2007 年 6 月 19 日、22 日,在连续强降雨的影响下,旧县坪后部堆积体滑坡村民房屋倒塌、土体出现裂缝。自 2008 年汶川地震后,在滑坡后缘高程 385m 处地表出现裂缝,裂缝延伸方向 60°,延伸长度 100m,裂缝宽 25cm,下座 50cm;后缘一处房屋出现裂缝,并持续变形,现已部分垮塌。该变形主要是受地震及暴雨影响,滑坡滑移拉裂所致。2009 年 6 月 9 日,在强降雨影响下,后部堆积体滑坡土体发生变形,出现裂缝。同时,该处居民房屋地面墙面也出现多条新裂缝。

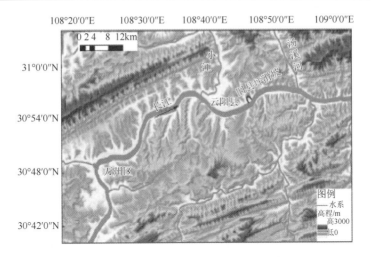

图 2.4　旧县坪滑坡示意图

2.3　滑坡地质灾害类别及成因分析

2.3.1　堆积层滑坡

堆积层斜坡覆盖层的物质成分以土夹碎石或碎块石夹土等土石混合物为主，物质结构杂乱无章，分选性差，粒间结合力差，透水性强。堆积层斜坡堆积体自表层向深处，自后缘向前缘具有含泥量及密实度增加、孔隙度及渗透性减小的趋势。由于该类边坡坡体物质组成的特殊性和物理力学性质变化比较大，降水入渗作用规律复杂，该类滑坡具有不同于其他类型滑坡的特殊形成条件、变形位移特征及破坏滑移规律。

1. 瀼渡场滑坡

瀼渡场崩滑体位于万州区瀼渡镇长江北岸斜坡上。滑体后缘为砂岩陡崖，分布高程 165～340m，纵长约 210m，前缘宽 1200m，滑体估计平均厚度约 15m，面积近 $2.56×10^5m^2$，体积约 $3.8×10^6m^3$。滑坡呈带状南北东向展布，滑坡平面形态呈长条状（图 2.5），剖面形态呈凹形。滑坡发育于中侏罗统沙溪庙组紫红色砂岩夹泥岩组成的平缓逆向斜坡中，主要由崩塌堆积物构成。滑体呈中缓坡，滑坡由基岩和堆积层双层结构组成。基岩主要是中侏罗统沙溪庙组的暗紫红色砂质泥岩和砂岩。砂质泥岩的岩性软硬不均，有的部位裂隙很发育；砂岩中有紫红色泥岩夹层，岩质较疏松，呈强风化。

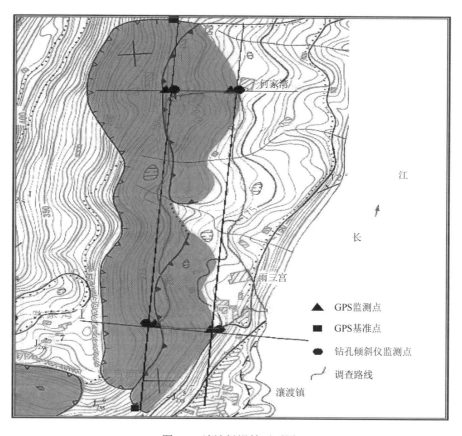

图 2.5　瀼渡场滑坡平面图

滑坡主要诱发因素为降水。滑坡区地表水系长江水，淹没滑坡至135m，最高水位受三峡水库蓄水控制，滑坡区地下水主要由大气降水补给，顺斜坡向长江排泄。滑坡区地下水主要为松散岩类孔隙水及基岩风化裂隙水，地下水在双层结构的地质体中构成很好的地下径流，对砂质泥岩的饱和软化起了决定性作用，促进了滑坡的发展。滑坡体地下水使滑坡体土体和滑移带土物理力学性质改变，降低了其抗剪强度，使滑移带土体软化，并使静水压力增大和水浮托力增大，从而造成滑坡体位移滑动。瀼渡场自1982年起曾发生了多次位移滑动，使坡体产生拉张裂缝等，使降水更易入渗到滑坡体中。

2. 黄角坪滑坡

黄角坪滑坡位于开州区东华镇黄角坪村3～6组。滑坡发育于中侏罗统沙溪庙组紫红色泥岩和泥质粉砂岩组成的缓倾顺向坡中。该滑坡在平面上呈长舌形（图2.6），剖面上近直线形，分布高程200～235m，纵长约1200m，横宽400m，滑体估计平均厚度5m，面积$4.8\times10^5m^2$，体积$2.4\times10^6m^3$。滑坡物质主要为松散堆积层，内含粉土、黏土夹碎石和块石。上部以粉土、黏土为主，下部为粉土、黏土夹碎石和块石。滑带为堆积体与基岩接触带，含角砾粉质黏土，夹杂少量碎石。

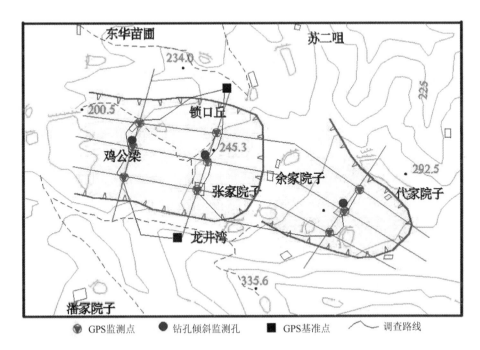

图2.6　黄角坪滑坡平面图

滑坡主要诱发因素为强降雨，斜坡体上的人为工程活动对滑坡影响较小。滑坡地下水主要由大气降水补给松散层孔隙水，顺斜坡向前方沟谷排泄。农田灌溉入渗是地下水的另一主要补给源，滑坡区地下水主要为松散岩类孔隙水及基岩风化裂隙水。滑坡体上降雨入渗形成地下水，使滑坡体土体和滑移带土物理力学性质改变，降低了其抗剪强度，使滑移带土体软化，并使静水压力增大和水浮托力增大，从而造成滑坡体位移滑动。

3. 羊角滑坡群

羊角滑坡群位于重庆市武隆区乌江下游左岸羊角镇内，距武隆城区约15km，国道 G319 涪武路段从滑坡前部通过。羊角滑坡群由羊角滑坡和秦家院子滑坡组成，两个滑坡的坡体结构和组成物质基本相同，均为由二叠系灰岩、志留系砂页岩残坡积体形成的堆积体滑坡，规模均为特大型。在平面上，秦家院子滑坡和羊角滑坡均具有"舌"形特征，即后缘较狭窄且圆滑，前缘宽且向外散开。

1）羊角滑坡

羊角滑坡在平面上呈箕形，主滑方向为 NE14°。滑坡东侧紧邻秦家院子滑坡，西侧从硫铁矿厂至三间坟一带，后缘向南面直到火石寺后基岩陡壁，高程 550～570m；前缘向北直抵乌江，高程 156～165m。南北纵向长 1880m，东西平均横向宽 1180m（后缘最小宽度 890m，前缘最大宽度 1250m）。面积 $1.734 \times 10^6 m^2$，平均厚度 41.4m，体积 $7.182 \times 10^7 m^3$（图 2.7）。羊角滑坡经过后期两序次的次一级改造，由老到新形成西部的次级羊角镇滑坡和东部的羊角滩滑坡。

滑坡近期无明显的整体变形破坏迹象，仅局部存在小规模的浅表变形。羊角滑坡范围内存在因地表排水不畅而产生的规模不一的小型浅层滑坡，以及石英沟和其支沟在雨季存在小规模的滑塌现象和小型沟谷型泥石流现象，主要是因为石英沟切割较深，暴雨季节，沟内水流剧增，冲刷两岸土体，局部失稳，另外人类不合理的开垦也是小滑塌发生的重要因素。滑坡舌部位由于乌江水流的冲刷，以及乌江的反复涨落，出现了部分崩塌的现象。2005 年 12 月至 2011 年 8 月对羊角滑坡的变形监测数据显示，滑坡平面累积位移量最大为 33mm，垂直累积位移量最大为 30mm，且监测数据呈不规律性的跳跃状态。总体来看，正常雨季及三峡库区试验性蓄水运行对羊角滑坡地表的变形影响较小，无致使其变形加剧的迹象，滑坡目前处于基本稳定状态。

2）秦家院子滑坡

秦家院子滑坡主滑方向为 NE13°，与乌江流向基本正交。滑坡东至朱家院子—刘家屋基西面冲沟，西临苏家坡—狮子岭，后缘向南到老房子，前缘接近319 国道；后缘高程 480～505m，前缘高程 255～260m，纵向长 830m，横向平均宽 705m（后缘最小宽度 200m，前缘最大宽度 820m），面积 $5.4×10^5m^2$，平均厚度约 54.6m，体积 $2.95×10^7m^3$。秦家院子滑坡经过后期改造，东部形成次一级曹家湾滑坡。秦家院子滑坡滑体成分主要为碎块石土，碎块石物质成分主要为灰岩，其余为页岩，分布在滑坡前部右侧。滑床基岩岩性为志留系页岩、粉砂质页岩。基岩风化层厚度与岩性及基岩埋深有一定关系，一般厚度不大。

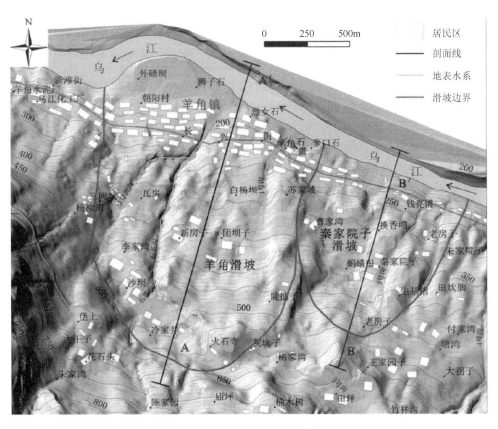

图 2.7　羊角滑坡群平面图

诱发滑坡复活的因素主要为强降雨、库水位升降、地震等。受大气降水影响明显，滑体内存在比较统一的地下水位，由于滑体内碎石土的碎石含量、粒径以及碎石土的胶结程度不一，滑体上的含水性和透水性不一，地下水水力坡度变化较大。水库蓄水后羊角滑坡之羊角镇滑坡受降水和库水位联合作用，前缘地下水动态主要受库水位影响，滑坡中后部地下水位主要受暴雨入渗影响，暴雨入渗引起的孔隙水压力的变化是影响滑坡稳定性的主要因素。

2.3.2　岩质滑坡

岩质滑坡作为滑坡的一种，破坏模式表现为松脱式、具有脆性和突发性的特点，即在地表未发现明显变形迹象的情况下发生滑动破坏。由于滑动突然，比土质滑坡更具破坏性，也更难预测。

1. 彭水县沙子口滑坡

重庆市彭水县城区沙子口地段，2007 年 5 月 23 日突降特大暴雨，持续至次日上午 10 时许，该地段发生了山体顺层滑坡，汉关公路东侧斜坡山体瞬间倾泻而下，冲毁了斜坡前缘 2 栋 7 层楼房，1 栋 8 层楼房局部遭到破坏，造成汉关公路交通瘫痪、7 人丧生、主城地下供水管道破裂、输电线路冲断。2007 年 7 月 25 日一场暴雨后，彭水县沙子口已滑动区后缘再次出现局部滑动现象，并呈现向南侧相似地段扩展的趋势。

滑坡位于沙子口东侧山坡，总体平面呈葫芦形，后缘高程约 485m，前缘至汉关公路，剪出口高程约 309m，相对高差 176m。纵长约 314m，横宽约 251m，滑体平均厚度 4.93m，体积约 $3.886 \times 10^5 \text{m}^3$，主滑方向 299°。沙子口滑坡属岩质滑坡，滑坡的形成有突发性，除北侧局部强烈变形产生滑动现象外，其余地段未发现变形迹象。目前滑坡北侧已滑动区滑体已基本清除完毕。根据探井和钻孔勘查，滑床为灰岩，岩体完整，岩质坚硬，中厚层状构造，滑床顶板总体平整，局部弯曲，顶板倾角 28°～30°，倾向 297°～298°。滑面清晰可见（图 2.8），为单一滑面，滑面平直、光滑，局部略有起伏，倾向 297°～298°，其倾角 28°～30°。滑面上多处可见滑动擦痕，并存在滑带经搓动后形成的镜面，在滑面凹凸起伏较大的部位镜面体厚度大（2～4cm），在平直的部位镜面体厚度小（0.5～1.0cm）。滑面局部有少量溶蚀裂隙，深度较浅，一般 3～5cm，有黏土充填。在勘探点的 53% 的部位发现有层间溶蚀裂隙或软弱泥化夹层，从其发育的分布情况来看，软弱夹层或层间裂隙与北侧已滑动区滑面基本一致，属同一层位，该软弱夹层及层间溶蚀裂隙构成了沙子口滑坡的滑带（面）。

沙子口滑坡的形成有其内在因素和外在因素，主要包括坡体的物质组成、坡体结构特征、暴雨和人类工程活动等。坡体物质组成及结构特征、边坡是滑坡形成的内因，而降雨是滑坡形成的直接外因。滑坡坡体由中厚层状灰岩及溶沟溶槽中的次生红黏土组成，岩体中溶蚀层间裂隙极其发育，长期的溶蚀作用已将软弱层间裂隙发育成层间软弱夹层，并使其相互贯通。斜坡属单面顺向坡，层面倾角 28°～30°，坡体上溶蚀沟槽破坏了坡体的完整性，将坡体切割成多个独立块体，为坡体的变形奠定了物质基础。暴雨入渗使滑体水分充分饱和，重度增加，地表水在横向上溶蚀沟槽中产生一定的静水压力，纵向上在滑面处形成地下水渗流面，产生瞬间的动水压力，暴雨入渗降低了滑面土体的力学性质。因此，暴雨的作用增大了下滑力，同时降低了坡体的抗滑能力，使坡体稳定性变差。

图 2.8　彭水县沙子口滑坡局部滑动现场一角

2. 万利高速重庆段滑坡

滑坡区属亚热带湿润季风性气候，四季分明，气候温和，日照充足，雨量充沛，具夏秋多雨、多雾的特点。区内多年平均气温 18.1℃，最热月平均气温（7 月、8 月）为 28.0～29.0℃，最冷月平均气温为 7.1℃。降水多集中在每年的 5～9 月，约占每年降水总量的 70%，夏季多大雨、暴雨，多年平均降水量 1191.30mm，多年平均最大日降水量 90mm。滑坡区内地貌类型属构造剥蚀丘陵地貌，地势总体呈西南高、东北低，自然边坡坡面倾向为 NE37°左右，坡面地形较为平整，坡度在 15°～19°，呈上部较缓，下部较陡的坡体结构。坡体左侧为基岩陡坎，呈 "S"形向坡顶延伸，在 "S" 拐点处为前级滑坡周界。此外，在滑坡的右侧靠后缘部分同为一基岩陡坎。滑坡左右两侧的基岩陡坎呈 "叠瓦状" 构造，同时也基本圈定了整个滑坡的范围。滑坡区位于方斗山背斜的北西翼部，出露基岩为上三叠统中-薄层砂岩、泥质粉砂岩，地层呈单斜状产出，出露岩层走向在 NW64°～75°，倾

向 NE，倾角在 14°～21°。发育两组节理：J1，产状 NW45°/NE85°～90°，控制着
岩质滑坡左右侧界；J2，产状 NW50°/SW73°，控制着岩质滑坡后缘。出露的地层
自上而下依次为第四系全新统残坡积层（Q_4^{el+dl}）、上三叠统须家河组泥质粉砂岩、
砂岩（T_3xj）。第四系全新统残坡积层（Q_4^{el+dl}）广泛分布于山坡表层，由粉质黏土、
碎石土组成，颜色较杂乱，厚度较小，厚 0.0～4.8m；砂岩、泥质粉砂岩强风化岩
层以褐黄色、深灰色为主，风化成碎、块石土状；中风化层，以灰色为主，砂质
结构，中-薄层构造，节理裂隙较发育，节理裂隙间几无充填，质硬，声脆，不易
碎。区内分布的河流为磨刀溪，位于滑坡区的东部，流向北东，经长滩镇转向东
部汇入长江水系，是区内各类地下水的排泄基准面，也是各类地表、地下水的汇
集、排泄通道；坡面冲沟主要为季节性冲沟，易受降水影响，沟内流水随季节变
化较大，一般旱季沟内无水，滑坡区地下水主要为松散堆积层中的孔隙水和基岩
裂隙水，以基岩裂隙水为主，主要赋存于较为破碎的砂岩、泥质粉砂岩中。现场
调查，开挖边坡后，坡面见地下水渗出，且水量大，呈线状（图 2.9）。

图 2.9　万利高速重庆段滑坡

　　该段边坡坡体结构为砂岩、泥质砂岩夹多层煤线、软夹层的顺倾地质结构，
滑坡区出现基岩陡坎错台，路基开挖切断岩层，对滑坡的滑动具有一定的孕育作

用。岩层层间发育多层强风化的软弱夹层、碳质泥岩及煤层，遇水后抗剪强度降低，是影响滑坡稳定性的关键因素，也是顺层岩质滑坡滑动的主要原因，受当地降水及暴雨影响，雨水渗至相对隔水的碳质泥岩及煤层顶面，其抗剪强度降低，且应力集中效应造成碳质泥岩及煤层产生顺层变形，其强度迅速从峰值强度衰减至残余强度，产生应变软化现象。滑坡失稳使坡面形成大量拉裂缝，为地表水的入渗提供了径流通道，使滑体中软夹层及煤线含水量大大增加甚至达到饱和状态，滑体的抗剪强度降低，滑体容重增大，使滑面纵深发展，造成滑坡向深度发展、滑移。

2.3.3　变形体

1. 重庆吊钟坝滑坡

重庆吊钟坝滑坡变形范围在平面形态上呈边缘不规则弯"舌"状。地形呈南西高北东低，前缘位于河流右岸处，高程 345～406m，后缘高程 670～690m，高差最大为 345.00m。前缘沿河流宽 690m，纵向长度为 1310m，滑坡体面积为 0.90km^2。根据勘查钻孔揭露前缘一带滑坡体厚度较大，为 0～96.29m，两侧和后缘滑坡体厚度较小，一般为 9.40～15.80m，滑坡体总体积约为 1.75×10^{7}m^3（图 2.10）。滑坡体主要由块、碎石土，卵石组成，但其中分布较多的软弱层。它们既有土岩接触带上的薄层残坡积粉质黏土（或粉土）及含碎石粉质黏土，也有块碎石土体中的粉质黏土（粉土）、含碎石粉质黏土夹层。调查表明，堆积体内变形破坏迹象以拉

图 2.10　滑坡区地形地貌

裂为主, 地表开裂迹象主要分布在后缘, 在坡体中前缘的地表裂缝由于农田灌溉多被掩埋。堆积体上农田进行过大规模整平工程, 有些部位在此期间未发生变形, 有些部位变形较为明显。因此, 可以通过农田的下错位移来间接判断地表的变形速率情况, 同时坡体中的植被变形, 以及局部变形均可为整体变形提供佐证。

由于滑坡区的汇水面积较大, 在暴雨期间, 河水流量较大, 并且具有水石流特征, 对河床和河岸两侧冲蚀作用较强, 在河水的冲蚀和淘蚀作用下, 河床下切, 河岸临空面加大, 导致上部崩塌体失稳, 对原有河道进行堆积, 河道改道, 形成了现状河流沟谷地貌; 近河谷两岸又形成了新的 "V" 形岸坡和河床。受长期的河水冲蚀和淘蚀作用, 前缘逐渐临空并产生局部滑移变形。后缘在古滑坡作用后的地形地貌改造中, 土层厚薄不均, 在暴雨作用下一些各自独立的变形体产生蠕滑变形。

滑坡的地下水以水渠渗水及大气降水为主要补给来源。由于碎块石层结构较疏松, 具有较好的透水性, 下伏岩层透水性差, 地下水难以下渗, 从而导致堆积体中软弱层含砾黏土层含水量增大, 强度降低。监测资料显示, 该区地下水位变幅较大, 均变幅在 5m 左右, 动水作用较为明显。后缘及中部部分地段发生拉裂, 为产生更大的孔隙水压力提供了条件, 复活变形加剧。这种作用交替发展, 诱发堆积体发生位移。另外, 物质成分差异也是其变形不均的主要原因, 后部多为碎块石堆积, 堆积较为稳定, 但其前缘含砾黏土比例相对增大, 加之大水冲刷导致前缘临空, 易于产生牵引式破坏。

2. 云阳爱国村变形体

爱国村变形体位于重庆市云阳县双江镇爱国村专业复建公路一带, 地处长江支流紫金沟左岸, 构造上处于硐村背斜南东翼, 基座为中侏罗统上沙溪庙组。变形体体积 $1.25 \times 10^5 m^3$, 分布高程 366～380m。变形体后缘是云阳县渝巴移民复建路双白段, 其是云阳县的交通要道。若变形体产生滑移, 将危及这一带居民生命及财产安全, 造成较大的生命财产损失, 并将影响双白段的运营。估算直接经济损失达 300 万元, 间接经济损失 1000 万元。爱国村变形体的变形主要集中于变形体的中后部, 变形表现为地面裂缝、建筑物变形破坏等。据调查, 目前滑体上发育横向、切向拉裂缝数条, 大部分延伸方向近东西向, 延伸最大长度达 40m, 裂缝开口宽度在 5～20mm, 最大拉裂宽度达 60mm, 致使公路路面及居民房屋多处拉裂。而变形体的中前部变形则较弱, 仅在变形体的前缘地段见有一处土体滑塌, 滑塌体面积 200m², 体积 500m³。

变形体形成的影响因素: ①降水。变形体的诱发因素主要是降水, 降水过程中, 地表水入渗土体增大了变形体重量, 降低了滑动面的抗剪强度, 增大了下滑力。变形体区在连续降水期间变形则说明降水的影响是其主要的诱发因素之一。②人类工程活动。变形体的前、后缘均有公路通过，尤其是后缘渝巴移民复建路在修建过程中弃土直接置于变形体的后部，加大了变形体重量，增大了下滑力。变形体发生变形的时间在修路之后，故可说明人类工程活动是其主要的诱发因素之一。

第3章　山区滑坡地质灾害多场监测新技术

3.1　研究背景及研究现状

重庆市是全国公路地质灾害发生极为频繁的地区之一。每年雨季有大量的崩塌、滑坡、泥石流等地质灾害发生，所造成的损失巨大，区内的地质灾害类型为滑坡、危岩、崩塌、泥石流，其次为地面塌陷、地裂缝等。地质灾害分布特征表现为空间分布、时间分布两大特征，空间分布特征表现为分布的条带性、垂直分带性、山地性等；时间分布特征表现为分布的同发性和周期性等。各区县地质灾害以滑坡、不稳定斜坡、危岩崩塌为主，各类地质灾害较为严重区域集中在奉节、云阳、巫山、江津、忠县、万州、合川、巴南、开州、黔江、城口、彭水、綦江等区县，高易发区面积为 $1.26 \times 10^4 \text{km}^2$，占全市总面积的15.4%。

1. 地质灾害调查现有方法及其局限性

针对不同类型地质灾害，其调查方法各有差异。目前采用的地质灾害调查方法多为群测群防人工地面调查、传统地面测量、可见光中/高分辨率卫星遥感调查、工程地质测绘、钻探、物探等多种技术手段相结合的方式。

上述地质灾害调查方法从作业方式上看多为接触式实地调查方式，作业效率受到天气、地形条件、交通条件的层层限制；可见光卫星遥感调查虽然实现了大范围的非接触式调查，但仍然受到云雾等天气因素的影响和影像质量本身的限制。此外，参与地面调查工作的人员专业素质参差不齐，特别是依靠群众的群测群防，虽然从一定程度上弥补了专业人员数量的不足，辅助了地质灾害地面监测和预警，但是受限于群众对地质灾害的判别能力，难免造成地质灾害调查工作的延误。

2. 地质灾害评价现有方法及其局限性

目前现有地质灾害评价方法如下。
1）应用成因机理分析评价
以定性评价地质灾害发生的可能性和可能活动规模为目的的成因机理分析评价，主要内容是分析历史地质灾害的形成条件、活动状况和活动规律，造成地质灾害的确定因素，以及可能造成地质灾害的因素，根据地质灾害活动建立模型或者模式。

2）应用统计分析评价

统计分析评价的目的是对地质灾害危险区的范围、规模或发生时间采用模型法或规律外延法进行评价。其内容包括造成历史地质灾害的原因、灾害的活动状况以及活动有何规律，统计地质灾害的活动范围和模式、地质灾害的频率、地质灾害的密度，对地质灾害的主要影响因素进行分析，针对地质灾害活动，建立起相应的数学模型或周期性规律。

3）应用危险性评价

危险性评价是对以往的地质灾害活动和将来发生地质灾害的概率进行评价，以及对地质灾害发生时将产生的危险程度给予评价。其主要内容包括以下两个方面：

（1）对包括大小、密度、频次在内的以往地质灾害活动的程度进行客观评价；

（2）对可能影响地质灾害的地形地貌条件、地质条件、水文条件、气候条件、植被条件以及人为活动等地质灾害的可能影响因素进行评价。

4）应用破坏损失评价

破坏损失评价其目的在于对灾害的历史破坏进行评价，并对损失程度以及期望损失程度进行分析。其评价的内容主要指以下两个方面：

（1）对地质灾害危险性评价和易损性评价进行综合，对地质灾害活动概率、地质活动的破坏范围、地质活动的危害强度，以及地质活动中受灾体的损失等相关内容进行评价。

（2）对地质灾害造成的人员伤亡、经济损失和资源环境的破坏损失程度进行评价分析。

5）应用风险性评价

风险性评价是危险性评价和易损性评价的总和，分析地质灾害发生的概率，分析在不同条件下发生的地质灾害，并分析可能造成的危害。进行风险性评价，其实就是为了评价发生在不同条件下的地质灾害给社会带来的各种危害程度。

6）应用防治工程效益评价

对防治工程效益进行评价，就是把防治方案的经济合理性提高到一定程度，达到技术上可行，并达到最佳优化的效果。而防治工程效益评价是从经济合理性和科学性角度去评价防治措施。

地质灾害评价的有效性取决于获取准确、精确的地质灾害调查、监测数据，结合地质、水文、气象等地理和自然环境因素，以地质灾害成因和发展趋势要素的关联性为基础。由于地质灾害评价涉及的要素异常复杂以及地灾调查和监测技术的发展带来数据源的多源异构性，现有地质灾害评价缺乏对地质灾害要素的组织和准确的关联性分析。

3. 地质灾害监测现有方法及其局限性

地质灾害监测的主要工作内容为监测地质灾害在时空域的变形破坏信息（包括变形、地球物理场、化学场等）和诱发因素动态信息（表 3.1），最大限度获取连续的空间变形破坏信息和时间域的连续变形破坏信息，侧重于时间域动态信息的获取。

表 3.1　地质灾害监测的主要方法

方法种类		适用性
变形监测	宏观地质调查	各种地质灾害的实地宏观地质巡查
	地表位移监测	崩塌、滑坡、泥石流和地面沉降等地质灾害的地表整体和裂缝位移变形监测
	深部位移监测	具有明显深部滑移特征的崩滑灾害深部位移监测
物理与化学场监测	应力场监测	崩塌、滑坡、泥石流地质灾害体特殊部位或整体应力场变化监测
	地声监测	岩质崩塌、滑坡，以及泥石流地质灾害活动过程中的声反射事件特征
	电磁场监测	监测灾害体演变过程中的电场、电磁场的变化信息
	温度监测	监测滑坡、泥石流等地质灾害在活动过程中的灾体温度变化信息
	放射性监测	监测裂缝、塌陷等灾害体特殊部位的氡气异常
	汞气监测	监测裂缝、塌陷等灾害体特殊部位的汞气异常
诱发因素监测	气象监测	明显受大气降水影响的地质灾害诱发因素监测，如崩塌、滑坡、泥石流、地面塌陷、地裂缝等地质灾害
	地震监测	明显受地震影响的地质灾害诱发因素监测，如崩塌、滑坡、泥石流、地面沉降等
	人类工程活动	监测人类工程活动对地质灾害的形成、发展过程的影响
地下水监测	地下水动态监测	监测滑坡、泥石流、地面沉降等地质灾害的地下水位的动态变化
	孔隙水压力监测	滑坡、泥石流地质灾害体内孔隙水压力监测
	地下水水质监测	监测滑坡、泥石流、地面沉降、海水入侵等地质灾害的地下水水质的动态变化

地质灾害监测现有方法存在的问题如下：

（1）应用重复性高，受适用程度、精度、设施集成化程度、自动化程度和造价等因素的制约；

（2）在地质灾害成灾机理、诱发因素研究的基础上，对各种监测技术方法优化集成的研究程度较低；

（3）监测仪器设施的研究开发、数据分析理论同相关地质灾害目标参数定性、定量关系的研究程度不足。

综上，要提高地质灾害监测预警技术水平，必须推进地质灾害研究，开发监测技术方法，进行地质灾害监测优化集成方案的研究。

3.2　星载差分干涉雷达在地质灾害面域精准调查中的研究

3.2.1　星载差分干涉雷达技术在地质灾害调查中的应用现状

地质灾害调查评价的传统技术途径以现场调研与地面测量结合为主。然而，采用传统方法（沉降板、水平测斜仪和水准测量等）和 GPS 全站仪进行野外作业，实施地质灾害识别的难度较大，同时传统方法和 GPS 难以及时发现大范围监测需求下的局部变形。此外，光学遥感技术通常仅提供宏观定性的解译成果，受到西南地区多云多雾等自然条件的影响，不能提供比较精确、定量的地质灾害信息，无法对地质灾害的发生进行预警。随着近年来微波遥感与空间对地观测技术的发展完善，相关理论研究和应用拓展已过渡到结合卫星遥感监测手段实施地质灾害形变分析与岩土力学参数分析反演的思路上来，新型技术的引入使得观测数据在时空分辨率与自动化处理等方面有所提升。

D-InSAR 技术是一项新型地表微形变监测手段，这一星载测量技术不受现场观测环境的限制，克服了野外地表形变监测劳动强度大、自动化程度低的缺点，能够开展大范围、高精度、高分辨率的形变监测，对于厘米级形变非常敏感，长时间序列监测可达到毫米级（图 3.1）。

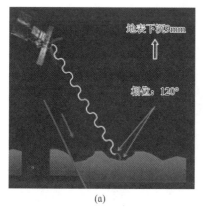

图 3.1　D-InSAR 工作原理示意（a）及地表形变监测结果（b）

由于在综合投入方面成本优势明显，该技术已经在地质灾害识别与监测中展现出了广阔的应用前景。2007～2011 年，通过对金沙江上游长达 80km 的沿岸区域的星载差分干涉影像进行数据分析，成功确定了该区域的滑坡点，见图3.2。

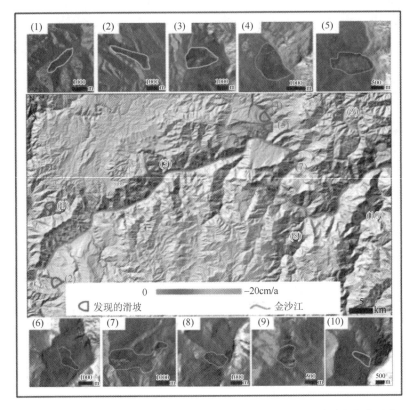

图 3.2　利用星载差分干涉雷达影像监测的金沙江上游地区地质灾害点形变

　　D-InSAR 在重庆地区地质灾害易发区的地质灾害体识别和地表形变监测工作的开展，将有利于精准查灾、精准防灾、精准治灾，提高监测预警和救援处置水平。

3.2.2　基于星载差分干涉雷达展开地质灾害面域精准调查的研究

　　本书利用 ALOS-PALSAR 条带模式数据针对地质灾害体的地表形变变化量，获取高精度的地表形变信息，包括年平均形变速率、时间序列累积形变量、形变中心分布等，在此基础上，开展外业核查，同时结合地质调查数据和气象资料，对地质灾害体进行综合分析，为地质灾害的大范围精准面域调查提供新的工作手段。

　　在基于星载差分干涉雷达进行地质灾害调查和形变监测过程中，时间序列 InSAR 地质灾害形变反演是其关键技术，本书就以下几点展开工作。

1. 两轨法干涉测量

合成孔径雷达干涉测量是利用同一地区观测的两幅 SAR 复数影像进行干涉处理,通过相位信息获取地表高程信息及形变信息的技术。根据成像时间,InSAR 可以分为单次轨道(single-pass)和重复轨道(repeat-pass)两种模式。单次轨道干涉是指在同一机载或星载平台上装载两副天线,其中一副天线发射信号,两副天线都接收地面回波信号,并利用获取的数据进行干涉处理。重复轨道干涉是指同一传感器或相似传感器按照平行轨道两次对地成像,利用得到的数据进行干涉处理。两次成像时 SAR 系统之间的空间距离称为空间基线距,时间间隔称为时间基线。

在忽略噪声的情况下,假定两次成像时大气情况基本一致,通过去除平地相位和地形相位,就能获取地面目标点的形变信息。目前对地形相位消除主要有四种方法:①利用甚短基线的干涉对,无须考虑地形相位的影响,直接获取在雷达视线方向上地面目标点的形变,即甚短基线法;②利用外部 DEM,根据两次成像时的影像参数构建模拟的地形相位干涉条纹图,达到消除地形影响的目的,即"两轨法";③加入一景覆盖同一区域的雷达影像,采用同一主图像构建地形对,计算地形相位在形变对中的影响,即"三轨法";④利用覆盖同一区域的不包含形变信息的一个干涉对计算地形信息,并将其从形变对中剔除的方法,即"四轨法"。

两轨法差分干涉测量的技术流程如下。

步骤 1:将 SAR 主、辅图像进行精确配准并做复共轭相乘生成干涉条纹图,此干涉条纹图的相位仍然是缠绕的,其中包含有平地相位、地形相位和形变相位信息。

步骤 2:基于多普勒方程、斜距方程和椭球方程,利用轨道参数将外部 DEM 转换到雷达坐标系统模拟 SAR 图像,并将其与 SAR 主图像精确配准,然后将 DEM 的高程值转换成相位值模拟出 SAR 干涉图,其相位值可认为只含有地形相位信息。

步骤 3:从干涉图中减去利用 DEM 模拟生成的干涉图,生成差分干涉图,此时的差分干涉条纹图含有平地相位和形变相位信息,而且相位仍然是缠绕的,必须对其进行相位解缠。因为平地效应的影响,干涉图的条纹过密,无法进行二维相位解缠,所以,在相位解缠之前首先要去除平地效应。另外,干涉图中的相位受到多种噪声的影响,这些噪声严重干扰二维相位解缠算法的效率和精度,甚至影响提取形变信息的精度。因此在形成差分干涉图后,一个重要的工作就是对差分干涉图进行平地效应去除及相位噪声滤除处理。差分干涉图去平并滤波后就可以进行相位解缠。

步骤 4：对去平并滤波后的干涉条纹图进行相位解缠，得到解缠后的相位。

步骤 5：计算每一像元点在雷达视线方向上的形变量，经过从斜距到地距的转换，将雷达视线方向上的形变量投影到垂直水平坐标系内。为了和其他数据进行比较，还需将形变图进行地理编码，投影到地理坐标系中。

2. 多时相干涉测量技术

多时相干涉测量技术（multi-temporal InSAR，MTInSAR）是 D-InSAR 技术的扩展，其主要目的是解决 D-InSAR 技术受到时间去相干、空间去相干和大气扰动的影响。基本思想是从一系列 SAR 图像中选取那些在时间序列上保持高相干性的地面目标点作为研究对象，利用它们的散射特性在长时间基线和空间基线上的稳定性，获取可靠的相位分析，分解各个永久散射体点上的相位组成，消除轨道误差、高程误差和大气扰动等因素对地表形变分析的影响，得到长时间序列内的地表形变信息。

MTInSAR 处理的基本步骤主要包括：差分干涉相位图生成；永久散射体候选（persisten scatterer candidate，PSC）点选择；形变和高程误差的估计；大气相位校正；PS 点上形变和高程误差的重估计。在永久散射体处理流程中，通过解算方程组获取对研究区域的形变和 DEM 误差的估计，是整个技术流程难点所在。MTInSAR 的流程如图 3.3 所示。

（1）差分干涉相位图生成：首先将给定的 $N+1$ 景 SAR 影像构成干涉组合网络，根据传统的小基线子集方法，在常规的时间基线、空间基线的垂直分量和多普勒质心频率差三个相干性影响因子的基础上，增加时间基线的季节性变化、降水量两个影响因子，用于预估干涉对的相干性。然后根据计算得到的相干矩阵，选取具有高相干性的像对参与后续的时间序列形变反演。将构成干涉组合网络的干涉像对根据合成孔径雷达干涉测量处理方法生成若干幅干涉相位图。利用外部 DEM 或者相干性较好的若干干涉对生成的 DEM，消除地形相位，生成差分干涉相位图。

（2）选择永久散射体候选点：挑选具有稳定散射特性的地面目标作为永久散射体候选点，是永久散射体算法中非常重要的一步，关系后续形变分析的准确性。直接利用 SAR 干涉相位图来选择相位稳定的散射点误差较大，而幅度离散度与相位发散程度有一定的关系，在幅度离散度小于 0.25 时，可以利用幅度离散度来估计相位发散的程度。为了对同一地面目标点在不同 SAR 影像上的幅度值进行比较，需要将各影像进行辐射校正。逐个像元地进行幅度值的分析，计算每个像元的幅度平均值和标准偏差的比值，并选取合适的评价指标和阈值，筛选出永久散射体候选点。这种方法受影像数量的影响较大，在影像数量较少时，不能正确地对幅度稳定性进行统计，易产生较大的误差。

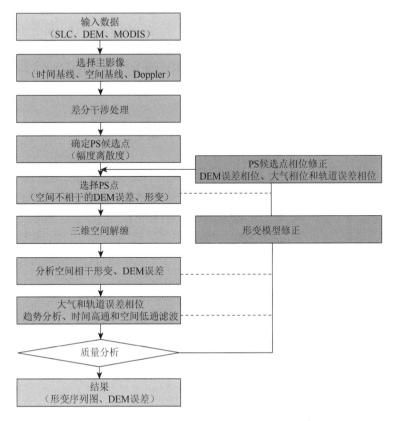

图 3.3　多时像干涉测量技术（MTInSAR）处理流程图

PS（permanent scatterer）表示永久散射体；MODIS（moderate-resolution imaging spectroradiometer）表示中分辨率成像光谱仪；Doppler 表示多普勒超声

（3）形变和高程误差的估计：在选出的 PSC 点上，差分干涉相位可以表示成形变相位、高程误差相位、轨道误差相位、大气扰动相位和噪声相位之和。假定地表形变以线性形变为主，而高程误差相位与高程误差呈线性关系。但是由于此时每个 PSC 点上的差分干涉相位为缠绕相位，且在不同的差分干涉图上存在着相位漂移，无法直接解算每个 PSC 点上的方程计算出线性形变速度和 DEM 误差。此时需要构建德洛奈（Delaunay）三角网连接 PSC 点，建立相邻 PSC 点之间的差分相位模型，减少非线性形变和大气扰动相位的影响。对于每一对相邻的 PSC 点，可以得到若干个方程，构成一个非线性的方程组，通过周期图等方法来搜索方程组的解-相邻 PSC 点之间的线性形变速度差和 DEM 误差的差异，并计算整体相关系数，采用相位解缠算法得到离散网格中每个 PSC 点上的线性形变速度和 DEM 误差。

（4）大气相位校正：在估计出每个 PSC 点上的线性形变速度和 DEM 误差并移除这部分相位之后，剩余的相位由非线性形变相位、大气扰动相位和噪声相位组成，其中大气相位和非线性形变相位在时间域和空间域具有不同的分布特征：非线性形变在空间域的相关长度较小，而在时间域具有低频特征；大气扰动在空间域的相关长度较大，在时间域呈现一个随机分布，可以理解为一个白噪声过程。因而，大气相位可以根据其在时间域的高通和空间域的低通特性，在每个 PSC 点上使用三角窗滤波器对时间域进行滤波，提取时间域的高频成分，在每个干涉对上对空间域进行滤波，提取空间域的低频成分，从而得到 PSC 点上的大气扰动相位。利用克里金（Kriging）插值方法来估算所有干涉对上所有的像素点上的大气扰动相位，并将计算出来的大气相位从差分干涉相位图中移除。

（5）PS 点上形变和高程误差的重估计：在移除大气扰动相位之后，利用整体相关系数来选择永久散射体，保留整体相干系数大于一定阈值的 PSC 点作为 PS 点。在保留下来的 PS 点上重新建立方程组计算出线性形变速度和 DEM 误差，通过 Kriging 插值得到形变时间序列图和修正后的 DEM。

3. 地面测量数据与 InSAR 处理的融合

地面测量数据与 InSAR 融合可以获取更精确的形变信息，地面测量数据提高长时间序列 InSAR 处理精度主要体现在消除卫星轨道误差、控制沉降反演结果。具体融合方案如下：

（1）在反演线性形变时，引入地面测量数据，将其与线性形变结果比较，对误差设置一定的阈值，超过该阈值的点认为是噪声点放弃，低于该阈值的点保留，从而控制线性沉降反演过程。

（2）通过同名点之间反演结果与地面实测数据比较，得到一线性改正模型，利用此模型来校准反演的形变结果。由于形变存在不确定性，采用分块原则对各区域的反演结果校准。

4. 地表形变结果的几何校正

为了将地表形变结果与监测区基础地理数据（包括行政区划图、地形图、线划图等）以及专题数据相结合，从而更好地分析地表形变的空间分布特征及其成因，需要对点目标地表形变结果进行几何校正。具体方案如下：

（1）以监测区正射影像为参考，结合 DEM 数据对 SAR 平均幅度图选取一定数量的控制点，得到 SAR 坐标与正射影像地理坐标的转换多项式。

（2）利用该坐标转换多项式，计算稳定点目标的地理坐标，从而实现点目标地表形变结果的几何纠正。

5. 数据处理的质量控制

利用 InSAR 技术提取地面沉降信息包括多个复杂的过程，如影像配准、平地相位生成、干涉图生成、去除平地相位、小基线干涉组合、稳定点目标提取、形变信息反演、沉降结果定标等。每个过程的处理结果都需要保证正确无误，否则将对后续处理及最终沉降结果造成影响。

InSAR 处理过程检查内容主要包括：①影像配准检查。对每次配准结果进行检查，如配准精度不够，修改配准参数如搜索窗口大小，直至满足精度要求。②去除平地相位检查。对去平后的干涉图相位进行检查，如果存在残余平地相位，需计算残余条纹频率，并去除残余平地相位。③干涉组合检查。在给定最大时间基线和垂直基线范围内，设置一定的时间基线和垂直基线阈值对 SAR 影像进行干涉组合，要保证干涉组合网络中包含每幅 SAR 影像，否则重新设定基线阈值进行干涉组合计算，直至满足要求。④稳定点目标提取检查。通过相干系数阈值法提取稳定点目标，若所选点目标过于密集，则需要提高阈值，重新提取点目标；反之，若所选点目标过于稀疏，则需要降低阈值，重新提取点目标。⑤形变信息反演检查。在基于点目标的地面沉降反演处理过程中，需要检查大气相位是否有效去除，如果没有去除大气相位需要进行多次迭代运算，实现主辅影像大气相位的估计，去除大气相位干扰，保证形变信息提取的正确性。⑥沉降结果定标检查。利用监测区地面实测数据，对 InSAR 提取的地面沉降结果进行定标，消除 InSAR 沉降结果的系统性偏差，该偏差与参考区域位置有关，选择不同参考区域将生成不同的 InSAR 沉降结果。

1）SAR 干涉测量

针对 ALOS-2 PALSAR 条带数据的特点，根据轨道参数、脉冲重复频率、时间信息和外部 DEM 等信息，进行主辅影像精确配准，通过复共轭相乘生成干涉条纹图，利用 SRTM-1 DEM 数据去除平地相位和形变相位信息，同时相位噪声滤除提高干涉条纹的质量，对去平并滤波后的干涉条纹图进行相位解缠，获取视线方向上的形变量。

2）最优干涉对连通图构建

通过对典型干涉对的相干性分析，确定地质灾害易发区的相干性随时间变化的规律，结合 Zebker 建立的空间基线去相干评价函数，评估所有干涉对的相干性，以此为连接权重，利用最小生成树（minimum spanning tree，MST）方法生成连接所有 SAR 数据的干涉对连通图。在此基础上，增加部分高相干的干涉对，建立计算精度和计算效率平衡的最优干涉对连通图。

3）分布式散射体提取和自适应干涉相位滤波

以业像元配准并定标的所有 SAR 幅度影像为基础，采用安德森-达林（Anderson-Darling）方法对像素的幅度数据矢量进行统计检验，以显著性水平和连通性原则，逐像素确定具有相同散射统计分布的同质像素，以连通数目为阈值确定分布式散射体；利用周期图的方法，对分布式散射体进行去平地处理，消除 DEM 误差的影响；提高分布式散射体的相干性；在此基础上研发自适应复干涉相位滤波算法，对构成干涉对连通图的干涉对进行全分辨率的干涉相位估计，在保持点散射体的干涉相位基础上，提高分布式散射体的干涉相位质量。

4）地质灾害体形变参数估计

形变参数估计一直是长时间序列干涉测量中的热点和难点，现有的算法通常是采用 $L2$ 范数最小化算法，在非城市往往会出现大量的形变估计错误。本书以小基线子集软件为基础，对经过自适应复多视处理的全分辨率干涉相位进行解缠，以全分辨率干涉相干图为基础选择高相干系数的点，通过最小二乘算法估计形变参数的低通部分和残余地形误差；对于去除残余地形误差的相位图，采用 Barrodale 算法的改进的单纯形法进行 $L1$ 范数最小化计算，形成参数误差图检测和剔除粗差，在此基础上采用 $L2$ 范数最小化算法求解形变参数，提高形变估计的精度和稳定性；通过时间维高通和空间维低通滤波处理估计和移除大气延迟相位的影响，利用奇异值分解（singular value decomposition，SVD）算法求解高分辨率的非线性形变部分。

5）提取地质灾害体形变时间序列

利用发展的模型和算法建立沉降的信息提取方法，完成基于分布式散射体的 L 波段 SAR 地质灾害体沉降测量的实验。在模型和算法建立之后，利用 SAR 数据提取地质灾害体形变的数据，与野外水准观测点的地面观测数据和 GPS 数据进行比较验证，分析误差来源，改进建立的函数模型。

6）分析地质灾害体形变的规律

利用获取的地质灾害体形变时间序列数据集，根据地质灾害易发区的地质条件，结合野外观测点获取的 GPS 测量数据，分析地质灾害体形变的时序变化规律，以及这种变化与地形地理、地质类型与降水量等要素之间的关系，采用数值模型分析，对地质灾害体形变过程进行模拟分析，揭示地质灾害体形变的机理，对地质灾害体的稳定性进行评估。

3.2.3　星载差分干涉雷达技术在地质灾害调查中的应用实例

危岩是山丘地区常见的地质灾害，严重威胁着人民的生命及财产安全，由于大量的人工活动破坏了地质体的稳定性，加上异常天气条件的影响，近些年来重庆市地质灾害的数量呈稳定上升的趋势。马岩危岩位于重庆市彭水县联合乡，属于彭水县重大地质灾害隐患点。近年来局部多次发生危岩崩塌，其陡崖顶部顺陡崖走向发育的裂缝长约 100m，最宽处达到 1.86m（2017 年 7 月 25 日实测监测桩数据），严重威胁其下方住户、电站、公路的安全。2017 年 8 月，项目组利用星载差分干涉雷达数据，采用两轨法差分干涉测量技术进行处理分析，开展了彭水县马岩危岩的形变监测（图 3.4）。

图 3.4　马岩危岩带陡崖及威胁对象分布情况照片

利用彭水县马岩区域 2017 年 7 月 21 日和 2017 年 8 月 14 日的雷达数据开展危岩形变监测（图 3.5），数据的详细参数为超宽精细模式，HH（水平发射水平接收）极化，地面分辨率为 5m，入射角为 35.2°，幅宽为 125km。两景影像构成的干涉对垂直基线为 50.229m，时间基线为 24d。

(a) 2017-07-21 获取数据幅度图　　　　　　　　　(b) 2017-08-14 获取数据幅度图

图 3.5　区域原始雷达数据幅度图

通过进行两轨法差分干涉测量处理，获取了彭水县的差分干涉条纹图和相干性图（图 3.6）。

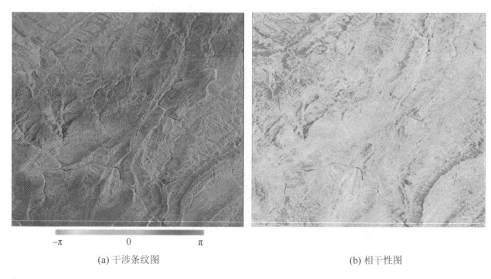

(a) 干涉条纹图　　　　　　　　　　　　　(b) 相干性图

图 3.6　2017-07-21～2017-08-14 干涉对差分干涉处理结果

　　对于马岩陡崖，在差分干涉条纹图上可以发现明显的形变现象（图 3.7），在陡崖的顶部可以监测到的形变量达到了 3.9cm，也就是在 2017 年 7 月 21 日到 2017 年 8 月 14 日期间，马岩陡崖有岩体松动的现象（图 3.8）。

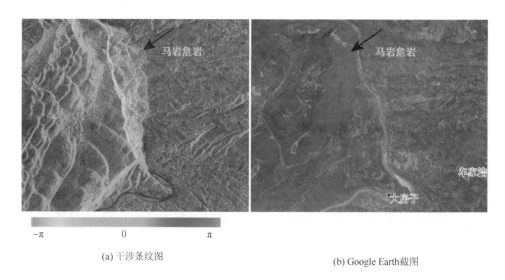

(a) 干涉条纹图　　　　　　　　　　　　　(b) Google Earth 截图

图 3.7　马岩危岩差分干涉处理结果

　　2017 年 7 月 21 日到 2017 年 8 月 14 日期间，在马岩附近还发现院子坝东部（马岩西 30km）山体，竹林沟东北部（马岩西南 15km）山体发生山体滑移，经纬度分别为院子坝 29°35′38.90″N，108°07′3.8″E，竹林沟 29°31′25.20″N，108°17′0.13″E（图 3.9）。上述两处对马岩危岩没有直接影响，但值得注意。

图 3.8　马岩危岩实地对照所在位置

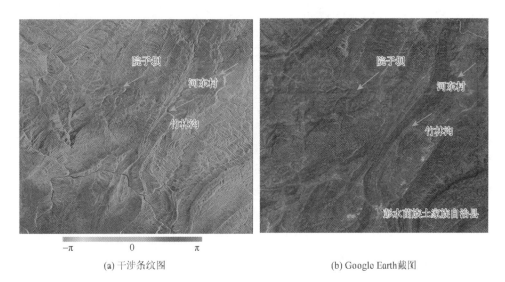

(a) 干涉条纹图　　　　　　　　(b) Google Earth 截图

图 3.9　马岩附近差分干涉处理结果

院子坝东部山体发生滑移，其滑移量为 4.2cm（图 3.10）。

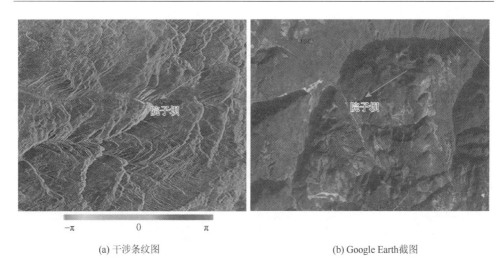

(a) 干涉条纹图　　　　　　　　　　　　　(b) Google Earth截图

图 3.10　院子坝差分干涉处理结果

竹林沟东北部山体发现明显的山体滑移，其滑移量为 3.5cm（图 3.11）。

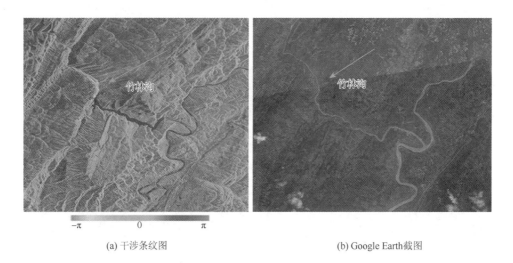

(a) 干涉条纹图　　　　　　　　　　　　　(b) Google Earth截图

图 3.11　竹林沟差分干涉处理结果

3.3　无人机低空遥感面域调查方法

3.3.1　无人机低空遥感技术原理

随着社会经济的快速发展，地质环境承受着人类强烈的改造与破坏活动，地质灾害与地质环境问题日渐严重，实现地质环境快速而全面的面域调查，特别是针对地形困难地区的精准面域调查，成为当前颇为紧迫的问题，无人机低空航拍技术具有机动性强、获取数据快速和可以低空飞行的特点，结合遥感数据处理、建模和应用分析技术方法，能够完成地质灾害调查、监测、应急救援和灾情评估任务，为地质灾害预防与救援方案制订快速提供准确依据。

倾斜摄影技术是国际测绘领域近些年发展起来的一项高新技术，颠覆了以往正射影像只能从垂直角度拍摄的局限。它是数字制图方面的一个重要突破，它使得非现场测量和分析不仅可在模型上进行而且也可在倾斜航片上进行。同时，将倾斜摄影测量技术与雷达、热红外等多种传感器结合，将它们集成在更小的无人机上拓宽了摄影测量技术的应用范围，基于点云数据计算的大规模三维数据生产使得工程测量、三维建模等工作发生颠覆性的变革，开启了三维低空遥感在地质灾害调查工作中的新时代（图 3.12）。

图 3.12　倾斜摄影工作原理示意图

倾斜摄影通过多旋翼/固定翼无人机飞行平台搭载多个具有一定倾斜角度的传感器，从不同视角采集被测对象的多角度高精度影像，经过数据处理，生成高精度的可量测实景三维模型，尽可能真实地反映被测对象立面的精细化空间信息，是地质灾害三维可视化调查有力的辅助手段（图 3.13）。

3.3.2　倾斜摄影关键技术

倾斜摄影测量技术通常包括影像预处理、区域网联合平差、多视影像匹配、数字表面模型（digital surface model，DSM）生成、数字真正射影像（true digital orthophoto map，TDOM）纠正、三维建模等关键内容。

图 3.13　无人机倾斜摄影工作原理及多角度倾斜航片数据

1. 多视影像联合平差

多视影像不仅包含垂直摄影数据，还包括倾斜摄影数据，而部分传统空中三角测量系统无法较好地处理倾斜摄影数据，因此，多视影像联合平差需充分考虑影像间的几何变形和遮挡关系。结合 POS 系统提供的多视影像外方位元素，采取由粗到精的金字塔匹配策略，在每级影像上进行同名点自动匹配和自由网光束法平差，从而得到较好的同名点匹配结果。同时，建立连接点和连接线、控制点坐标、图形处理器（graphics processing unit，GPU）/惯性测量装置（inertial measurement unit，IMU）辅助数据的多视影像自检校区域网平差的误差方程，通过联合解算，确保平差结果的精度。

2. 多视影像密集匹配

影像匹配是摄影测量的基本问题之一，多视影像具有覆盖范围大、分辨率高等特点。因此，如何在匹配过程中充分考虑冗余信息，快速准确地获取多视影像上的同名点坐标，进而获取地物的三维信息，是多视影像匹配的关键问题。由于单独使用一种匹配基元或匹配策略往往难以获取建模需要的同名点，近年来随着计算机视觉发展起来的多基元、多视影像匹配，逐渐成为人们研究的焦点。目前，在该领域的研究已取得了很大进展，如建筑物侧面的自动识别与提取。通过搜索多视影像上的特征，如建筑物边缘、墙面边缘和纹理，来确定建筑物的二维矢量数据集，影像上不同视角的二维特征可以转化为三维特征，在确定墙面时，可以设置若干影响因子并给予一定的权值，将墙面分为不同的类，将建筑的各个墙面进行平面扫描和分割，获取建筑物的侧面结构，再通过对侧面进行重构，提取出建筑物屋顶的高度和轮廓。

3. 数字表面模型生成和真正射影像纠正

多视影像密集匹配能得到高精度、高分辨率的 DSM，充分地表达地形地物起伏特征，已经成为新一代空间数据基础设施的重要内容。由于多角度倾斜影像之间的尺度差异较大，加上较严重的遮挡和阴影等问题，基于倾斜影像的自动获取 DSM 存在新的难点。可以根据自动空三解算出来的各影像外方位元素，分析与选择合适的影像匹配单元进行特征匹配和逐像素级的密集匹配，引入并行算法，提高计算效率。在获取高密度 DSM 数据后，进行滤波处理，将不同匹配单元进行融合，形成统一的 DSM。多视影像真正射纠正涉及物方连续的 DEM 和大量离散分布粒度差异很大的地物对象，以及海量的像方多角度影像，具有典型的数据密集和计算密集特点。在有 DSM 的基础上，根据物方连续地形和离散地物对象的几何特征，通过轮廓提取、面片拟合、屋顶重建等方法提取物方语义信息。同时在多视影像上，通过影像分割、边缘提取、纹理聚类等方法获取像方语义信息，再根据联合平差和密集匹配的结果建立物方和像方的同名点对应关系，继而建立全局优化采样策略和顾及几何辐射特性的联合纠正，同时进行整体匀光处理，倾斜摄影测量数据处理流程如图 3.14 所示。

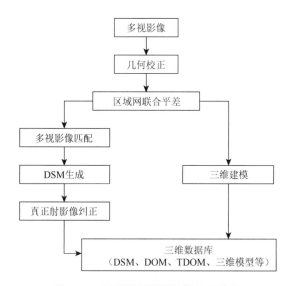

图 3.14　倾斜摄影测量数据处理流程

3.3.3　倾斜摄影技术在地质灾害调查中的应用实例

本书以西南地区地形复杂、地势陡峭，人员难以到达的高陡危岩体为研究和实验对象，应用无人机倾斜摄影测量技术采集高陡危岩体的倾斜影像，生成危岩体实景三维模型，有效辅助人工地面调查和危岩体危险性评价工作。无人机倾斜摄影工作流程如图 3.15 所示。

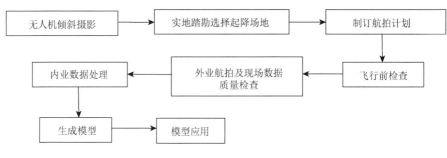

图 3.15　无人机倾斜摄影工作流程

1. 无人机倾斜摄影外业数据采集

无人机倾斜摄影外业数据采集由实地踏勘，选择合适的起降场地；根据航拍区域制订合适的航拍计划；外业飞行实施及原始影像质量检查几部分工作构成。试验区的地形高差较大，最低点为危岩体威胁对象（居民点），海拔460m，危岩体顶部最高点海拔 950m，高差近 500m，危岩体立面的数据采集难度巨大。

2. 倾斜影像采集

数据采集通过多旋翼无人机搭载双镜头摆动式倾斜摄影系统完成。通过实地踏勘，飞行环境评估，在危岩体顶部某处选择了合适的起降地点。此外，为保证数据采集质量，试验结合双镜头相机摆动的特点和危岩体的实际特征，采取了特殊的危岩体拍摄方法。由于危岩体的立面较为复杂，为获取最优质量的危岩体立面，根据危岩体走向，将危岩区域划分为 3 个区域进行数据采集，POS航线见图 3.16。

3. 像片控制点布设

由于试验区内地形比较复杂，且交通不便，控制点很难在测区内均匀布设。因此，像片控制点被布设在地势较为平坦的区域，如危岩体顶部和以居民点为主的危岩体威胁对象区域。为弥补像片控制点布设的不均匀，在后期数据处理过程中人工加入了一定数量的连接点以保证模型质量。

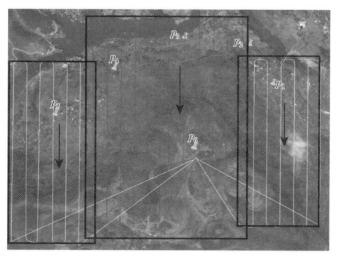

图 3.16　倾斜摄影分区 POS 航线和像片控制点分布图

$p_1 \sim p_6$ 表示控制点；黑色箭头为航向

4. 实景三维建模内业数据处理

无人机倾斜摄影不仅包括垂直摄影数据，还包括倾斜摄影数据，而传统的空中三角测量无法较好地处理倾斜摄影数据。因此，倾斜摄影空中三角测量中采用了多视影像联合平差的方法。首先，在输入倾斜影像后，利用尺度不变特征变换（scale-invariant feature transform，SIFT）特征点匹配算法实现倾斜影像连接点自动匹配。然后，采用随机抽样一致算法（random sample consensus，RANSAC）完成相对定向，并利用基于双模型的粗差点检测和相对定向可靠性检测，剔除残差大的粗差点，不断选择相互间具有足够连接点的三张影像，依次在影像间进行两两相对定向，输出自由网构建结果。最后，利用区域网平差完成自动空中三角测量。在此基础上，结合多视影像密集匹配方法，最终完成数字表面模型的生成。内业数据处理流程如图 3.17 所示。

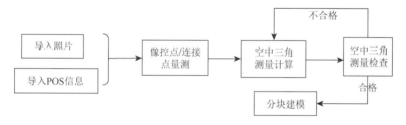

图 3.17　内业数据处理流程

5. 实景三维模型建模成果

通过计算处理，该危岩体的实景三维模型被成功建立，见图 3.18。基于该实景三维模型成果，其危岩体裂隙清晰可见，并可基于该三维模型实现裂隙的定量量测（图 3.19），凹岩腔清晰可见，而这些区域都是人员无法到达的区域和极有可能被忽略的区域。可见，无人机倾斜摄影三维建模的工作成果很好地辅助了人工地面调查。

本书利用多旋翼无人机的高效、便捷、起降灵活的特点，以及倾斜摄影测量技术能够快速建立实景三维模型的优势，针对危岩体这一特殊形态的地物，实施了一整套的无人机倾斜航拍、内业数据处理工作，成功建立了危岩体的高精度、可量测实景三维模型，为人员无法到达的困难地区的地形地貌调查工作提供了很好的辅助手段。无人机倾斜摄影技术及其后续一系列的应用研究必将在地质灾害调查等领域发挥重要作用。

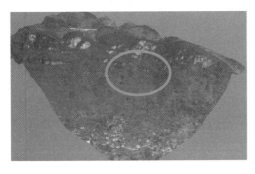

图 3.18　危岩体三维模型成果图

图 3.19　三维模型成果量测（图 3.18 中圆圈范围细节）

3.4　基于三维激光扫描的点云实景监测技术

3.4.1　研究背景与三维激光扫描技术基本原理

目前，地质调查和地质灾害调查评价主要借助地质测绘及地质素描等传统工作手段，对于调查人员无法到达的区域（特别是凹岩腔等部位）多采用估算的方式解决，在上述工作模式下野外调查的第一手数据资料可靠性难以保证，从而影响后续稳定性及危害性评价。现有方法主要基于 GNSS、全站仪以及近景摄影测量技术、位移计、压力计等技术开展，采用离散单点的接触式测量方式，数据采集需作业人员接触危岩区域，给作业人员带来安全隐患，在取样困难地区也增加了作业人员的作业难度。此外，数据采集受天气、植被覆盖、地物阴影等因素影响，使得难以到达的地形区域和存在植被覆盖的岩体及滑坡的精准监测存在极大难度，从而影响危岩灾害防治的效果。

三维激光扫描技术是近年来发展起来的一种主动式遥感技术，相对于以往方法有如下优势：

（1）数据采集过程无须作业人员深入测区，非接触式、全天候作业，且受外界环境影响小；

（2）可一定程度穿透植被获取植被覆盖下的区域表面数据；

（3）直接、快速获取被测区域的高精度三维空间信息。

这一技术的高精度、高空间分辨率、高自动化的作业方式为地质调查和灾害监测开辟了一个新的途径（图 3.20）。

(a)　　　　　　　　　　　　　(b)

图 3.20　滑坡实景（a）与三维激光扫描得到的滑坡点云数据（b）

目前，数据采集技术已经较为成熟，然而数据后处理技术却相对滞后，特别是缺乏针对地质调查和灾害监测行业需要的独立的、系统的数据后处理方法和软件。

1. 机载 LiDAR 对地定位原理

机载激光雷达扫描测量对地定位原理如图 3.21 所示，系统中的惯性测量单元获取传感器的瞬时姿态，动态差分 GPS 可以获取传感器在 WGS-84 坐标系统中的三维空间位置，即大地坐标，激光扫描测距系统可以测出地物点与传感器之间的距离，并且通过几何关系计算出地物点的相对位置。最后通过惯性测量单元、动态差分 GPS、激光扫描测距系统三者采集的数据结合解算地物点在地心坐标系中的三维空间坐标。

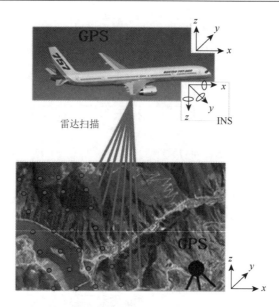

图 3.21　机载激光雷达扫描测量对地定位原理

INS 为惯性导航系统（inertial navigation system）

机载 LiDAR 对地定位基本原理是：假设某一空间参考系中有一已知坐标点（一般已知点坐标由 GPS 测得），通过激光扫描测距系统可以精确测得该已知点到待测点的向量，观测平台的俯仰角、侧滚角和航向角由惯性测量单元（IMU）系统测得，通过解析几何的方法就能够计算得到待测点的空间坐标，如图 3.21 所示。

设空间 G 为机载 LiDAR 扫描仪投影中心，其坐标（X_G, Y_G, Z_G）可通过差分动态 GPS 实时得到，传感器的三个姿态参数（α, ω, κ）可通过惯性导航系统得到，设待测点为 P（X_P, Y_P, Z_P），待测点与 G 之间的距离通过激光测距仪得到，通过三角测量原理便可得到任意地面待测点的三维坐标信息。机载激光雷达对地定位数学模型可表示为

$$\begin{cases} X_P = X_G + \Delta X \\ Y_P = Y_G + \Delta Y \\ Z_P = Z_G + \Delta Z \end{cases} \tag{3.1}$$

式中，ΔX、ΔY、ΔZ 为 G 点与待测点 P 之间的坐标增量。根据机载 LiDAR 对地定位示意图（图 3.22）可以利用三角关系得到三维坐标增量的值。

由图 3.22 可得

$$\begin{aligned} \Delta X &= GQ\cos\omega\sin\alpha + QP\cos\kappa \\ \Delta Y &= GQ\sin\omega + QP\sin\kappa \\ \Delta Z &= GQ\cos\omega\cos\alpha \end{aligned} \tag{3.2}$$

式中，ω 为侧滚角；α 为俯仰角；κ 为航偏角。扫描镜共轴的角编码器会给出激光测距点与成像扫描周期内中间像元间的夹角，即图 3.22 中的 θ 角。

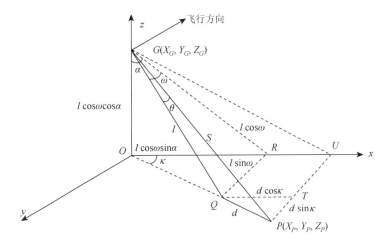

图 3.22　机载 LiDAR 对地定位示意图

在三角形 QPG 中，由余弦定理得

$$QP^2 = GP^2 + GP^2 - 2GQGP\cos\theta \tag{3.3}$$

$$GQ = GP\cos\theta - b\frac{GP\sin\theta}{\sqrt{1-b^2}} \tag{3.4}$$

其中，

$$b = \cos\omega\sin\alpha\cos\kappa + \sin\kappa\cos\omega \tag{3.5}$$

因此，

$$\Delta X = \left(d\cos\theta - b\frac{d\sin\theta}{\sqrt{1-b^2}}\right)\cos\omega\sin\alpha + \frac{d\sin\theta}{\sqrt{1-b^2}}\cos\kappa$$

$$\Delta Y = \left(d\cos\theta - b\frac{d\sin\theta}{\sqrt{1-b^2}}\right)\sin\omega + \frac{d\sin\theta}{\sqrt{1-b^2}}\sin\kappa \tag{3.6}$$

$$\Delta Z = \left(d\cos\theta - b\frac{d\sin\theta}{\sqrt{1-b^2}}\right)\cos\omega\cos\alpha$$

将坐标增量 ΔX、ΔY、ΔZ 代入机载激光雷达对地定位数学模型使可得出任意待测点的三维坐标。

2. 机载 LiDAR 定位技术特点

机载 LiDAR 系统因其能精确快速地获取地面三维数据在过去几十年内得到

了广泛的认可和迅速的发展，成为国际研究开发的一项热门技术。同传统测量、摄影测量等相比，机载 LiDAR 系统主要特点为以下几方面：

（1）LiDAR 采用主动测量方式，原则上可以全天候 24h 作业，然而，考虑导航问题，系统测量通常在白天进行。

（2）飞行设计到数据获取自动化程度高、数据获取周期短。

（3）LiDAR 数据精度高，高程达到 15cm，水平位置小于 0.5m，数据绝对精度在 0.3m 以内，同时可以获取高分辨率的数码影像。

（4）目前的商业机载 LiDAR 系统大多可获得每平方米 10 个以上高密度的点云数据，而高密度数据能够更加真实地反映地形地貌，随着各种商业系统数据获取能力的增加，机载 LiDAR 数据处理的效率渐渐成为备受关注的问题。

（5）激光点具有一定的穿透力，能够穿透植被树冠，但有时不能完全穿透树林到达地面，同时穿透时的多次反射，也会导致距离测量误差，从而影响点云的高程精度，需要在数据后处理中设计一定的规则进行滤波分类，方可同时获取地面和非地面数据，获取高精度 DTM 通常仍然需要考虑航测季节。

（6）可以完成传统测量以及摄影测量很难实施的危险地区或不易到达地区的测量工作，如沼泽地、森林保护区、野生动物保护区、有毒废料场所或废料倾倒场所的测量等。

（7）受天气影响小，但激光雷达传感器通常安装在小型飞机上，此类飞机基本飞行在云层以下，从安全方面考虑，在天气条件恶劣的情况下一般不会进行航测工作。

（8）不需要或无须大量的地面控制工作，具有迅速获取数据的能力。

（9）机载雷达将数据获取、处理与应用集合于同一系统，更有利于提高系统的自动化和高效化程度，同时也需要在数据处理时进行多项改正来得到最终成果。

3. 机载 LiDAR 数据获取及处理流程

与传统测绘技术一样，机载 LiDAR 测量技术也可以分为外业和内业两大部分。机载 LiDAR 测量技术的外业工作主要是通过航飞采集数据，包括制订飞行任务计划，根据实际情况确定航飞速度和高度，设计适宜的脉冲频率、视场角以及激光反射器的转动速度，包括激光雷达测量系统的检校以及全球空间定位系统基站的设置等；内业数据处理则包括粗差探测与剔除、滤波分类、DTM 的生成等工作。机载 LiDAR 测量工作从外业数据采集到内业数据处理可分为作业前期准备、数据采集、数据处理三个阶段，不同的项目要求或不同的 LiDAR 系统工作流程会稍有差异，而主要步骤通常是相同的，图 3.23 是典型机载 LiDAR 工作流程图。

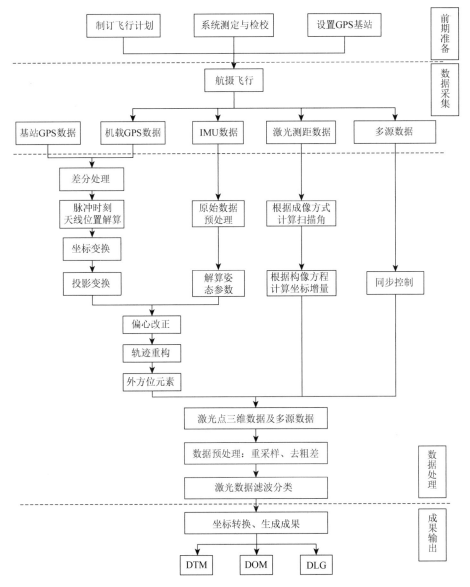

图 3.23 典型机载 LiDAR 工作流程图

3.4.2 基于多回波信息的局部自适应地表信息提取

从激光点云数据中精确提取地表信息是实现利用三维激光扫描数据对地质灾害体表面开展形变监测工作的关键。因此，本书根据西南地区地形复杂、植被覆盖的客观现实情况，提出了基于多回波信息的局部自适应滤波方法。

1. 回波信息叠加分析

1）首末次回波信息叠加分析

首、末次回波信息通常差异明显，将首、末次回波信息叠加显示，如图 3.24 所示。可以看到，首次回波几乎全部叠加于末次回波的上方，说明首次回波基本都是植被冠层、树干等非地面点，而末次回波为地面点的可能性最大，当然，其中也有部分末次回波位于冠层，部分首次回波接近地表，前者大多也是需要通过滤波剔除的树干区域回波信息，后者可能因低矮植被引起，也可能是由地表起伏较大而产生的回波信息。后者是林区机载 LiDAR 滤波的难点之一。

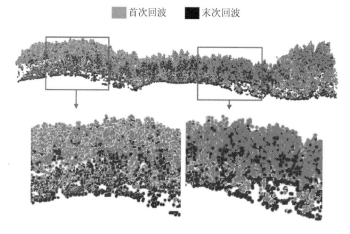

图 3.24　首次回波和末次回波叠加

2）首、末、单次分别与中间次回波信息叠加分析

首次回波和中间次回波信息叠加如图 3.25 所示，中间次回波数据几乎全部位于首次回波信息下方且紧贴首次回波信息，可以推出首次回波大多是植被冠层反射得到的回波信息，中间次回波大多为低矮植被或者高大树木的枝干反射得到的回波信息。

末次回波和中间次回波信息叠加如图 3.26 所示，末次回波点云密度明显大于中间次回波点云密度，中间次回波几乎全部被包含于末次回波之中，部分末次回波点云位于中间次回波上方，大多末次回波位于中间次回波下方，可以推测末次回波为大部分地面反射和少部分植被枝干反射得到的回波信息。

单次回波和中间次回波信息叠加如图 3.27 所示，单次回波点云密度同末次回波一样，明显大于中间次回波点云密度，并且中间次回波几乎全部被包含于单次回波之中，不同的是，大多单次回波点云位于中间次回波上方，少部分单次回波位于中间次回波下方。由此看出，单次回波是由少部分地面、大部分植被冠层表面和部分植被枝干反射得到的回波信息。

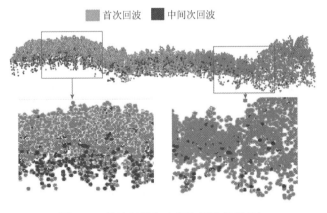

图 3.25　首次回波和中间次回波信息叠加

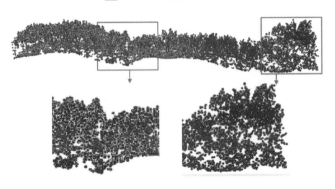

图 3.26　末次回波和中间次回波信息叠加

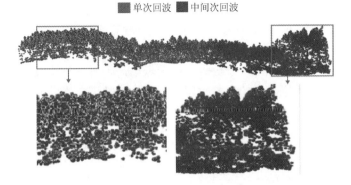

图 3.27　单次回波和中间次回波信息叠加

3）基于首、末次回波信息滤波的选择

机载 LiDAR 数据基于多回波滤波的一个重要问题是需要决定基于首次回波还是末次回波滤波。因为激光束能够穿透植被，大多数研究者更倾向于将末次回波作为地面点，但是末次回波也可能是其他低矮植被产生的，容易因此而引起误差。

因为机载 LiDAR 系统集成误差以及多路径效应，在末次回波信号中可能存在较多零散的低点，尽管在滤波前进行粗差和低点的剔除，过多的低点也会影响滤波精度，而首次回波中低点数据量比末次回波要少，所以部分学者选择基于首次回波信号进行滤波。基于首次回波信号的滤波方法没有充分利用激光的穿透能力，从表 3.2 多回波类型对应地物可以看到，首次回波可能是植被或建筑物，在森林密集的林区，可能由于大面积植被遮挡而缺少地面点，从而造成 DTM 精度的损失。

表 3.2　多回波类型对应地物

回波次数	回波号	回波类型	地物
1	1	单次回波	地形、植被、建筑物等
2	1	首次回波	植被、建筑物等非地面
	2	末次回波	地面、近地植被
3	1	首次回波	植被、极少量的建筑物
	2	中间次回波	植被
	3	末次回波	地面、近地植被

也有综合利用首末两次回波滤波的研究，这种方法可以在形态学滤波和线性预测滤波等部分滤波算法中得到实现，而不适用于另外一些算法，如将其应用于不规则三角网滤波，不仅不会增强滤波效果，还会因改变滤波统计数据而造成较大的误差，也增大了数据量，反而降低了数据处理效率。

综上分析：对于植被覆盖密集的项目区，基于末次回波信息更有可能为地面信息的基本现象，在能够保证项目区内有足够地面激光脚点的情况下，相对而言，基于末次回波对 LiDAR 数据进行滤波是一个不错的选择。中间次和首次回波信息量相对较少，而且几乎全部为植被区域点云数据，为减少数据量，提高滤波效率，将中间次和首次回波信息直接分类为非地面点集，不再参与滤波计算。本书所收集的实验数据为粗差剔除后的原始数据，因此，将基于末次回波进行滤波。为优化基于末次回波的滤波效果，将利用格网分级选取地面种子点。

2. 地面种子点选取

1）一级初始地面种子点的获取

通过对各回波信息的叠加分析可知，茂密林区机载激光雷达三维点云的首次回波和中间次回波信息几乎全部为植被点云数据,而单次回波信息和末次回波信息中包括了植被点和地面点两部分。本书通过回波分离,直接将首次回波和中间次回波点云分类为植被点集,以此提高滤波精度和后续滤波工作效率。

实验数据中,单次回波和末次回波信息占总数据量的 70.8%,图 3.28 为单次回波与末次回波点云三维叠加显示图。由图可见,单次回波和末次回波点云中包括了大量植被冠层点云、地面点云和少量树木枝干、低矮植被点云。本书采用同基于高程的各种滤波算法一样的思想,认为粗差剔除后的激光雷达点云数据中,高程越低的点为地面点的可能性越大。从理论上来说,要从末次回波点云中选取可靠性更高的地面种子点,就应该将格网设置得更大,然而如果格网设置过大,便会导致获取的地面种子点过少。因此,本书根据单、末次回波点云密度在区域内建立规则格网,在每一格网内分别选取最低点作为一级初始地面种子点。

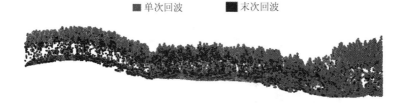

■ 单次回波　　　　■ 末次回波

图 3.28　单次回波与末次回波点云三维叠加显示图

一级初始地面种子点获取程序实现思想:

(1)遍历所有末次回波点云和单次回波点云,得到点云数据中的 X_{max}、Y_{max}、X_{min}、Y_{min};

(2)通过末次回波点云和单次回波点云数量 N_1、实验区域面积 S,得到点云密度 ρ,$\rho=N_1/S$,通过点云密度确定规则格网大小;

(3)将实验区域根据设定的规则格网大小进行划分;

(4)检测每个格网内的点云数据,将点云数据按高程值进行排序,得到高程最小值;

(5)遍历所有格网,将每个网格内高程值最小的点云输出为一级初始地面种子点。

2)二级地面种子点的获取

通过上一节程序,获取规则格网内一级地面种子点,如图 3.29 中方块所示。

对于每一个已经确定的一级初始地面点 $O_i(x_i, y_i, z_i)$,搜索其邻域内待定的单次和末次回波点云 $R_j(x_j, y_j, z_j)$,邻域范围可根据获取一级地面种子点格网设置。图 3.30 圆形点为待定点在一级初始地面点格网内的投影显示。

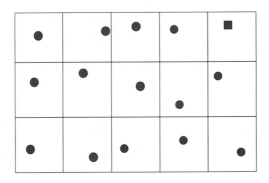

图 3.29　一级初始地面种子点

■一级初始地面种子点　●单次、末次待定点

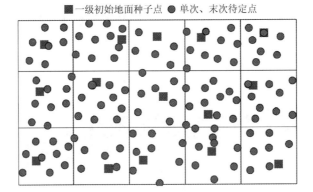

图 3.30　待定点在一级初始地面点格网内投影图

根据一级初始地面点 $O_i(x_i, y_i, z_i)$ 及其邻域内待定点 $R_j(x_j, y_j, z_j)$坐标计算其坡度，如图 3.31 所示。若坡度在阈值范围内，认为该末次回波点为二级地面种子点，若坡度超出阈值，则认为该末次回波点为待判断点。

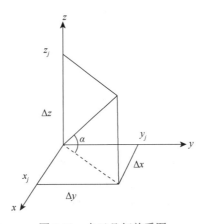

图 3.31　点云几何关系图

坡度计算公式为

$$T = \frac{z_j - z_i}{\sqrt{\left(x_j - x_i\right)^2 + \left(y_j - y_i\right)^2}} \qquad (3.7)$$

式中，x_i、y_i、z_i 为一级初始地面点三维坐标；x_j、y_j、z_j 为待定点三维坐标。

二级地面种子点获取程序设计思想：

（1）遍历一级初始地面种子点云；

（2）对于每个一级初始地面种子点云，搜索在规则格网内的所有待定单次回波和末次回波点云，分别计算格网内种子点与每个待定点云的坡度；

（3）将计算所得坡度值与坡度阈值比较，若小于坡度阈值，则输出为二级地面种子点，若大于坡度阈值，则暂不处理；

（4）遍历所有格网，得到全部二级地面种子点。

通过以上程序获取二级地面种子点后，将其与一级初始地面种子点合并，通过遍历检查、去除重复点，输出地面种子点云数据以及还未确定的单次回波点云、末次回波点云。

3. 基于地面种子点集的点云滤波

加权平均与算术平均理论上类似，但加权平均算法数据中的每个点对平均数的贡献并不是相同的，部分点要比其他的点对平均数的贡献更大。机载雷达三维点云数据滤波的前提之一是地形具有连续性，认为距离越近的点相似性越大。因此，以待定点在水平面的投影为圆心，按一定半径搜索其邻域范围内的地面种子点，通过搜索到的地面种子点高程以距离定权获得待定点投影位置的加权平均高程，可以认为该高程值是该区域地面点的实际高程值。然后将待定点的高程和投影点的加权平均高程之差与高差阈值对比，便可判断该待定点是否为地面点。

然而，机载 LiDAR 点云数据量庞大，即使目前仅需以单次和末次回波中的待定点为圆心进行滤波，也仍需要耗费大量的时间。因此，本书将结合最小距离滤波，当待定点邻域内存在满足最小距离使用条件的地面种子点时，则直接将其定义为内插点，求得待定点与该点高差，再与高差阈值对比进行滤波。将该方法与加权平均算法结合，可大大提高滤波的运算效率。

基于最小距离结合加权平均的三维激光点云数据滤波程序主要包括：

（1）根据实验区域面积 S，总地面种子点数目 N_2，得到地面种子点密度 $\rho_2 = N_2/S$。

（2）通过地面种子点密度、加权平均算法所需的种子点云个数确定每个待定点所需要搜索的格网边长 L，如要达到平均每个格网内有 8 个地面种子点，则 $L = \sqrt{8/\rho_2}$。

（3）对于每一个待定点 $Q_i(x_i, y_i, z_i)$，将其投影到水平面，如图 3.32 菱形点所示，然后以每个待定点为中心，建立规则格网，图 3.33 为以待定点为中心建立的格网图，按格网边长搜索其邻域内的地面种子点，如图 3.34 中圆形点所示。

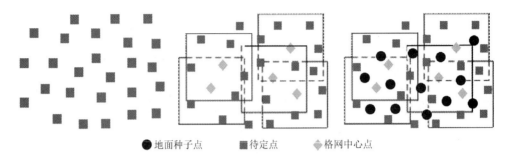

●地面种子点　　■待定点　　◆格网中心点

图 3.32　待定点水平投影显　　　图 3.33　以待定点为中心建　　　图 3.34　搜索待定点邻域内地
　　　　　示图　　　　　　　　　　　　立的格网图　　　　　　　　　　面种子点

（4）计算以待定点为中心的规则格网中地面种子点间的最大高差 d_h，假设：①该高差均匀变化且位于格网的两对边上；②允许内插误差为 Δh m，则可以计算出 $d_s = (\Delta h \cdot L)/d_h$，若以待定点为中心的规则格网中存在某地面种子点与待定点的距离小于或者等于 d_s，那么就用最小距离法，直接用距离待定点最近的地面种子点的高程值来代替加权平均高程值。

（5）如果不满足最小距离法假设条件，则采用加权平均法内插：对于每个待定点 $Q_i(x_i, y_i, z_i)$ 搜索到的 n 个地面种子点 $M_j(x_j, y_j, z_j)(j=1, 2, \cdots, n)$，将其高程值利用加权平均算法得到内插高程 Z_Q，Z_Q 的计算公式为

$$Z_Q = \frac{\sum_{j=1}^{n}(p_j \cdot Z_j)}{\sum_{j=1}^{n} p_j} \tag{3.8}$$

式中，Z_j 为 n 个地面种子点中第 j 个点的高程；p_j 为 n 个地面种子点中第 j 个点的权重，定义为两点间水平距离平方的倒数，即

$$p_j = \frac{1}{\left(\sqrt{(x_j - x_i)^2 + (y_j - y_i)^2}\right)^2} = \frac{1}{(x_j - x_i)^2 + (y_j - y_i)^2} \tag{3.9}$$

（6）比较待定点 Q 的高程值 Z_i 与其邻域种子点加权平均高程 Z_Q，若 $Z_i - Z_Q$ 大于高差阈值，则认为 Q 点为植被点，反之，认为该待定点为地面点。

（7）判断每个待定的单次和末次回波点云，将其分为植被点和地面点两类。

滤波程序设计思想：①输入数据，包括地面种子点云数据和单次回波、末次

回波中非地面种子点云数据；②遍历所有的数据，分别找出 x_{max}、y_{max}、x_{min}、y_{min} 及点云总数 N_2，求出实验区域的最小外包矩形面积 S，由此求出离散点的数据密度 $\rho_2=N_2/S$；③遍历单次回波、末次回波中非地面种子点云，分别以这些待定点云为中心，建立正方形窗口，正方形边长为 L；④计算格网内最大高差 d_h，以及 $d_s=(ERROR \cdot L)/d_h$；⑤遍历格网内所有地面种子点，求得待定点与所有种子点高差 Δh，若存在 $\Delta h \leq d_s$ 的地面种子点，则计算待定点与该地面种子点的高差，当高差在阈值范围内时，认为该待定点为地面点，否则为植被点；⑥若不存在 $\Delta h \leq d_s$ 的地面种子点，则在对应的正方形窗口内搜索所有地面种子点，分别计算正方形内地面种子点与该待定点的距离，确定每个种子点的权值 p_j；⑦采用加权平均法获取内插高程，计算待插点高程与内插高程之差，同样，当高差在阈值范围内时，认为该待插点为地面点，否则为植被点；⑧分别输出所有地面点和植被点，将地面点和地面种子点合并为地面点，植被点与首次、中间次回波点云合并为植被点。

3.4.3　三维激光扫描技术在多期数据对比信息提取中的应用实例

2017 年 10 月，重庆市巫溪县大河乡广安村发生滑坡灾害，造成重大损失。重庆市政府为防止发生二次滑坡引起人员伤亡事故，采取紧急预警监测。作者使用地基干涉雷达和三维激光扫描对滑坡区域及周围区域进行了为期 6d 的 24h 安全预警实时监测（图 3.35～图 3.37）。

图 3.35　滑坡区实地照片

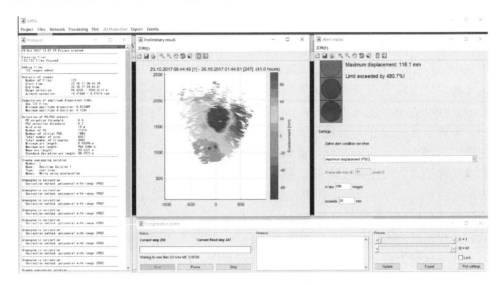

图 3.36　数据实时预警

图 3.37　监测系统（白色）的坐落位置与对面被监测区域的三维空间示意图

1. 滑坡上方监测情况

在滑坡对面山上偏高位置一处设置监测点，该监测点时间为 2017 年 10 月 23 日 16:30 至 10 月 25 日 9:30。图 3.38 为滑坡区点位监测位移图，在滑坡上部区域、中部区域、下部区域三个区域选择反射能量较高的点位，通过监测这些点位反映整片区域的位移情况（图 3.39～图 3.41）。

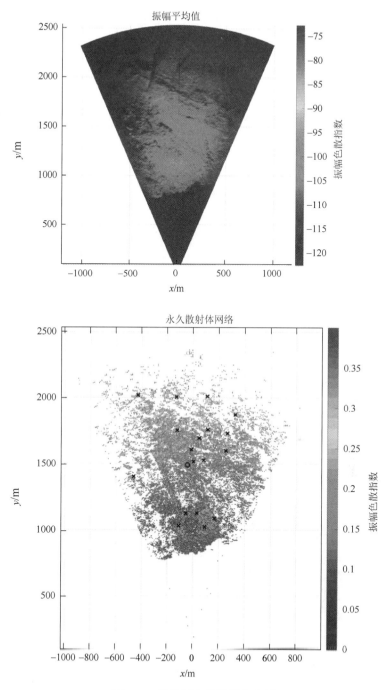

图 3.38　滑坡区点位监测位移图

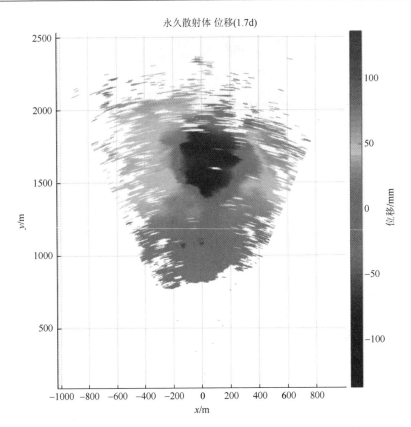

图 3.39　在为期 1.7d 的监测中，监测范围内整体区域的位移形变图

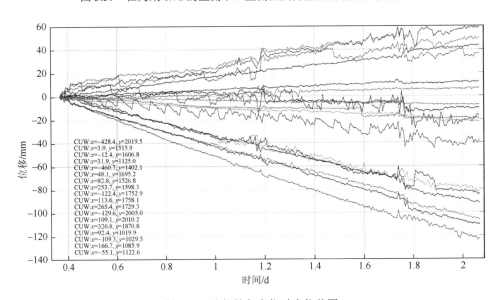

图 3.40　选择的各点位时序位移图

图 3.41　滑坡区域位移对照分区

在监测时间内，滑坡主要分三部分：滑坡上方塌陷区（时序图里最上方四条线），此部分位移为正值，且在匀速增大，表明该部分正在匀速远离仪器，在 1.7d 时间内总位移为 60mm。滑坡下方堆积区（时序图中最下面六条线），此部分为负值，同样在匀速增大，表明该部分正在匀速靠近仪器，在 1.7d 时间内总位移为 −122mm。时序图中其他点位为滑坡稳定区（时序图中中间的几条线），位置处于滑坡中间部分，其位移量变化不大。

以上三个区域内 PS 点位移均稳定变化，并未发生突然的大位移变化，滑坡区域处于稳定可控状态。

2. 滑坡下方监测情况

为了能够更好地监测滑坡中下部，将监测点搬至上次监测点下方，监测时间为 2017 年 10 月 25 日 15:00 至 10 月 27 日 13:30。同样通过监测感兴趣区域处反射能量较高的点位来监测整片区域的位移情况（图 3.42）。

图 3.43 为监测范围内整体区域的位移形变图。几个小时内所有 PS 点均未发生明显的位移，最大位移−15～15mm，滑坡处于稳定状态。

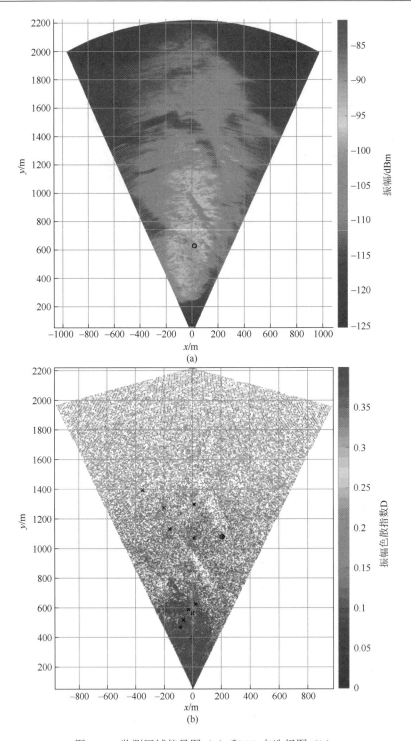

图 3.42　监测区域能量图（a）和 PS 点选择图（b）

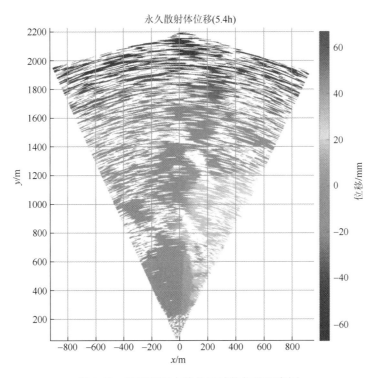

图 3.43　监测范围内整体区域的位移形变图

本次使用干涉雷达和三维激光扫描对滑坡区进行灾害实时联合监测评估,在监测过程中,对整个滑坡区域进行全面分析,累计监测时长 5d,初始时滑坡上部塌陷区匀速远离仪器,下部堆积区匀速接近仪器,之后滑坡整体趋于稳定。

3.5　分布式光纤边坡监测技术

3.5.1　概述

光纤感测技术是 20 世纪 70 年代末伴随光导纤维和光纤通信技术发展起来的一种以光纤为媒介,光波为载体,感知外界被测量信号的新型感测技术。在周围环境因素的影响下,光纤中传输的光波相关特征参量(光强、频率、相位、偏振态等)会发生相应变化,通过各种光电器件对光信号的解调和处理,可实现电压、电流、温度、应变、湿度、加速度、位移等众多参量的感测。目前研制成功的光纤传感器已达百余种,应用于航空航天、国防军事、土木、水利、电力、能源、环保、智能结构、自动控制和生物医学等众多领域,引起人们的广泛关注。图 3.44 为按用途分类的光纤传感器及所占比重。

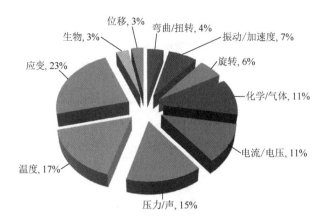

图 3.44　按用途分类的光纤传感器及所占比重

　　相比传统传感器，光纤传感器具有许多优点，如可靠性高、耐久性长、本质安全、防水防潮、抗电磁干扰和抗腐蚀等，非常适合应用于环境恶劣的各类边坡监测。此外，由于传感器体积小、质量轻，易于铺设安装，能有效解决与岩土体和工程结构的匹配问题，其对力学参数的影响相对较小，可实现无损检测和评价。鉴于以上诸多优点，光纤传感器技术已较广泛应用于边坡工程的多场信息监测中，其中以分布式光纤传感（DFOS）技术最为突出。

　　分布式光纤传感技术除具有普通光纤传感器的优点之外，还可以实现分布式、长距离监测，有效弥补了目前在地质和岩土工程中常用感测技术存在的不足，是新一代检测和监测技术的发展方向，已成为国际上主要发达国家如日本、加拿大、德国、瑞士、英国、美国等竞相研发的热点技术。分布式光纤监测，是指将相关被测参量作为光纤位置坐标的函数，连续测量整根光纤几何路径分布上每点的外部物理参量，获得被测量在空间的分布和随时间变化的信息。当将集感知和信息传输于一体的光纤像神经网络一样布设于待测体内部时，连续、大面积、实时、立体的信息获取将成为可能。

　　基于分布式光纤传感（DFOS）的解调技术主要分为两大类：第一类是光纤布拉格光栅（FBG）技术，第二类是布里渊光时域分析（BOTDA）技术。

3.5.2　测量原理

1. FBG 原理

　　光纤布拉格光栅（FBG）是指利用掺杂诸如锗、磷等光纤的光敏性，通过某种工艺方法使外界入射光子和纤芯内的掺杂粒子相互作用，导致纤芯折射率沿纤轴方向周期性或非周期性的永久性变化，在纤芯内形成空间相位结构的光学器件，如图 3.45 所示，图中，纤芯的明暗变化代表了折射率的周期变化。

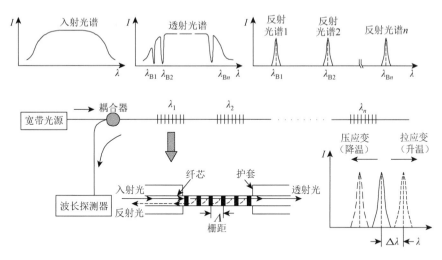

图 3.45　FBG 准分布式测量原理图

光纤光栅的波长变化率与光栅所在位置的轴向应变与温度变化量有良好的线性关系，公式为

$$\frac{\Delta\lambda}{\lambda_B} = \eta\varepsilon + \gamma\left(T - T_0\right) \tag{3.10}$$

式中，$\Delta\lambda / \lambda_B$ 为光纤光栅波长变化率；η 为应变系数；γ 为温度系数；ε 为光纤轴向应变；$T - T_0$ 为温度变化量。

FBG 传感器利用波分复用技术进行串联，可实现高空间分辨率的准分布式测量，与其他光纤传感器相比，具有极高的检测精度（可达到 $1\mu\varepsilon$）和动态实时性。

2. BOTDA 原理

光纤内的布里渊散射现象同时受应变和温度的影响，当光纤沿线的温度发生变化或者存在轴向应变时，光纤中的背向布里渊散射光的频率将发生漂移，频率的漂移量与光纤应变和温度的变化呈良好的线性关系：

$$\nu_B(\varepsilon, T) = \nu_B(0) + \frac{\partial\nu_B(\varepsilon)}{\partial\varepsilon}\varepsilon + \frac{\partial\nu_B(T)}{\partial T}T \tag{3.11}$$

式中，$\partial\nu_B(\varepsilon) / \partial\varepsilon$、$\partial\nu_B(T) / \partial T$ 分别为布里渊频移-应变系数、布里渊频移-温度系数。

布里渊散射分自发布里渊散射和受激布里渊散射。入射光受折射率光栅衍射作用而发生背向散射，同时使布里渊散射光发生多普勒效应而产生布里渊频移，称为自发布里渊散射。向光纤两端分别注入反向传播的脉冲光（泵浦光）和连续光（探测光），当泵浦光与探测光的频差处于光纤相遇区域中的布里渊增益带宽内时，由电致伸缩效应而激发声波，产生布里渊放大效应，从而使布里渊散射得到增强，称为受激布里渊散射。

　　利用自发布里渊散射技术研发了布里渊光时域反射（BOTDR）技术；利用受激布里渊散射原理研发了布里渊光时域分析（BOTDA）技术，其测量原理见图 3.46。无论是自发布里渊散射还是受激布里渊散射，其信号相当微弱，检测比较困难。其高端解调技术目前都掌握在少数发达国家，解调仪都比较昂贵。BOTDA 技术与 BOTDR 相比，光纤需形成回路，但其空间分辨率和精度大幅度地提高。目前基于 BOTDA 技术的商业化解调仪可以实现 5cm 的空间分辨率和 $7\mu\varepsilon$ 的应变测试精度。

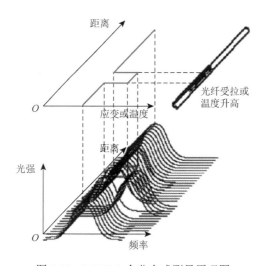

图 3.46　BOTDA 全分布式测量原理图

3.5.3　工程应用

1. 马家沟滑坡概况

　　马家沟Ⅰ号滑坡地处宜昌市秭归县归州镇彭家坡村，位于长江三峡库区长江支流吒溪河的左岸（图 3.47）。滑坡体总体呈舌形展布，主滑方向 290°，纵向长度 537.9m，后缘高程 280m，剪出口高程 135m，整体坡度为 15°。坡前、后缘宽度分别为 150m、210m，滑坡堆积体最大厚度 17.5m，最小厚度 8.9m，平均厚度 13.2m。滑坡体面积约 $9.68\times10^4m^2$，总体积约为 $127.8\times10^4m^3$。滑坡体主要由结构松散、透水性强的残坡积物组成。下伏基岩以石英砂岩和细砂岩为主，夹有少量粉砂质泥岩和泥岩。滑坡于 2006 年 6 月 26 日开始工程治理，主要措施为抗滑桩+排水系统+监测，2007 年 1 月 14 日竣工验收。但从 2007 年以来的监测结果来看，滑坡并未停止活动，而且滑坡变形与三峡库水位的升降关系密切。

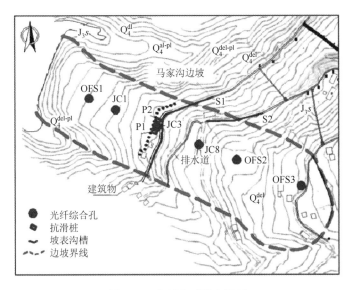

图 3.47　光纤传感器布设图

　　为了准确掌握滑坡的变形特征，提取影响滑坡变形的多场特征信息，同时检验分布式光纤感测技术在滑坡变形监测中的有效性和准确性，采用 BOTDR、ROTDR 和 FBG 光纤感测技术相结合的方式。采用在滑坡体上布设埋入式感测光缆、设置光纤综合观测孔和抗滑桩内植入分布式感测光纤等方式对滑坡土体变形进行监测，形成一个较为全面的以光纤监测为主要手段的滑坡监测和灾害控制系统。

　　2. 监测实施方案

　　1）抗滑桩监测

　　在坡体高程约 200m 处，利用中国地质大学（武汉）的两根试验抗滑桩 Pile1 和 Pile2 安装了分布式感测光纤，桩的具体位置如图 3.48 所示。桩的截面尺寸为 1.5m×2.0m，桩长 40m，钢筋笼尺寸为 1.3m×1.8m。采用人工绑扎的方式将应变感测光缆绑扎在钢筋笼的主筋上（呈 U 字形对称布置于钢筋笼脚点和中部的主筋上），采用 BOTDR 技术监测滑坡变形过程中桩体的内力分布及变化，进而计算滑坡推力和滑坡的变形特征等参量。同时，沿桩身分别布设 2 根温度感测光缆，联合 BOTDR 和 ROTDR 技术监测桩体温度，分析地温场的变化和作光纤应变温度补偿。感测光纤在桩内的布设方式详见图 3.49。

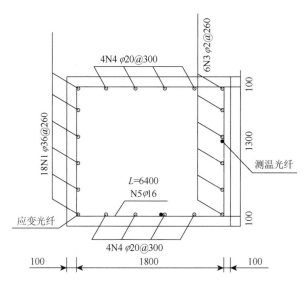

图 3.48 抗滑桩（单位：mm）

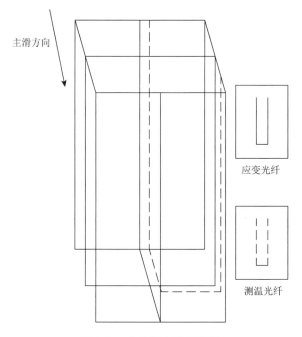

图 3.49 内光纤布设示意图

2）测斜孔光纤综合监测

在滑坡体上，沿主滑方向（290°）共设置 6 个光纤综合监测孔（图 3.47）。其中，3 个孔利用中国地质大学（武汉）的常规监测孔，测孔编号为 JC1、JC3 和 JC8，3 个为南京大学光纤综合监测孔，测孔编号为 OFS1、OFS2 和 OFS3，具体位置和信息详见图 3.50 和表 3.3。

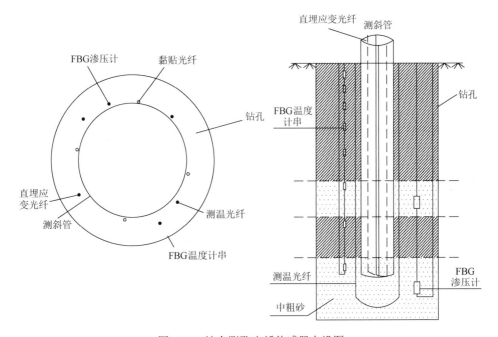

图 3.50 综合测孔光纤传感器布设图

表 3.3 测孔编号及参数表

测孔编号	测孔标高/m	测孔深度/m	埋置方法
OFS1	170	39.8	管壁粘贴、直埋
JC1	181	40	管壁粘贴、直埋
JC3	200	40	管壁粘贴、直埋
JC8	226	43	管壁粘贴、直埋
OFS2	249	28.5	管壁粘贴、直埋
OFS3	275	13.5	管壁粘贴、直埋

成孔之后，放入外径 70mm 的铝制测斜管。在测斜管安装过程中，沿测斜管外侧对称粘贴基于 BOTDR 的应变感测光缆。同时，孔内安放 FBG 的温度计串，松套单模与松套多模感测光缆，分别采用 FBG、BOTDR 和 ROTDR 技术测量坡体温度沿深度分布及作温度补偿（图 3.50）。此外，在钻孔内串联安放 2～3 个 FBG

型渗压计，分别安装在钻孔底部与滑带附近，用以监测坡内水位和渗压变化。底部渗压计上下 0.5m 用中粗砂填充，其上回填配制的充填材料至基岩界面之上 0.5m；之后安装上部的渗压计，渗压计上下各 0.5m 用中粗砂填充，其余回填黏土。回填时，要求挑选出较大的碎石，防止堵塞钻孔、回填不实，而影响测量的精度。

　　3）坡面位移监测

　　坡面位移的变化能直观地反映滑坡的活动状态。例如，刘永莉等采用了在某碎石土坡体上沿纵向开槽埋入并用定点方式固定感测光纤。本书采用沿坡体等高线，围绕滑坡主滑向布设两条测线，测线的标高和长度见表 3.4。光纤铺设路径尽量选择地势平坦、高差较小的地点。根据实地踏勘情况，将感测光缆布置于如图 3.51 所示位置，编号为 SF1 和 SF2。

表 3.4　测线编号及参数表

测线编号	测线标高/m	测线长度/m	埋置方法
SF1	204	183	切槽埋置
SF2	226	76	切槽埋置

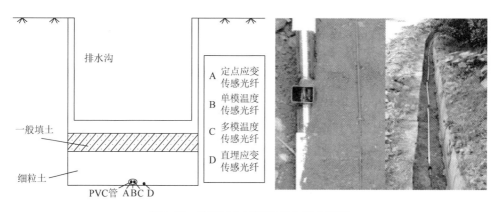

图 3.51　沟槽植入感测光缆布设示意图

　　光纤铺设采用直埋和定点相结合的方式，埋设前需凿开排水沟底部水泥板，向下再挖掘 30cm。对于直埋式应变感测光纤，将其直接铺于槽底，顺直光纤，给光纤一定的预应力后覆盖 20cm 厚细粒土（将原位土体过 2mm 筛），再回填不含碎石的原位土体。对于定点式光纤，将感测光纤预先穿入口径为 25mm 的 PVC 管中，每间隔约 2m 采用特制"T"字形固定装置，将 PVC 管固定在沟槽底部。定点光纤布设时同样施加一定预应力，并在"T"形装置位置处固定。此外，在 PVC 管中分别放入松套单模和多模感测光纤，可分别采用 BOTDR 和 ROTDR

监测温度以及实现后期光纤应变数据的温度补偿。土体全部回填完后，用水泥砌筑沟底，恢复排水沟原貌。将通信光缆与感测光纤连接后引至监测室，便于后期数据采集（图 3.51）。

3. 边坡位移监测结果

分布式光纤传感监测网络于 2012 年 8 月 24 日完成，至今已对马家沟 1#滑坡体进行了三期的分布式光纤监测（2012 年 9 月 8 日、11 月 1 日和 12 月 11 日）。其中，以传感器安置完不久后采集的第一期数据作为感测光纤的初始应变值，将第二、第三期的测试值扣除第一期的测值便得到了因滑坡变形引起的光纤应变变化量。图 3.52 显示的是马家沟滑坡 BOTDR 监测沿 SF1 槽光纤应变分布图（已经过温度补偿）。

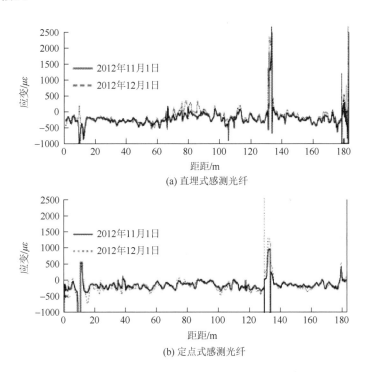

图 3.52　马家沟滑坡 BOTDR 监测沿 SF1 槽光纤应变分布图

由图 3.52 可知，定点与直埋式应变感测光缆的应变测值在距离为 131～133m 区域内均出现了明显的应变异常，直埋式感测光纤在两期的应变分别达到 1300$\mu\varepsilon$ 和 2000$\mu\varepsilon$，定点式感测光纤应变则分别达到 1000$\mu\varepsilon$ 和 1300$\mu\varepsilon$。现场观察发现，沟槽一处发生了小型坡体塌方，如图 3.53 中圆圈所示，该位置正与监测得到的应变异常区段吻合。同时，对比分析定点式与直埋式分布式感测光纤测值。

图 3.53　SF1 沟槽局部小型塌方示意图

由图 3.52 可知，相比定点式，直埋式感测光纤应变测值分布波动较大，噪声较多。这是由于直埋式光纤周围土体直接接触，而土的变形是非常不均一的，造成了沿线光纤变形较大的差异性。定点式光纤置于 PVC 管中而未与土体直接接触，其变形受定点装置的控制，即受该控制点下土体的变形控制。定点式感测光纤应变值反映的是该定点段内土体变形的平均值，故光纤变形值相对均匀，局部应变量值明显小于对应位置的直埋式感测光纤。

3.6　次声监测技术

3.6.1　概述

次声（infrasound）是频率低于 20Hz 的声音，由于次声的频率很低，所以大气对次声波的吸收系数很小，因而其穿透力极强，可传播至极远处而能量衰减很小。10Hz 以下的次声波可以跨山越洋，传播数千千米以上。在普通大气中，每小时可以传播 1200km，而在水中传播速度更快，达每小时 6000km。它的波长很长，传播距离也比一般的声波、光波和无线电波都远。

自然界和人类活动中广泛存在着次声波，人们正是通过次声波引发的坏现象逐步认识到它的神奇威力的。次声为公共噪声和生产噪声的重要组成部分，到目前为止，在武器研制、核爆炸监测、石油勘探、地震监测、火山监测等领域都应用了次声，次声的应用前景十分广阔，以次声监测技术应用最广泛。目前，次声监测技术已成为比较成熟的技术，它在传感器技术、台站建设、数据处理软件、流动波动媒质等问题的研究中取得了一定进展。

自然界中很多自然现象的孕育及发生过程都可能产生次声波，通过研究自然现象产生的次声波的特性和产生机制，可以更深入地认识这些现象的特征和规律，从而达到利用次声波监测自然现象的目的。

随着次声监测传感技术的提升以及应用领域的扩展，次声监测技术逐步向岩体破裂和地质灾害监测预警行业过渡。在地质灾害尤其是滑坡崩塌灾害的次声监测应用方面，目前国内外的相关研究尚少，但也有一些前期的尝试和成功的经验积累。为促进三峡库区地质灾害监测技术的发展，开展新技术应用探索，2018 年由中国科学院重庆绿色智能技术研究院牵头，重庆地质矿产研究院、中国科学院声学研究所和中国科学院水利部成都山地灾害与环境研究所联合在三峡库区开展了滑坡、泥石流次声监测预警示范工程，分别在藕塘、鹤峰等 5 处滑坡和泥石流灾害点建成了次声阵列，并与力学监测与位移监测相对比，结果表明，滑坡发生局部变形时具有明显的次声异常信号，并具有次声信号先于力学信号、力学信号先于变形信号的规律，通常情况下，次声异常信号的出现较位移信号提前 4～5h。

目前，次声波监测自然灾害事件已经涉及多个方面，且近年来国内外关于次声波与自然灾害关系的研究也正在逐步加快，利用次声监测技术对滑坡崩塌灾害进行监测预警具有可行性。当然要解决次声波监测滑坡灾害，实现目前的滑坡监测由目前的定点监测向区域监测的转变还有许多关键的技术问题需要解决，如滑坡次声信息的特征、微弱信号的识别及去干扰、滑坡点的精确定位等。事实上，在次声波监测技术的发展过程中，一些相应的关键技术，如声源的定位、信息的处理等都得到了一定程度的解决，在滑坡的监测过程中可以进行一定程度的借鉴。

3.6.2　地质灾害次声监测的技术原理

1. 原理及技术流程

当前的地质灾害实时监测主要采用地面传感器进行定点监测，即传感器布设在特定的灾害点上，其作用范围仅局限于特定的灾害点上，而对于监测点以外的灾害不能起到监测预警作用，因此现实中常出现监测点没破坏、破坏点没监测的尴尬局面。地质灾害的次声监测采用与常规自动化监测完全不同的监测理念，其基本原理是利用次声信号波长长、传播距离远且具有面域传播的特性，通过建立区域次声阵列，收集滑坡崩塌灾害在成灾过程中的次声信号，并开展声源定位确定破坏点的位置，从而实现地质灾害的地面面域实时监测。地质灾害的次声监测是一种面域监测概念，可在很大程度上弥补当前地质灾害定点监测所存在的上述不足，其监测流程如图 3.54 所示。

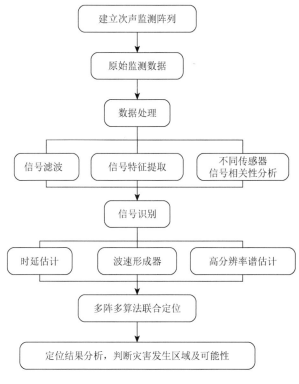

图 3.54　次声监测流程

2. 次声传感器及监测阵列

次声监测设备是次声监测的基础设备,声传感器是能够接收次声波的传声器。有多种换能类型的传感器可用作次声传感器，需要足够低的下限频率，通常频率范围是 0.1~20Hz，有些传感器的下限频率可低至 0.001Hz。目前它的种类很多，就测量原理来说，常见的有电动式、电容式、波纹管膜盒式、光纤式、电磁波多普勒式、磁感应调频式等。其中，电容式体积小，灵敏度高、频率相应好，可以直接与记录器或信号实时模数转换器连接，使用方便。目前国际上较先进的次声传感器有美国阿拉斯加大学研制的 Model 系列、法国的 MB2000 系列，国内有中国科学院声学研究所的 InSYS 系列、ISD 系列、CDC 系列电容式传感器，中国人民解放军火箭军工程大学的双电容式次声传感器。

　　次声阵列包括次声传感器、数字记录仪、太阳能供电系统、无线传输系统、次声降噪系统及分析处理系统，其硬件构成情况见图 3.55。次声传感器负责收集区域内滑坡、崩塌灾害产生的次声信号，并转化为电信号传输到数字记录仪，数字记录仪将接收到的电信号转换为数字信号，并通过无线通信系统传回到后台服务器进行分析处理。太阳能供电系统由太阳能板、蓄电池、充放电控制器等组成，负责为次声传感器及数字记录仪提供电量供应。次声波监测中一个重要的问题是如何削减与大气紊乱有关的声波背景噪声。目前广泛使用的空间声音滤波系统主要有两类：一类是用多入口无孔管排列，带网孔的入口通过坚固的金属管或塑料管连接到次声传感器，当环境风速大时需要增大排列孔径；其优点是坚固耐用，适于永久台站使用，最严重的缺点是无孔管排列有共振，排列孔径越大共振频率越小。另一类是用多微孔管排列，其解决了无孔管排列的共振问题。多微孔管排列用多微孔管环绕次声传感器呈反射状排列，其优点是降噪效果好，费用便宜，便于快速部署；主要缺点是多微孔管易受恶劣天气及环境影响，严重时会堵塞微孔，使得降噪失效。

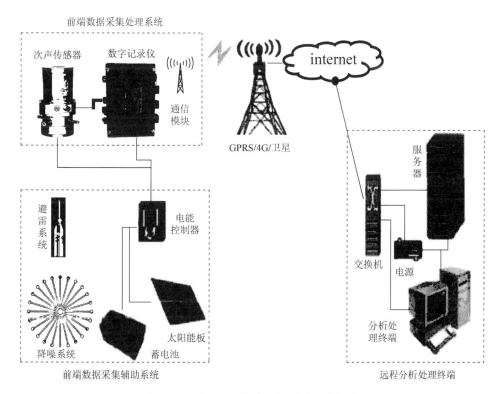

图 3.55　地质灾害次声监测阵列硬件构成

3. 次声信号定位

通常对大气中次声波源的定位，属于被动声探测定位。目前的理论与实际应用均已证明，在用次声方法测定次声源的方位时，速度 v 并不是一个必须计算的参数，但可在计算方位中用它作为一个重要标准，以判断计算是否正确。

因为处理的是次声信号，信号的传播速度即为声速。虽然大气层的不均匀性，使得次声信号分解成简正波来传播，各个简正波从不同的分层中回到地面，它们有不同的入射仰角，但是从传播理论可知，随着周期变长，能量集中在大气的低层，也就是贴着地面传播。接收到的各个简正波的总和，计算出的 v 是简正波总和在局部地区的平均速度，它的数值应接近于声速。利用这个标准进行全方位扫描，以获得正确的方位角，其计算过程如下。

利用三角阵型计算延时值得到声源方向的计算模型，如图 3.56（a）所示，从图中可知，L_{12}、L_{31}、L_{23} 为两两传感器的间距，夹角 α、β 可得

$$\cos\alpha = \frac{L_{12}^2 + L_{31}^2 - L_{23}^2}{2L_{12}L_{31}} \Rightarrow \alpha = \arccos\left(\frac{L_{12}^2 + L_{31}^2 - L_{23}^2}{2L_{12}L_{31}}\right) \qquad (3.12)$$

$$\cos\beta = \frac{L_{12}^2 + L_{23}^2 - L_{31}^2}{2L_{12}L_{23}} \Rightarrow \beta = \arccos\left(\frac{L_{12}^2 + L_{23}^2 - L_{31}^2}{2L_{12}L_{23}}\right) \qquad (3.13)$$

假设来波方向角为 φ，利用相互相关时延估计理论得到次声波信号到达两两传感器间的时延值为 τ_{12}、τ_{23}、τ_{31}，若 $\tau_{12} > 0$ 表示传感器 A_2 比 A_1 先接收到次声波信号。当波速为 v 时，相应的声相差为 $d_{12} = v \cdot \tau_{12}, d_{23} = v \cdot \tau_{23}, d_{31} = v \cdot \tau_{31}$。由此可得

$$\begin{cases} L_{12}\cos\varphi = v \cdot \tau_{12} \\ L_{31}\cos(\varphi - \alpha) = v \cdot \tau_{31} \\ L_{23}\cos(180° - \beta - \varphi) = v \cdot \tau_{23} \end{cases}$$

$$\Rightarrow \begin{cases} L_{12}\cos\varphi = v \cdot \tau_{12} \\ L_{31}(\cos\varphi\cos\alpha + \sin\varphi\sin\alpha) = v \cdot \tau_{31} \\ L_{23}\left[\cos\varphi\cos(180° - \beta) + \sin\varphi\sin(180° - \beta)\right] = v \cdot \tau_{23} \end{cases}$$

$$\Rightarrow \begin{cases} \dfrac{L_{31}}{L_{12}}(\cos\alpha + \sin\alpha\tan\varphi) = \dfrac{\tau_{31}}{\tau_{12}} \\ \dfrac{L_{23}}{L_{12}}\left[\cos(180° - \beta) + \sin(180° - \beta)\tan\varphi\right] = \dfrac{\tau_{23}}{\tau_{12}} \end{cases}$$

$$\Rightarrow \left[\frac{L_{31}}{L_{12}}\sin\alpha + \frac{L_{23}}{L_{12}}\sin\left(180° - \beta\right)\right]\tan\varphi = \frac{\tau_{31}}{\tau_{12}} + \frac{\tau_{23}}{\tau_{12}} - \left(\frac{L_{31}}{L_{12}}\cos\alpha + \frac{L_{23}}{L_{12}}\cos\left(180° - \beta\right)\right)$$

$$\Rightarrow \tan\varphi = \frac{\left(\tau_{12} + \tau_{23} + \tau_{31}\right)/\tau_{12} - \left[L_{12} + L_{31}\cos\alpha + L_{23}\cos\left(180° - \beta\right)\right]/L_{12}}{\left[L_{31}\sin\alpha + L_{23}\sin\left(180° - \beta\right)\right]/L_{12}}$$

$$\Rightarrow \varphi = \arctan\left\{\frac{\left(\tau_{12} + \tau_{23} + \tau_{31}\right)/\tau_{12} - \left[L_{12} + L_{31}\cos\alpha + L_{23}\cos\left(180° - \beta\right)\right]/L_{12}}{\left[L_{31}\sin\alpha + L_{23}\sin\left(180° - \beta\right)\right]/L_{12}}\right\}$$

$$(3.14)$$

根据式（3.14）可得声源方向角 φ，且与声波波速 v 无关，根据该阵列的几何构型可以计算得到声波波速 v。

在实际应用中，为了达到更加精确的声源定位，通常采用多阵联合进行声源定位，如图 3.56（b）所示。根据实际需求，围绕目标区设立多个不同方向的次声子阵列，通过每个子阵列分别计算声源的方位角，从而从不同的角度分别确定声源方向，各个子阵列所确定的声源方向的交点即为次声声源点的位置。

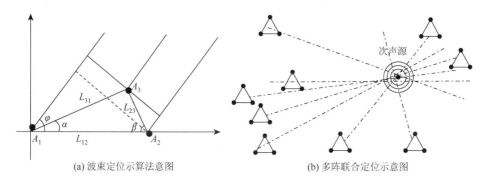

(a) 波束定位示算法意图　　　　　　　　(b) 多阵联合定位示意图

图 3.56　多阵联合波源定位示意图

4. 岩体破坏次声信号特征

1）压缩条件下岩石破坏次声信号特征

大量的研究和试验表明，岩石或岩体破坏过程中，存在次声波发射现象，利用次声探测技术对岩体破坏进行临灾预测具有一定的可行性。本节拟在室内试验的基础上对岩石变形破坏异常次声波的能量时变特性作　些分析和探讨，为实现利用次声波对岩体破坏进行临灾监测和预警做前期的数据积累和理论储备。

（1）试验系统及试验过程。以砂岩为试验样本，岩样采自重庆市万州区，表面呈灰白色，细粒。试件按照岩石抗压试验标准制作成圆柱体，柱体直径 50mm，高 100mm，共计完成 8 组试件。试验在电液伺服岩石三轴试验机上完成。该试验机可开展岩石单轴、三轴等试验，并可同步采集岩石变形过程中的时间-荷载数据和时间-变形数据。本试验岩石破坏采用单轴压缩方式，在试验过程中同步采集加载系统的荷载、位移以及加载过程中所产生的次声波数据。次声波测量仪器采用 CASI-ISM-2009 次声传感器以及配套的数字记录仪，传感器可量测频带范围 0.0001～100Hz，量测精度 368mV/Pa。在试验过程中，首先将次声传感器与记录仪连接，由数字记录仪将传感器电信号转换为数字信号，再传输给电脑控制系统，次声数据采集采用非接触方式，试件表面不安装任何探测设备，次声传感器与加载系统相距约 1.5m，次声数据采集与试件加载同步开始，同步结束。次声数据采集频率为 1000Hz。试验加载及次声采集系统如图 3.57 所示。

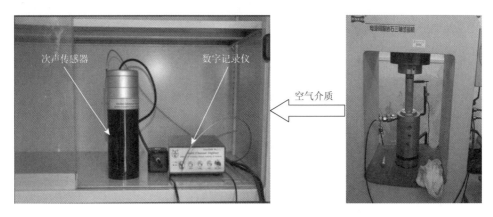

图 3.57　试验加载及次声采集系统

（2）基于小波分解的压缩试验次声信号处理。傅里叶变换是信号分析的经典方法，但是该变换只是单纯的时域到频域的转化过程，处理结果丧失了信号的时间信息特征，因而在处理非平稳信号过程中具有较大的局限性。而小波分析方法的出现，很好地弥补了傅里叶变换的上述不足，小波分析由于具有多分辨率的特征，其时间窗和频率窗随信号的具体形态可以动态调整，在时域和频域表征局部信息的能力得到明显加强。鉴于本书所涉及的次声信号非平稳性及对信号时变动态特性研究的要求，选择小波分析方法对信号特征进行分析。

对于岩石变形破坏过程中的次声信号能量定义，采用大多数文献中的定义方法。对给定信号 $x(t)$，假定它为能量信号，则其能量表述为

$$E = \int \left| x(t) \right|^2 \mathrm{d}t \tag{3.15}$$

按照相同的定义方法，对于离散信号，如信号长度为 N，则信号能量可表示为

$$E = \sum_{i=1}^{N} \left| x(i) \right|^2 \tag{3.16}$$

信号经过 m 层的小波分解后可表示为一个低频分量和 m 个高频分量之和，假定信号经小波分解前后总能量不变，则信号分解后总能量可表示为低频分量和各高频分量能量的总和，公式表示为

$$E(x) = E_m^a(x) + \sum_{j=1}^m E_j^d(x) \tag{3.17}$$

式中，$E(x)$ 为信号总能量；$E_m^a(x)$ 为信号分解后低频段能量分量；$E_j^d(x)$ 为信号第 j 层分解后高频部分能量分量。

在小波分解过程中，小波基的选择以及分解层次的确定是小波分析前需要确定的两个重要参数。本书中，考虑次声信号与一般声发射信号的差别，以及对信号频率分辨率的要求，通过对比选择 db6 小波基对次声信号进行分析处理。试验中，次声信号的采集频率为 1000Hz，根据采样定理，信号可能存在的最高频率为 500Hz。按照小波分解原理，原信号经 m 层小波分解后，将产生 $m+1$ 个信号频段。信号经分解后的频率范围见表 3.5。

表 3.5 信号分解后各频段频率范围 （单位：Hz）

频带编号	a7	d7	d6	d5
频率范围	0~3.91	3.91~7.81	7.81~15.62	15.62~31.25
频带编号	d4	d3	d2	d1
频率范围	31.25~62.5	62.5~125	125~250	250~500

注：上述频段频率值是在划分过程中经过四舍五入得出的。

从表 3.5 可以看出，将信号分解到第 7 层，则信号最低频段可达 0~3.9Hz，考虑以往研究成果中对于岩石破坏次声信号频率范围的界定，再继续分解意义不大，因而本书中对小波分解层数界定为 7 层。

（3）试验结果分析。本次试验共完成 8 组砂岩试件变形破坏过程中的次声波数据采集，将上述次声信号分别采用 db6 进行 7 层分解，并对各分层系数重构，信号小波分解各层次波形如图 3.58 所示。

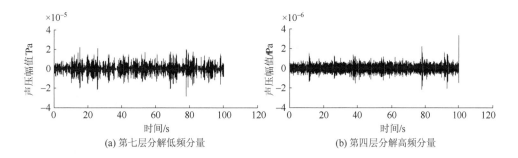

(a) 第七层分解低频分量   (b) 第四层分解高频分量

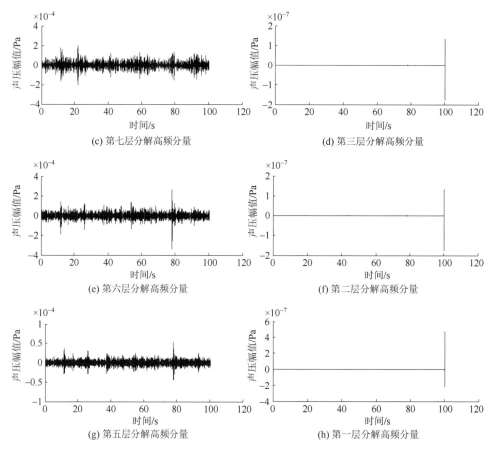

图 3.58　信号小波分解各层次波形图

从图 3.58 可以看出，次声信号在不同的分层上具有不同的能量分布和不同的波形特征，信号在 d6、d7 层上具有最大的能量分布，并且具有波动性，而在其他分解层次上能量分布较少。为了直观反映信号能量在各分层上的分布特征，定义信号小波分量比，即信号经小波分解后，各频段能量与总能量的比值，公式表示为

$$U^{a} = \frac{E_{m}^{a}(x)}{E(x)}, U_{j}^{d} = \frac{E_{j}^{d}(x)}{E(x)} \quad (j = 1, 2, 3, \cdots, m) \qquad (3.18)$$

式中，U^{a} 为信号分解后低频段小波分量比；U_{j}^{d} 为信号经 j 层分解后，该分层高频部分小波分量比。

为进一步分析这种能量分布规律，将试验采集到的 8 组岩石破坏次声异常信号分别进行小波分解，并分别求取各分层的小波分量比，同时与环境噪声分解结果进行对比，并列表，如表 3.6 所示。

表 3.6　试验信号小波分量比特征统计表

| 试件 | 小波分量比/% | | | | | | | | U_7^d / U_6^d |
	U^a	U_7^d	U_6^d	U_5^d	U_4^d	U_3^d	U_2^d	U_1^d	
S1	1.40	57.45	39.72	1.43	0.003	4.1e-5	4.3e-8	1.4e-9	1.45
S2	1.54	51.36	45.70	1.39	0.04	4.5e-6	8.6e-9	1.5e-8	1.12
S3	0.95	53.32	44.59	1.14	0.003	3.39e-6	1.75e-8	5.44e-8	1.20
S4	2.29	59.18	36.89	0.95	0.002	1.69e-6	9.68e-9	3.62e-8	1.60
S5	2.56	55.95	40.28	1.21	0.002	2.01e-6	8.89e-9	3.49e-8	1.39
S6	1.79	53.80	43.08	1.32	0.002	6.01e-6	1.05e-7	1.69e-7	1.25
S7	1.93	53.29	43.42	1.35	0.003	4.65e-6	6.75e-8	1.89e-7	1.23
S8	1.45	50.69	46.31	1.55	0.03	3.9e-6	5.1e-8	1.42e-7	1.09
环境	0.708	21.68	71.98	5.61	0.01	7.64e-8	3.14e-8	6.65e-8	0.30

　　结合图 3.58 和表 3.6 可以看出，岩石变形破坏过程中次声异常信号的能量较为集中，主要分布在 d7 和 d6 两个频带范围内，所对应的频率分别为 3.91~7.81Hz 和 7.81~15.62Hz，从 8 个试件的统计结果来看，以上两个频率段的信号能量占到了总能量的 95%以上。除此之外，在频率段 0~3.91Hz 内也有一定强度的能量分布。为后续分析方便，定义 0~3.91Hz 为岩石破坏次声信号的低频段，3.91~7.81Hz 为信号的中频段，而 7.81~15.62Hz 为信号的高频段。从表 3.6 中信号中频段和高频段的能量比可以发现，8 组岩石试件破坏次声信号的 U_7^d / U_6^d 均大于 1，这说明尽管岩石变形破坏过程中次声信号能量以中频和高频为主，但中频段的能量大于高频段能量，这是岩石破坏次声信号的一个重要特征。

　　从试件破坏次声信号与环境噪声信号的对比还可以看出，岩石破坏次声信号能量分布特征与环境噪声中次声能量分布特征有较大的差别，虽然环境噪声次声信号能量也主要集中在中频段和高频段，但环境噪声在高频段能量分布远大于中频段，这是与岩石破坏次声的一个主要区别。除此之外，环境噪声在 0~3.91Hz 的低频段的能量分布较岩石次声更少，相反，在 15.62~31.25Hz 频率段则具有更强的能量分布。以上几点，可以作为岩石次声与环境噪声次声辨识的一个重要依据。

　　从不同层次小波分解波形图中可以看出，岩石破坏次声波不仅在不同频段具有不同的能量分布，在不同的变形阶段，高低频段次声信号能量也在发生变化。为了分析这种相互变化关系特征，将信号数据做如下处理：首先将数据按照等时间间距进行分割，分割时间步长设定为 10s，将每一时间段数据采用 db6 小波基进行 7 阶分解，并计算不同频段的信号能量。考虑能量主要集中在 0~3.91Hz、

3.91～7.81Hz 和 7.81～15.62Hz 三个频段范围内，而 0～3.91Hz 范围内信号能量较少，这里将其与中频段放在一起讨论，主要讨论中低频段（0～7.81Hz）能量与高频段（7.81～15.62Hz）能量的相对变化关系，以 $(U^{a}+U_{7}^{d})/U_{7}^{d}$ 表示，各组试件次声信号的分析结果如图 3.59 所示。

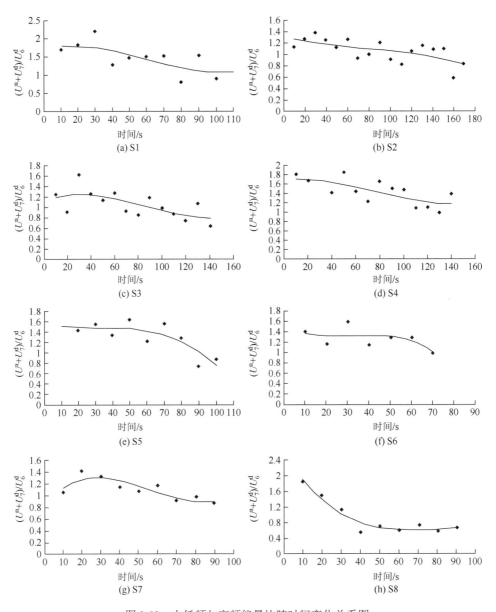

图 3.59　中低频与高频能量比随时间变化关系图

从图 3.59 可以看出，随着时间的推移，次声信号的中低频段能量与高频段能量的比值有逐渐下降的趋势，说明随着岩石变形破坏程度增加，次声信号高频段能量有所增加，而中低频段能量却相对下降。从图 3.59 中还发现，中低频段能量与高频段能量的比值随时间增加而下降的形式和速度似乎与岩石的强度存在一定的关系（由于实验中试验机的加载速率是一定的，因而图 3.59 中时间越长，则代表岩石试件强度越大），从图 3.59 可以大致看出，试件的强度越大，则中低频段能量与高频段能量的比值随时间下降过程中的波动也越大，下降趋势越不明显，这可能与加载过程中内部损伤的发展过程有关，低强度试件在加载过程中内部微裂隙的产生、发展、成核以及最终宏观破裂面的形成更加平稳，而高强度试件在这一过程中则可能存在一定的反复，这可在试件破坏形态上得到一定程度的体现，如图 3.60 所示，低强度试件破坏往往以剪切破坏为主，破坏面比较单一，而高强度试件则劈裂的成分更多，破坏面也更复杂。

(a) 低强度　　　　　　　　　　　　　(b) 高强度

图 3.60　不同强度试件典型破坏形式

除上述几点外，从图 3.59 还发现，岩石在破坏临近前，中低频段信号能量与高频段信号能量的比值接近 1，上述 8 组试验中，试件临近破坏前该比值范围集中在 0.8~1.1，这一特性有望作为岩石破坏前兆预警的一个重要依据。

（4）试验主要结论。通过上述对岩石压缩过程中的次声信号的分析，可以得到如下几个方面的结论：①岩石变形破坏次声异常信号是随机非平稳信号，小波分析在分析该类信号过程中较传统的傅里叶变换能更加精细地反映信号内部不同成分，不同时间的变化特征，在岩石次声信号的识别及破坏前兆预测等方面具有明显的优势。②岩石变形破坏次声异常信息能量主要集中在中频段（4～8Hz）和高频段（8～16Hz）两个频带范围内，但中频段的能量大于高频段的能量，同时在低频段（0～4Hz）也有 1.5%～2.5%的能量分布，以上几点可作为岩石变形破坏次声异常识别的一个重要标志。③随着岩石变形破坏程度的增加，次声异常信号的中低频段能量相对减少，相反，高频段能量相对增加。在临近岩石破坏前，次声信号中低频段能量与高频段能量的比值接近 1，这一特性有望作为岩石破坏前兆预警的一个重要标志。

2）不同受力状态岩石破坏试验及次声信号特征分析

上节对岩石在压缩条件下变形破坏的次声特性进行了分析，实际工程中，拉伸和剪切往往是岩石受力破坏的主要方式，由于受力机制不同，在信号特征方面必然存在一定的差异，而对这些差异的分析和研究，对于提升现场监测及预警的准确性和可靠性均具有重要的意义。

（1）试验方法及试件。试验岩样均为细砂岩，采自重庆市万州区，岩样表面呈灰白色，单轴抗压强度 52～85MPa，抗拉强度 3.9～7.6MPa。试验中对于岩石压缩破坏，采用单轴压缩方式，压缩试件采用标准圆柱体试件，试件直径 50mm，高度 100mm，误差 0.2mm；剪切破坏试验采用楔形剪切方法，试验试件为标准立方体试件，试件尺寸 50mm×50mm×50mm，允许误差为 0.2mm；拉伸试验采用巴西圆盘劈裂方法，试件直径 50mm，厚度 25mm，误差 0.2mm。

试验过程严格按照相关的试验标准进行操作，为保证获得完整的全过程应力曲线，加载采用位移控制模式，根据加载方式的不同，采用不同的初始控制速率。试验中，试验机根据岩石加载过程中的变形速率及应力发展状况，自动调节后续加载速率，从而实现试验机与岩石变形的协同发展。次声信号数据采集采用非接触方式，在整个试验过程中，试件表面不安装任何探测设备，次声传感器与加载系统相距约 1.5m，传感器增益控制为 100 倍，数据采集频率为1024Hz。次声信号数据采集与加载试验同步开始，同步结束。试验过程中对环境噪声的滤除同上节。

（2）不同受力条件下次声信号波形特征。根据实验结果，将记录仪采集到信号电压值转换为声压值，并以时间为横坐标绘制不同受力条件下典型次声信号时域波形，如图 3.61 所示。

前面关于环境噪声的分析中得知，在实验室设备正常工作状态下，环境噪声中次声波的最大声压幅值小于 150μPa，因此认为，在次声信号时域波形图中，信号幅值大于 150μPa 的脉冲信号则为岩石破坏过程中的有效次声信号。为了进一

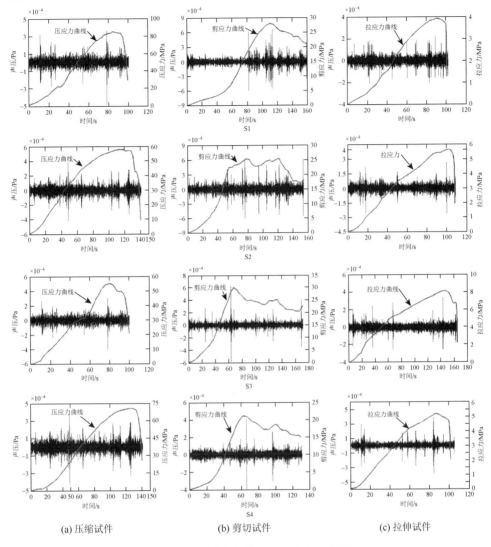

(a) 压缩试件   (b) 剪切试件   (c) 拉伸试件

图 3.61   不同受力条件下典型次声波时域图

步分析次声信号的细化特征，单独提取波形图中的有效次声信号进行分析，其结果如图 3.62 所示。从图中可以看出，突出次声信号具有如下几个方面特征：首先，从信号的组成和持续时间上看，一个完整次声信号包含多个信号周期，信号持续时间 1~2s。其次，从信号的集中程度来看，人致可划分为两种类型：一是单个信号随机出现，相邻信号间隔大于一个完整信号持续时间；其二是多个信号连续出现，信号间隔小于一个完整信号持续时间。为分析方便，这里将上述两种情况分别定义为单发型脉冲和连续型脉冲。

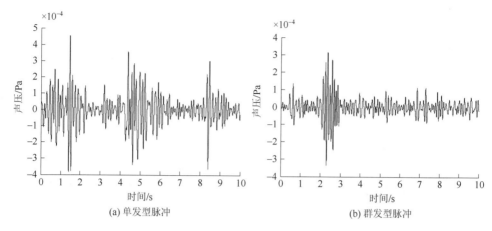

图 3.62　岩石次声信号典型脉冲形式

分析发现，无论岩石处于何种受力状态，突出次声信号均表现为单发型脉冲和群发型脉冲两种基本形式。其中，单发型通常具有一个到多个信号周期，持续时间 0.1～1s，而群发型脉冲则在较短的时间内包含有连续的 2～3 个突出脉冲信号，单个信号持续时间 0.5～2s，相邻脉冲信号时间间隔 2s 左右，整个信号持续时间 8～10s。不同的受力状态下，不同类型信号出现的时间和频率有所差异，在压缩和剪切条件下，群发型信号主要出现在岩石变形破坏的中期和中后期，而单发型信号则更具有随机性，在岩石变形破坏的各个阶段均有可能出现。在拉伸条件下，群发型脉冲信号则多出现在岩石变形破坏的初期，且数量较少，而在岩石变形的中期甚至临近破坏前，则以单发型脉冲信号为主。

此外，从次声波信号随应力的变化来看，压缩条件下，次声高振幅脉冲信号主要出现在试件弹性变形阶段，此阶段次声信号以单发脉冲形式为主，振幅较小并随机出现。这说明岩石在弹性变形过程中，尽管弹性在岩石弹性变形阶段应力撤出后可以恢复，但实际岩石在受力的过程中其内部的损伤已经不可避免。随着岩石由弹性变形进入塑性变形阶段，一方面岩体内部破裂数量增加，另一方面原有破裂开始发展贯通，表现在次声信号的发射上则高振幅信号密集出现，连续型脉冲出现频率显著增加。在剪切条件下，有效次声信号多出现在试件加载的中后期，试件在剪切应力达到峰值时开始出现高振幅次声信号，并持续出现中间无明显的信号平静期，在信号持续期间，剪应力维持在一定程度，当脉冲信号出现频率明显减少甚至消失时，预示着最终破坏来临。在拉伸条件下，几乎在加载开始便伴随着次声信号的发生，随着加载的持续，中间出现一段明显的次声信号发射的平静期，随后信号出现密度与振幅持续增加，当应力达到峰值时，信号振幅也基本达到最大，随即试件破坏，应力陡然回落。

（3）不同受力状态下信号的功率谱特征。自功率谱密度函数是描述随机信号统计特征的一个重要参数，它能直观展示信号各频率处功率的分布情况。信号的功率谱密度分析，从本质上说是一种能量分析，相比振幅、频谱分析等方法，能量反映的是信号最原始的特征，功率谱密度函数分析剔除了频率分辨率及振幅叠加等因素的影响，因而，可比性更强。在各类国标中，通常都是用功率谱密度来描述信号的频域结果。本节利用功率谱密度函数对次声信号特征进行分析，从而找出不同受力状态下信号的特征差异，为信号的识别及后续进一步应用提供依据。

单个随机信号的功率谱密度函数称为自功率谱密度函数，是该随机信号的自相关函数的傅里叶变换，其表达式为

$$S(k) = \frac{1}{N} \sum_{r=0}^{N-1} R(r) e^{-j2\pi kr/N} \qquad (3.19)$$

式中，$S(k)$ 为自功率谱密度函数；$R(r)$ 为随机信号的自相关函数；k 为自功率谱密度函数自变量；r 为自相关函数自变量。

本书采用平均周期图法求取岩石次声信号的自功率谱密度函数，其表达式为

$$S(k) = \frac{1}{MN_{FFT}} \sum_{i=1}^{M} X_i(k) X_i^*(k) \qquad (3.20)$$

式中，$X_i(k)$ 为随机信号的第 i 个数据段的傅里叶变换；$X_i^*(k)$ 为 $X_i(k)$ 的共轭复数；M 为平均次数；N_{FFT} 为傅里叶变换的数据长度。自功率谱密度函数的计算在 Matlab 软件中编程实现，计算过程中窗函数采用汉宁窗，窗长度取 1024，重叠长度为窗长度的一半，分别对不同受力状态下的次声信号进行自功率谱的计算，典型功率谱曲线如图 3.63 所示。

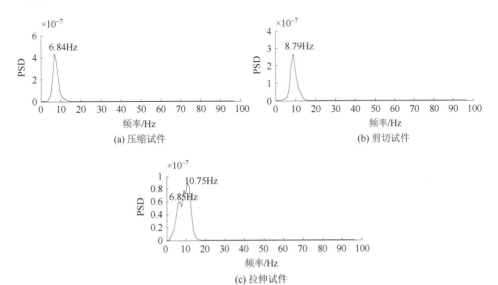

图 3.63　不同受力条件下信号功率谱曲线

　　图 3.63 中三种不同受力状态下信号的自功率谱密度函数具有明显的差别。为了进一步探寻受力状态对信号功率影响的普遍规律，将不同信号功率谱特征值进行了统计，其结果见表 3.7。

表 3.7　不同受力条件下功率谱特征统计

受力状态	试件编号	PSD 峰值/×10^{-7}		峰值频率/Hz		半峰宽/Hz
压缩	S1	3.13		6.84		2.4
	S2	3.58		7.51		2.7
	S3	4.31		7.05		2.8
	S4	5.26		6.84		2.6
剪切	S1	3.86		8.79		3.3
	S2	2.69		7.82		3.1
	S3	2.32		7.95		2.9
	S4	2.38		7.86		2.9
拉伸	S1	0.99	0.68	6.84	11.72	7.9
	S2	0.68	0.74	5.86	10.74	7.9
	S3	0.56	0.64	6.83	9.79	7.7
	S4	0.61	0.89	6.85	10.75	8.7

　　注：拉伸条件下的半峰宽以较低峰值的一半截取。

　　图 3.63 和表 3.7 显示了不同受力条件下功率分布的一些普遍特征。首先，从功率谱密度函数图形态上来看，在压缩和剪切两种受力条件下，功率谱密度函数均表现为单一峰值，而拉伸条件下的功率谱密度函数则出现双峰甚至多峰现象，上述现象表明在压缩和剪切条件下，岩石次声信号功率分布较为集中，而在拉伸条件下信号功率较为分散，从试件统计结果来看，以上结论是普遍规律，以功率谱曲线半峰宽来表示信号功率集中程度，则压缩试件半峰宽度多在 3Hz 以内，剪切试件半峰宽度多在 2.9～3.5Hz，比压缩条件下半峰宽度略大，而拉伸试件的功率谱曲线半峰宽度在 7.5～9Hz，功率集中程度远不如压缩和剪切条件。此外，从信号主要功率在频率区间的分布来看，岩石压缩条件下次声信号的主要功率对应频率在 6.8～7.6Hz 附近，剪切条件下次声信号主要功率对应频率为 7.8～8.8Hz，比压缩条件下高约 1Hz，而拉伸条件下次声信号通常有低频和高频两个部分，其中低频部分主要功率对应的频率在 5.8～6.9Hz，与压缩条件下主要功率对应频率相近，而高频部分主要功率对应的频率在 9.7～11.8Hz，比压缩和剪切条件下均高出 2Hz 以上。从信号 PSD 峰值强度来看，岩石压缩条件下 PSD 峰值强度较剪切

条件下略高，而在拉伸条件下信号 PSD 峰值强度则明显降低，从现有试件的结果来看，岩石拉伸条件下次声信号 PSD 峰值强度约为压缩和剪切条件下信号 PSD 峰值强度的 1/3～1/8。

（4）不同受力状态下信号的视频特征。前面对不同受力条件下岩石次声信号的功率分布特征进行了比较，但仅是信号在整个时间段的总体分析，事实上，信号在不同的受力时间段，内部损伤的形式、数量和程度均有所不同，相应地在信号的强度及频率上应该有所反应，而掌握岩石破坏过程中信号参数的时变特征，对于岩石破坏的监测和预警则具有更为重要的意义。在信号分析领域中，短时傅里叶变换是信号时频分析中最为典型的方法，其基本思想是在信号傅里叶变换前乘上一个时间有限的窗函数，并假定非平稳信号在分析窗上的时间间隔内是平稳的，通过窗在时间轴上的滑移使信号逐段进入被分析状态，从而得到信号的时变特性。本书采用 Matlab 自带的短时傅里叶分析函数 specgram（）对岩石破坏过程中的次声时频特性进行分析，分析中窗函数选择海明窗，窗长度与采样长度一致，取 1024，不同受力状态下典型次声信号时频特征如图 3.64 所示。

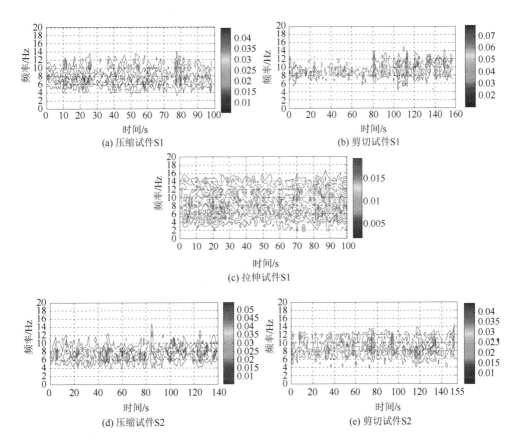

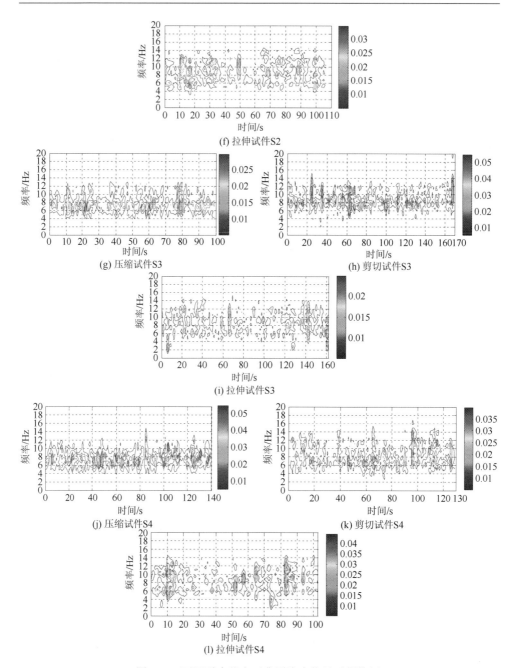

图 3.64　不同受力状态下典型次声信号时频特征

图 3.64 表明，随着岩石在受力作用下破坏程度的增加，次声信号的频率也会发生一定程度的改变，但在不同的受力条件下，频率变化的趋势和规律有所不同。

在压缩条件下，试件加载初期，次声信号以零星的单发型脉冲为主，信号幅值较小，该阶段信号集中在中心频率附近（通常为 7Hz 左右），频率展布范围小于 2Hz，在荷载达到试件强度 30%附近，即试件由压密阶段进入弹性变形阶段开始，次声信号的出现频率及振幅都明显增大，其频率通常较中心频率高出约 1Hz，分布范围在 2Hz 左右；在试件加载至强度的 80%附近，即岩石进入塑性变形阶段，次声信号开始以连续型脉冲形式出现，此次连续型脉冲的出现，是岩石内部裂纹开始汇集成核、形成主破裂面的标志，同时也是试件破坏前兆的重要信息。本次连续型脉冲中心频率仍然在 7Hz 左右，信号频率展布范围在 2~4Hz，最大展布范围达 8Hz，说明在塑性变形阶段，次声信号的成分更加复杂。分析认为，造成上述频率变化的原因在于两个阶段力学机制不同，在弹性变形阶段，次声信号主要由岩石内部单个随机裂隙萌生所导致，而在塑性变形阶段，导致次声信号密集出现的原因既包含裂隙萌生，也包含多个裂隙的聚集成核，同时还包含在较大裂隙面上的裂隙面摩擦，因此其成分较弹性变形阶段复杂，从而在时频图上表现出中心频率更加分散，频率总展布范围扩大。

在剪切条件下，次声信号的时频规律与压缩条件具有一定的相似性，但也存在一些差异，主要表现在以下几个方面：首先，在有效次声波出现时间上，剪切试件出现的时间比压缩条件下更为靠后，通常在试件强度的 50%左右，在首次高振幅次声信号出现后，次声信号几乎无间断连续出现，中间无明显的平静期；其次，从信号的频率上来看，剪切条件下信号中心频率较压缩条件下高出约 1Hz，频率的展布范围也较压缩条件下明显增大，这与前面的功率谱密度函数分析结果相对应。

与压缩和剪切条件相比，拉伸试件在次声信号时频特征上则表现出较大的差异。首先，从信号形式上看，连续型脉冲信号出现在试件加载的初期阶段，同时多数试件未观察到临近破坏前的第二次连续型脉冲信号，以上现象说明试件在拉伸条件下，内部裂隙的萌生和发展更为迅速，同时相对于压缩和剪切条件，拉伸条件下试件内部裂隙发展更为有序，自初始裂纹萌生后则一直受主破裂面控制而有序发展。其次，从次声信号的频率特征上看，拉伸条件下微裂纹萌生过程中的信号频率有高低两个频率中心，高频在 10Hz 附近，低频在 6Hz 附近，而随着裂纹的逐步发展，次声信号中心频率有逐步升高的趋势。在对拉伸试件次声信号时频分析过程中，发现一个奇怪现象，即在临近破坏前中心频率出现两个截然相反的发展方向，部分试件在受力破坏过程中，中心频率一直保持升高趋势，而另一部分试件在临近破坏前中心频率则出现突然下降的情况（试件 S1、S3）。以上差异可能与拉伸试验方法有关，由于本试验中拉伸试验采用劈裂法，在试验过程中试件在受到拉应力的同时不可避免地也受到轴向压应力，由于原始试件内部物质、结构以及原有缺陷等方面的差异，不排除在试件临近破坏前受轴向压应力影响而出现次生破裂从而干扰主破裂信号频率的现象。分析认为，随着张拉裂纹的逐步发展，次声信号中心频率逐步升高应该是试件拉伸条件下时频特征的真实反应。

（5）主要结论。岩石在受力产生变形破坏过程中，会伴随次声信号的发射，不同受力状态下由于岩石内部损伤机制和破坏过程的不同，会在次声信号的波形、功率谱以及时频图上表现出不同的特征：①在压缩条件下，次声信号主要集中在弹性变形和塑性变形阶段，弹性变形阶段以单发型脉冲为主，信号频率集中，中心频率在 7Hz 左右，展布范围 1～2Hz，而塑性变形阶段以连续型脉冲为主，频率成分复杂，中心频率基本维持在 7Hz，展布范围在 2～4Hz，最大可达 8Hz。②在剪切条件下，次声信号多集中在应力峰值后的平稳衰退阶段，信号中单发型脉冲与连续型脉冲出现过程无明显的阶段划分，信号中心频率在 8Hz 左右，展布范围也较压缩条件下有明显增大。③在拉伸条件下，岩石从加载开始到试件破坏期间均伴随有随机次声信号的产生，且以单发型脉冲信号为主，拉伸条件下信号频率有高低两个频率中心，高频在 10Hz 附近，低频在 6Hz 附近，而随着裂纹的逐步发展，次声信号中心频率有逐步升高的趋势。④上述不同受力状态下岩石破坏次声信号特征的发现，为野外不同类型岩石（体）破坏信号识别提供了依据。

3.6.3　次声监测现场应用示范

1. 应用点基本情况

奉节县的新铺滑坡地处长江右岸，109°21′09″E～109°21′50″E，30°57′23″N～30°58′24″N。滑坡总面积 2.45km²，体积 4.0×10⁷m³。滑坡总体平面形状上窄下宽，前缘高程 81～85m，后缘高程 810～830m。新铺滑坡为大型深层滑坡，自上而下共有三个台地：大坪滑坡台地、上二台滑坡台地、下二台滑坡台地，分别如图 3.65（a）中 T_1、T_2、T_3 所示。新铺滑坡岩土组成种类多，出露三叠系和侏罗系基岩及第四系松散堆积物，岩性变化大，结构复杂；水文地质条件复杂，据奉节县国土部门的野外勘察报告，滑坡区出露多处泉水，总体水量较小。因此，新铺滑坡地质复杂程度为复杂。

2. 次声台站建设

根据新铺滑坡地形地貌及滑坡体结构，结合正在进行的抗滑桩施工建设，将声学与力学监测点主要集中布置在上二台滑坡体上，共布置了 5 个监测点

（图 3.66），其中，地表次声监测点 3 个，地下力学监测点 1 个，地下次声监测
点 1 个，力学监测用于监测局部坡体下滑力，通过力学和次声同步监测结果，
构建力学和次声监测预警预报方法，实现联合监测。地表 3 个监测点全部安装
力学监测设备，通过建立三元三角阵阵列，实现次声定位，还可兼顾大坪滑坡、
上二台滑坡、下二台滑坡三个滑坡。

(a)

(b)　　　　　　　　　(c)　　　　　　　　　(d)

图 3.65　新铺滑坡全貌及局部特征

　　在次声传感器选择过程中，根据监测目标的实际情况，考虑频率范围、灵敏
度、工作温度等，针对滑坡崩塌灾害而言，其频率范围多集中在 1Hz 以上，本次
次声台站建设在传感器选择上选择频率相对接近的 ISD 型次声传感器。其主要参
数如下：灵敏度，50mV/Pa；频率范围，0.1～50Hz；工作温度，–45～75℃；自
噪声，1dB。次声台站现场如图 3.67 所示。

图 3.66　新铺滑坡次声监测点布置图

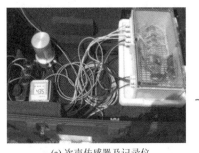

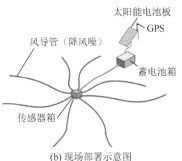

(a) 次声传感器及记录仪　　　　　　(b) 现场部署示意图　　　　　　(c) 建成后的次声台站

图 3.67　次声台站现场图

3. 监测结果

　　在新铺滑坡区建立的地质灾害次声监测预警系统于 2017 年 7 月 7~8 日接收到明显的次声预警信号,对应的 7 月 9 日白天发现在附近区域出现土层裂纹,见图 3.68。地下次声传感器从 7 月 7 日开始陆续接收到明显的次声预警信号,在 7 月 8 日 19 时出现较大幅度的次声信号,如图 3.69 和图 3.70 所示。在 7 月 6 日中雨时,滑坡区域没有次声预警信号,降雨量没对滑坡区域造成影响;到 7 月 7 日大雨时,地下次声传感器开始陆续接收到次声预警信号;直到 7 月 8 日虽然雨量减小,但由于前期的雨量饱和,在 8 日 19 时左右产生了幅度最大的次声预警信号。7 月 9 日巡视人员发现土层出现裂纹,与推断发生时间于 8 日晚吻合。

图 3.68　新铺滑坡区出现的土层裂纹照片

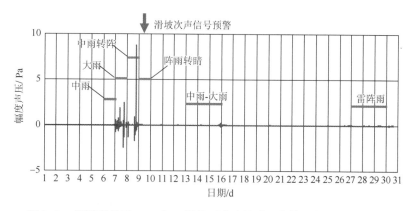

图 3.69　新铺滑坡区 2017 年 7 月地下次声传感器接收到的信号（30d）

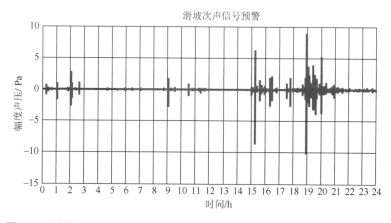

图 3.70　新铺滑坡区 2017 年 7 月 8 日（24h）地下次声传感器接收到的信号

图 3.70 是新铺滑坡区 2017 年 7 月 8 日（24h）地下次声传感器接收到的信号，在 2 点、15 点和 19 点左右都接收到明显的次声预警信号（图 3.71～图 3.76）。

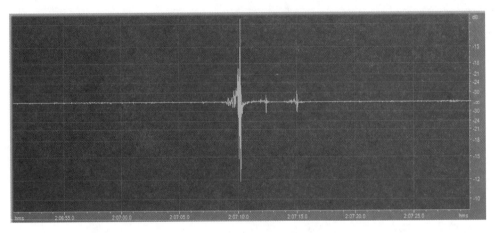

图 3.71　新铺滑坡区 2017 年 7 月 8 日 2 点左右接收到的次声波形图

图 3.72　新铺滑坡区 2017 年 7 月 8 日 2 点左右接收到的次声波时频图

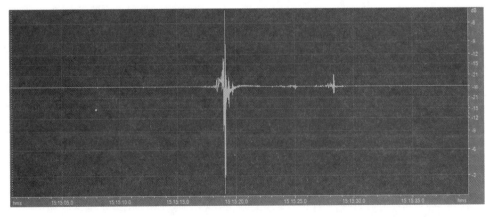

图 3.73　新铺滑坡区 2017 年 7 月 8 日 15 点左右接收到的次声波形图

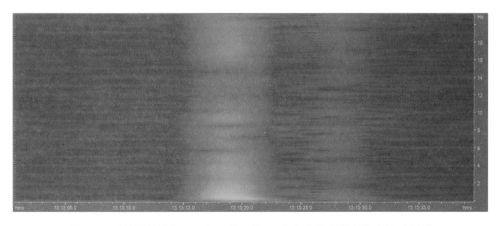

图 3.74　新铺滑坡区 2017 年 7 月 8 日 15 点左右接收到的次声波时频图

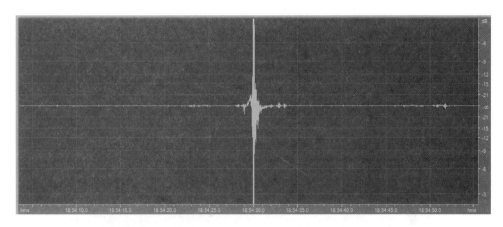

图 3.75　新铺滑坡区 2017 年 7 月 8 日 19 点左右接收到的次声波形图

图 3.76　新铺滑坡区 2017 年 7 月 8 日 19 点左右接收到的次声波时频图

　　图 3.77 是新铺滑坡区 2017 年 7 月 8 日 18～21 时地表与地下接收到的次声信号对比与时频分析，从图中可以看出，地表与地下有较弱的对应趋势，推断主要是因为土层小范围裂缝，没有真正发生滑坡，因此，没有足够能量传播至地表，地表次声传感器接收到次声信号能量低，且频谱特征有差异。

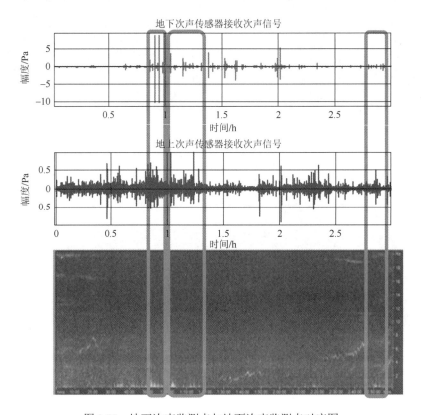

图 3.77　地下次声监测点与地面次声监测点对应图

　　因此，通过建立地质灾害区域地面次声传感器阵列和地下次声传感器融合灾害事件监测预警方法，同时将两者结合可以去除干扰噪声源，在次声预警方面可提前给出警示，解决存在较高误报率的问题，提高检测能力和减少虚警。

第4章　山区滑坡地质灾害多场监测数据融合

4.1　基于多场信息的滑坡监测

滑坡体本身及其演化过程在时间和空间上错综复杂，滑坡的多场信息物理量包括坡面位移、深部位移、温度、位移、土压力、孔隙水压力、降水等，且各信息场的演化规律具有内在关联性，主控因素的变化引发滑坡多场信息的互响应，复杂环境条件下滑坡多场信息是正确确定滑坡演化阶段的依据，而监测信息的准确性、可靠性、稳定性和精度，直接影响滑坡预警预测的准确性和及时性，因此，开展多场动态信息监测、识别十分重要。

4.1.1　滑坡监测指标

滑坡监测能够为滑坡变形演化过程分析、预测预报以及防治工程设计提供必要的数据和资料支持。滑坡监测的目的可以概括为以下四个方面：为滑坡勘察提供数据和资料，确保施工期内安全，滑坡防治工程评价，滑坡预测预报。滑坡监测作为滑坡勘察的手段之一，能够为滑坡勘察提供数据和资料，帮助查明滑坡的边界和性质。具体可以概括为：①帮助查明尚未发育完全的滑坡边界；②帮助查明各滑块或次级滑体的边界；③帮助查明滑坡可能致灾范围；④帮助查明滑坡主滑方向；⑤帮助确定滑坡深度和位置；⑥帮助确定滑坡变形速率；⑦为滑坡受力分析提供资料；⑧帮助研究滑坡变形与外部扰动因素之间的关系，为滑坡防治工程设计提供依据。

滑坡监测指标主要包括宏观变形迹象监测、位移（坡面、深部）监测、物理场监测、外部诱发因素监测等。更具体地，滑坡监测内容和分类详见表4.1。

表 4.1　滑坡监测内容和分类

序号	监测项目	监测内容	监测方法	备注
1	宏观变形迹象监测	地面裂缝、房屋裂缝、树木倾斜、泉水动态	人工巡视，无须特殊设备	观测者经验决定
2	裂缝监测	地表裂缝监测、滑坡区及影响范围内建筑物裂缝监测	监测桩、钢卷尺、裂缝贴片、裂缝伸长计、滑动自动记录仪等	沿主裂缝两侧布设

续表

序号	监测项目	监测内容	监测方法	备注
3	位移监测	坡面位移监测，深部位移监测	GPS、光电测距仪、三维激光扫描、干涉雷达等	全天候，自动采集，精度高
4	滑动面监测	滑动面位置监测	钻孔测斜管、时域反射（TDR）技术等	TDR 监测暂不能测量移动量和移动方向
5	地表水监测	雨情观测	水位计、雨量计、流量计等	
6	地下水监测	钻孔水位观测，孔隙水压力监测	自动水位计、孔隙水压力传感器	
7	降雨量监测	降雨量监测	气象站、雨量计等	当地气象站；远离气象站，滑坡区域设置雨量计
8	应力监测	坡体应力监测	土压力盒、应力计、分布式光纤等	

宏观变形迹象监测主要是指监测滑坡演化发育中各种变形迹象，如地面裂缝、房屋裂缝、树木倾斜及泉水动态等。位移监测主要包括坡面位移监测和深部位移监测。坡面位移监测通常是指采用 GPS 监测墩、三维激光扫描、差分干涉雷达、裂缝伸长计等监测元器件对坡面的变形、裂缝宽度展开监测。深部位移监测是指通过钻孔测斜仪对滑坡坡体内部的变形特征展开测量。其中，坡面变形监测在滑坡工程中的应用较为广泛。物理场监测的主要内容包括：坡体渗流监测、应力监测、应变监测、声发射监测。坡体渗流监测是指对地下水位、孔隙水压力、土体含水量等内容展开监测。外部诱发因素监测是指对引起滑坡稳定性变化的外部扰动进行监测，主要内容有降水和库水位监测、地震监测、冻融监测和人类工程活动监测。

4.1.2　滑坡多场信息概述

滑坡信息表征量，如位移、应力等，扩展到空间时，便有了"场"的概念。众多的滑坡变形失稳实例都表明：滑坡的变形演化具备多场信息特征。例如，赵家岩滑坡失稳前夕，危岩体底部有浑水流出；三峡库区树坪滑坡变形伴随着浑水从坡体内部流出。

多场信息是多个信息表征量在空间上的集合。滑坡多场信息通常包括应力场、温度场、渗流场等。施斌等将滑坡多场信息划分为基本场、作用场和耦合场，详见图 4.1。

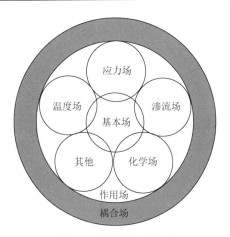

图 4.1　多场系统结构图

基本场是指地质体结构场，主要包含物质组成、组织结构和物理状态三方面。物质组成是指矿物含量、固液气组合比等内容。组织结构是指地质体的颗粒定向性特征、结构连接特性及地形、地貌等。物理状态是地质体物理力学性状的表征，如含水量、密度、孔隙率、黏聚力等。

作用场是指引起地质体结构场产生状态改变所有场的总称。常见的作用场主要有应力场、渗流场、温度场和化学场等。斜坡应力场是决定斜坡变形破坏形式和了解其形成机制的基本依据。斜坡应力场具有以下分布特征：主应力迹线发生偏转，坡脚处存在应力集中带，坡顶或者坡面位置形成张力带，坡面处于两向应力状态，坡体最大剪应力迹线近似圆弧形。渗流场是降水、库水位、地下水等的具体表现形式。渗流场的突变通常会引起斜坡的失稳滑移。统计资料显示，49%的库区灾变滑坡发生于水库蓄水初期，30%发生于水位骤降（10～20m）期间。日本水库滑坡的统计资料显示，约60%的滑坡发生于水位骤降期间，剩余的40%发生于水位上升期间。斜坡中温度场的改变会引起岩土体介质的热应变，进而使岩土体产生裂缝、损伤和强度的变化。另外，岩土介质在变形和破坏过程中往往表现出一定的红外热辐射特征。刘善军等对岩石破裂前夕的热红外进行了详细的试验研究。现阶段，斜坡研究中对化学场的关注程度较低。化学场的作用主要体现在斜坡岩土介质（固、液、气）中物质组成和化学成分的变化，如比较常见的岩石风化、黏土矿物的转化等。

耦合场是上述场的耦合作用统称。滑坡监测中的变形场就是一种常见的耦合场。各种场的作用最终体现形式是斜坡岩土体的变形和破坏，因此，变形场一直以来都是学者的关注重点。结合滑坡多场信息的相关概念可以看出，现有滑坡监测主要集中于单个指标，如位移监测。由于现有监测仪器的限制，滑坡多场信息监测和采集并未受到足够的重视，仍处于起步阶段。Sun 等采用分布式光纤传感

（DFOS）技术对水库滑坡应力场、位移场、温度场等多场信息展开了研究。而从滑坡多场信息的角度对滑坡演化过程展开研究，比单一的位移信息研究更加系统和全面。

4.1.3　多场监测实例

1. 滑坡概况

新铺滑坡位于重庆市奉节县长江南岸的安坪镇新铺村内，从上至下分为大坪滑坡、上二台滑坡、大坡滑坡和下二台滑坡 4 处，2001 年底研究人员曾经开展过详细勘察工作。2003 年 6 月～2006 年 3 月及 2008 年 10 月～2012 年 6 月共计77 个月的长期监测资料表明，大坪滑坡没有变形迹象，下二台滑坡和上二台滑坡在三峡水库试运行三年来，变形仍在继续。下二台滑坡和上二台滑坡体的农户住房多处墙体开裂，地面出现不连续的裂缝及隆起、挡墙或陡坎鼓胀等变形。新铺滑坡若失稳将严重影响长江水道的航运。

新铺滑坡区总体地貌类型为构造侵蚀剥蚀低中山河谷地貌。自长江岸线呈北低南高的地势，最高点泰山庙标高 809.4m，最低点三峡水库枯水期水面标高 175m，相对高差 634.4m。长江河谷在该段呈北东东向展布，枯水期江面宽约 1.5km。河谷呈 "V" 字形，两岸不对称，北岸为逆向坡，地形坡度较陡，一般为 30°～50°，坡面冲沟发育。南岸为顺向坡，总体坡度 15°～20°，由于滑坡堆积，坡面呈阶梯状，坡面冲沟发育，沟深 10～20m，沟底坡降与坡面近于一致。滑坡区出露的主要地层有上三叠统须家河组（T_3xj）、下侏罗统珍珠冲组（J_1z）和第四系松散堆积物（Q_4）。

根据前期勘察资料，滑坡区内水文地质条件简单，地下水类型为松散岩类孔隙水和基岩风化裂隙水。前者主要分布于滑坡堆积物中，分布零星，主要接受大气降水补给，地下水埋深一般 5～7m，局部大于 10m，并随季节变化明显，一般经短距离径流后在低洼区呈片状渗出。后者主要赋存于三叠系和侏罗系砂岩风化裂隙中，接受大气降水补给，没有统一的地下水位，地下水的运移受地形坡度控制，由高向低径流，在地形转折处多以泉的形式排泄，动态特征受气候影响明显，泉流量一般小于 0.1L/s。地下水的化学类型一般为 HCO_3-Ca·Mg 型及 HCO_3·SO_4-Ca·（K+Na）型。

根据 2001 年详细勘查的结果，新铺滑坡形成的基础是基岩顺向古滑坡发生滑移-溃屈变形，前缘受长江的长期冲刷掏蚀，形成临空面，斜坡表面的岩土体由下至上逐级牵引后退而形成目前可见的多级台地地貌，台地是古滑体物质在遭受后期的侵蚀、剥蚀等，改造强烈而保留的残体（图 4.2 和图 4.3）。在此基础上，结合本次的调查和勘探资料分析，目前的滑坡变形是古滑体物质的局部复活造成的。根据长期监测资料，下二台和上二台滑坡变形较强，大坪滑坡基本无变化，大坡滑坡在 2017 年 6 月开始发生变形，经工程治理 2017 年 11 月后无明显变形。

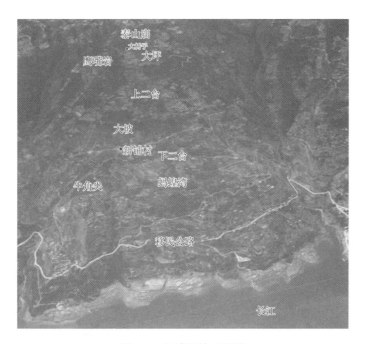

图 4.2　新铺滑坡卫星图

图 4.3　新铺滑坡全貌

新铺滑坡位于长江南岸（右岸）斜坡地带，北抵长江河床（175m 水位线），南至泰山庙山脊，总体斜长约 2km，相对高差 634.4m，斜坡坡度 15°～20°。由于滑坡的多期活动，整个斜坡坡面形成多级台地地貌，按当地自然名称从上至下依次为（175m 水位以上）：大坪台地，上二台台地，大坡滑坡，下二台台地，各滑坡地形地貌特征如下。

1）大坪滑坡

大坪滑坡位于新铺滑坡后缘，整体地形呈箕状，滑坡后缘高程 693～698m，前缘高程 640～650m，相对高差 43～58m。由于滑坡活动形成台地，台地高程 660～680m，表面坡度 5°～8°，台地近东西向展布，长约 360m，平均宽 368.5m，表面因耕种呈阶梯状（图 4.4）。

图 4.4　大坪滑坡地貌

2）上二台滑坡

上二台滑坡前缘高程 410～440m，后缘高程 560～575m，高差 120～165m。轴向坡形呈折线形，前陡中缓后陡。前部斜坡坡度为 20°～23°，与基岩产状基本一致，高差 100～120m；中部为一近东西向延伸的台地，台地宽度 80～100m，长 400m，台面高程 530～556m，坡度 10°～12°；后部斜坡坡度为 20°～22°，与基岩产状基本一致。

3）大坡滑坡

大坡滑坡经勘察后，整个大坡范围修正后为类矩形状，长约 310m，宽约 280m，滑体为砂岩、页岩及其上覆块石土、土体厚 0.5~1.8m，岩体厚 2~13.20m，平均厚度约 7m，总方量约 61 万 m^3，为中型浅层岩质滑坡。

4）下二台滑坡

下二台滑坡后缘高程为 390~400m，前缘长江枯水期水面标高 175m，相对高差 215~225m。由于滑坡活动，在坡面上形成三级台地，台面一般宽 100~250m，最宽达 400m。台面长一般为 700m，最长达 1400m，台面坡度 5°~12°。按当地自然名称从上至下依次为：下二台台地、柿子坪台地、谢家大田台地，各台地的总体走向与山体坡面走向一致。各台地特征统计如表 4.2 所示。

表 4.2　下二台滑坡区台地特征统计表

台地名称	相对部位	台地宽度/m	台地长度/m	台面高程/m	台面坡度/(°)
下二台	滑坡后部	160~300	600~650	348~364	3~5
柿子坪	滑坡中部	200~250	700~750	226~298	8~10
谢家大田	滑坡前缘	100~150	1400	175~200	5~8

由于人为改造，各级台地的表面呈阶梯状。

下二台滑坡区域内有三条较大的冲沟发育，沟深 5~15m，沟谷走向与斜坡倾向一致，沟床坡降总体为 250‰左右，与坡面近于一致。冲沟均无常年性流水，一般在降水过后保持 3~5d 水流，为雨源型冲沟。各冲沟有关参数见表 4.3。

表 4.3　下二台滑坡区主要冲沟统计表

冲沟名称	相对位置	冲沟断面形态	长度/m	汇水面积/km²	切割深度/m	比降/‰
谢巷子沟	滑坡体东侧	V	945	0.32	5~10	250
庙沟	滑坡体西侧	V	1039	0.67	10~15	250
无名沟	滑坡体西侧	V	747	0.04	2~5	236

斜坡上发育的冲沟，将下二台滑坡区划分为四个块段，同时下切的沟床也为沿沟的土体物质发生滑移变形提供了临空条件。

从以上各滑坡体表面形成的各级台地地貌反映了斜坡土体因前缘临空，受到长江江水的冲刷、掏蚀，在自身重力的作用下发生多次滑动的结果。新铺滑坡区多级台地的存在，是该滑坡非常明显的一个地貌特征，各级台地之间地形陡缓交接，在台地的前缘往往形成陡坎、陡坡地貌，如上二台台地前缘地形由缓变陡，坡度在 20°以上，与下伏基岩的产状基本一致。下二台台地前缘的蚂蟥湾附近，陡坎地貌明显，坡度>60°，高度 10~20m，向下地形逐渐变缓至 30°左右（图 4.5）。柿子坪台地前缘沿移民公路形成的陡坎高度 5~10m，坡度>50°，其下部的陡坡坡度＞30°（图 4.6）。这些陡坎、陡坡地貌的存在，为上一级台地的松散堆积物质发生滑动变形提供了良好的临空条件。

图 4.5　下二台台地前缘蚂蝗湾段陡坎、陡坡地貌

图 4.6　移民公路下部的陡坎、陡坡地貌

2. 多场监测布设

新铺滑坡 2013 年 11 月～2018 年 12 月专业监测方案是全面实现自动化监测

（图 4.7 和图 4.8）。GNSS 地表位移自动监测布设了 2 个基准点和 36 个监测点、22 条滑坡裂缝监测、1 套雨量自动监测（表 4.4），并在新铺滑坡增加 4 个深部位移人工监测钻孔，于 2018 年 5 月开始进行数据采集。

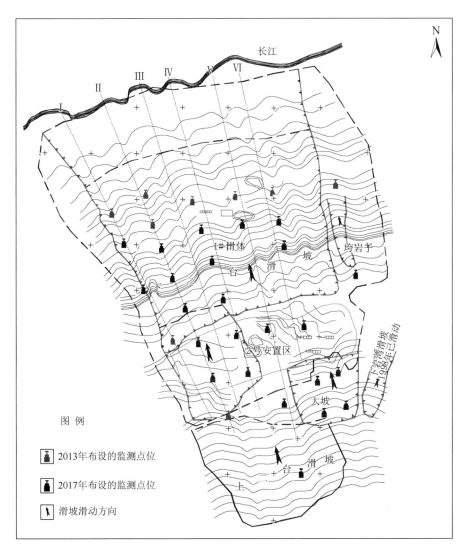

图 4.7　新铺滑坡监测布置平面图

除传统专业监测手段外，对新铺滑坡增加了三维激光扫描、地基雷达、次声多源监测手段。对宏观/微观、地表/地下、形变/物理场、诱因实施了多场监测（图 4.8）。

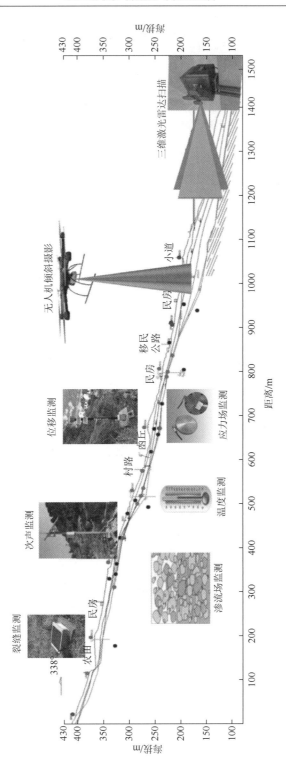

图 4.8　多源监测手段示意图

表 4.4　新铺滑坡监测设施布置一览表

项　目	数量	备注
GNSS 自动监测基准点	2	
GNSS 自动监测监测点	36	
滑坡裂缝监测	22	
深部位移人工监测	4	4 孔共计 142.4m
降雨量监测	1	
库水位监测	1	利用官网发布水位
视频监测	2	
三维激光扫描	1	定期监测
地基雷达	1	定期监测
次声	1	

4.2　多场信息预处理

4.2.1　数据预处理相关技术

1. 小波变换

小波变换可以描述为一种函数，这种函数就是在有限的时间内进行变换，并且变换的平均值为 0。由其定义可知，小波具有如下两个特征：

（1）有限的时间内，振幅和频率发生变化；

（2）总体来说，变化的平均值为 0。

设 $\psi(t) \in L^2(R)$ [$L^2(R)$ 表示平方可积的实数空间，即能量有限的信号空间]，其傅里叶变换为 $\psi(t)$。当 $\psi(t)$ 满足如下条件：

$$C_\psi = \int_{-\infty}^{+\infty} \frac{\psi(t)^2}{|\omega|} \mathrm{d}\omega < \infty \tag{4.1}$$

$\psi(t)$ 为基本小波函数。ω 为频率自变量；t 为时间自变量。基本小波函数经过一系列的平移与伸缩后，就可以得到一个小波序列：

$$\psi_{a,b}(t) = \frac{1}{\sqrt{|a|}} \psi\left(\frac{t-b}{a}\right) \quad a,b \in R, a \neq 0 \tag{4.2}$$

式中，a 为伸缩因子；b 为平移因子。对于任意的函数 $f(t) \in L^2(R)$ 的连续小波变换为

$$W_f(a,b) = \frac{1}{\sqrt{|a|}} \int_R f(t)\psi\left(\frac{t-b}{a}\right) \mathrm{d}t \tag{4.3}$$

其逆变换为

$$f(t) = \frac{1}{C_\psi} \int_{R+} \int_R \frac{1}{a^2} W_f(a,b)\psi\left(\frac{t-b}{a}\right) \mathrm{d}a\mathrm{d}b \tag{4.4}$$

小波变换的时频窗是可以由伸缩因子 a 和平移因子 b 来调节的，平移因子 b 可以改变窗口在相平面时间轴上的位置，而伸缩因子 a 的大小不仅能影响窗口在频率轴上的位置，还能改变窗口的形状。小波变换对不同的频率在时域上的取样步长是可调节的，在低频时，小波变换的时间分辨率较低，频率分辨率较高；在高频时，小波变换的时间分辨率较高，而频率分辨率较低。使用小波变换处理信号时，首先选取适当的小波函数对信号进行分解，其次对分解出的参数进行阈值处理，选取合适的阈值进行分析，最后利用处理后的参数进行逆小波变换，对信号进行重构。

从信号学的角度看，小波去噪是一个信号滤波的问题。尽管在很大程度上小波去噪可以看成是低通滤波，但由于在去噪后，还能成功地保留信号特征，所以在这一点上又优于传统的低通滤波器。由此可见，小波去噪实际上是特征提取和低通滤波的综合，其流程框图如图 4.9 所示。

图 4.9　小波去噪流程框图

小波分析的重要应用之一就是信号消噪，一个含噪的一维信号模型可表示为如下形式：

$$S(i) = f(i) + \varepsilon \times e(i) \qquad i = 0,1,\cdots,n-1 \tag{4.5}$$

式中，$S(i)$ 为含噪声信号；$f(i)$ 为有用信号；$e(i)$ 为噪声；ε 为噪声系数的标准偏差。在实际场景中，有效信号一般表现为低频信号或一些略平稳信号;噪声信号一般表现为高频信号。据此，可将去噪过程用如下方式来进行数据预处理操作。首先对信号进行小波分解，由多分辨分析方法可知，逐层小波分解得到的是信号的大尺度逼近部分和一系列细节部分（三层分解过程如图 4.10 所示）。

一般来说，一维信号的降噪过程可以分为 3 个步骤进行：

（1）一维信号的小波分解，选择一个小波并确定一个小波分解的层次 N，然后对信号进行 N 层小波分解计算。

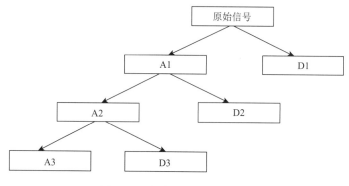

图 4.10　小波去噪三层分解图

（2）小波分解高频系数的阈值量化，对第 1 层到第 N 层的每一层高频系数选择一个阈值进行软阈值量化处理。

（3）一维小波的重构。根据小波分解的第 N 层的低频系数和经过量化处理后的第 1 层到第 N 层的高频系数，进行一维信号的小波重构。在这 3 个步骤中，最核心的就是如何选取阈值并对阈值进行量化，在某种程度上它关系信号降噪的质量。在小波变换中，对各层系数所需的阈值一般根据原始信号的信号噪声比来选取，即通过小波各层分解系数的标准差来求取，在得到信号噪声强度后，可以确定各层的阈值。这里着重讨论信号在两种不同小波恢复后信号质量的不同和对信号中的信号与噪声进行分离。

2. 数据归一化方法

数据归一化是一种将具有波函数性质的物理数变成具有某种相对关系的相对值，是缩小量值之间落差的有效方法，它对矩阵表示的数据进行行操作（列操作通常称为数据标准化）。为了补偿不匹配产生的影响，采用对特征向量的统计属性、累积密度函数等的归一化手段来进行补偿，达到消除数据属性值之间的差别、平滑数据集的目的。

在利用机器学习进行数据分析之前，通常要将数据标准化后再用于数据分析。目前，常用的归一化方法有：

（1）min-max 标准化（min-max normalization：线性归一化，是对原始数据的线性变换）。使结果集映射在[0, 1]或某个白定义的区间。转换函数 $X^* = \dfrac{x - \min}{\max - \min}$ 中，max、min 分别为样本数据的最大值、最小值。当每次有新数据加入时，该方法的 max 和 min 需要进行重新定义。

（2）Z-score 标准化方法，它对原始数据的均值（mean）、标准差（standard deviation）进行数据标准化。数据标准化后，数据在标准正态分布上的均值、标准差分别为 0、1。转化函数是 $X^* = \dfrac{x - \mu}{\delta}$，其中，$\mu$、$\delta$ 分别为所有样本数据的均值、标准差。

（3）min-max 标准化和 Z-score 标准化是两种常用的归一化方法，且这两种方法中不同的特征参量间联系较少。联合归一化方法是一种对样本空间 $\Omega_{Y \times E}$ 的列向量和行向量按顺序进行归一化的方法。设网络输入节点数为 E，然后选取相同条件下的 E 个不同的特征参量 $\{C^0, C^1, \cdots, C^{E-1}\}$ 作为网络输入，$\{C^0, C^1, \cdots, C^{E-1}\}$ 中的每个特征参量选取 Y 个特征值 $\{C_0^i, C_1^i, \cdots, C_{E-1}^i\}$（其中，$i = 0, 1, \cdots, E-1$）构成样本空间 $\Omega_{Y \times E}$。

4.2.2　多源异构数据预处理

在滑坡监测系统中，通过对数据进行统计发现，各个监测点上传的基于位移监测的变形数据是后台数据库系统中重要的信息来源。依照 GPS 定位仪等监测设备提供的离散的位移值绘制位移实时曲线，由于数据误差和数据丢失等的存在，绘制的曲线并不是一条光滑的曲线，通过这种震荡型或者跳跃型的位移曲线来建立滑坡预测预报数学模型十分困难，同时会导致预测精度达不到实际应用需求，难以判定滑坡的发生时间。

在实际工程应用中，常用的数据滤波方法很多，如逻辑判断滤波、中值滤波、均值滤波、加权平均滤波、众数滤波、一阶滞后滤波、移动滤波，采用一元线性回归、二次样条的方法对观测数据进行预处理，是现阶段所提出的新方法。同时，有研究者结合小波分析和时间序列分析的基本原理，提出了小波时间序列模型进行数据预处理。在采集物理观测数据的过程中，传感器中可能会出现一些非连续的观测数据，如单点突跳、台阶等现象。这些非连续的数据一方面可能是由机器本身固有的因素造成的，另一方面也可能是包含滑坡的前兆信息量。因此，对数据进行预处理过程中，应该先判断产生非连续型数据的原因，这样才能正确处理并产生出真实可靠的观测数据。如果是监测仪器本身或人为安装失误等造成的异常现象，如发生突跳和台阶等问题，面对这样的异常数据，我们必须用相应的算法进行过滤和预处理，否则会使观测数据之间的连续性受到影响，导致监测资料无法正常应用于滑坡预测。

同时要注意到，如果是未知原因或滑坡本身的变化所引起的异常变动，则这些数据不能随意地进行处理，否则将失去其包含的重要信息及其代表的意义，漏过一些重要的滑坡信息，极端的情况下会导致滑坡预测漏报等严重事故。下面对突跳、台阶和缺数等现象发生的原因进行简要的分析。

1. 突跳

在数字化仪器监测过程中，产生突跳的现象较为普遍，只是出现的程度不同。有时候突跳现象发生会相当频繁，会严重地影响正常的数据观测活动。因此，在监测过程中遇到这样的突跳数据，必须要及时地查明原因，并采取相应的处理措施。

从目前已有的观测情况看，突跳主要是仪器本身固有的因素造成的，从滑坡变形的蠕变规律来分析，滑坡一般不会在相对较短的时间（1～2min）内发生位移信息的突变。因此，针对这种单点突跳的现象，可以采用线性补差的方式进行过滤处理。

2. 台阶

台阶是数字化观测数据中比较常见的现象之一，产生这种现象的原因主要有：停电、仪器调试、标定、仪器本身因素、外界干扰（如矿区的爆破、矿震）等。台阶有突变台阶和渐变台阶，突变台阶基本上是上述情况引起的；而渐变台阶的情况比较复杂，有外界因素的影响（如温度、气压、人为干扰等），有仪器的原因，有地壳本身的变化。在日常观测中，要能正确识别各种原因引起的台阶，针对不同情况采用不同的处理方式。

一般情况下，突变台阶变化幅度相对较大，时间较短（1～2min）。这样的台阶比较容易处理，也不会产生较大的误差。进行加常数改正，可以得到较好的修正数据。渐变台阶如果确定是人为原因（调试仪器、标定以及人员进洞引起观测洞室温度改变等可查明的各种因素）或仪器故障造成的，可视以下情况决定是否加以处理。如果只影响部分观测数据，过后又会恢复到原来的水平，这种情况不需要进行处理，对受影响的数据根据其大小进行取舍。而另一种情况可能与先前的数据有差异，这时需对差异部分进行加常数的方法进行改进，该方法相对比较麻烦一些，而且处理结果会因人而异，误差相对较大。这就需要观测人员反复地对比试验，反复调整，尽可能减少误差。

对于不明原因所引发的突变，在进行处理时一定要非常慎重。由于突变信息中可能包含有滑坡变形的异常前兆信息，如果随意处理掉，就失去了观测和预警的意义。

3. 缺数

在进行数字化观测中，由于停电故障、仪器调试等，会产生许多不正常的数据，尤其是在前期数字化仪器改造期间，这种缺数的情况比较频繁。在对观测数据进行缺数处理时，一定要对这段数据进行相应的文字记录，说明其原因，以备后查。同时对这段数据也不能进行任何补插，以保持数据的真实性。

上述数据预处理工作是进行数据融合的必备过程，预处理的质量好坏将直接影响数据融合最终的效果，以及滑坡预测的结果。因此，在滑坡灾害监测过程中开展数据预处理方法的研究是一项非常有意义的工作。

本书将探讨建立、识别、拟合和检验时间序列模型与动态系统的有效方法，这些方法将能够适用于离散系统，即系统观测值的采集是在相同时间间隔中进行的。

从不同的角度，人们对时间序列有不同的认识和定义：

定义 1：时间序列是一组统计数据，按照发生时间的先后顺序排成的数据序列。

定义 2：时间序列是同一现象在不同时间上的相继观察值排列而成的序列。

定义 3：对某一个或一组变量 $x(t)$ 进行测量，在一系列时刻 $t_1<,\cdots,<t_n$ 所得到的离散数据组成的序列组合 $\{x(t_1),\cdots,x(t_n)\}$，把它称为时间序列，记为 $X=\{x(t_1),\cdots,x(t_n)\}$。

目前，基于时间序列的数理统计等数据预处理方法在航空航天、电子和农业等领域已得到十分广泛的应用，数理统计方法主要用于研究随机现象的规律性，通过规律性去推断事物的整体特征。时间序列的典型特征是相邻的观测值之间有相互依赖性，时间序列分析就是讨论这种观测值之间相互依赖性的一种分析技术，这就要求通过时间序列数据能够建立随机动态模型，并在相关领域中应用这些模型。

在工业领域中，人们常常需要提高对工业现场的各种设备的利用效率，为此必须开展针对设备动态过程的研究。这类研究可以使得：①实现对设备更好的控制；②改进新设备的设计。研究重点是确定系统的传递函数的方法。各类方法中，由于存在异常干扰事件，会对系统时间序列产生不确定的影响，使得时间序列分析的序列结果出现严重的偏离。因此，需要建立干扰分析模型，同时考虑时间序列中异常值和偏离值检测的相关问题。但在岩土工程领域，尤其是滑坡监测数据的时间序列分析和预处理，研究起步相对较晚。在统计学上，大量的缺失数据将导致在统计推论中出现估计量偏差和估计方差增大，使得数据的说服力下降。在监测系统实现过程中，仪器自身的故障和一些人为因素等会导致数据缺失等现象，监测中数据缺失已经成为不可避免的普遍性现象，因此，开展对缺失数据的研究也是一个关键性课题。

在监测系统中，全天候自动监测所获取的原始数据符合以下基本要求，才能为后续进行数据融合创造必要的条件：①数据具有有效性。监测数据误差应该在监测要求的范围之内。②数据具有连续性。作为预测预报依据的监测数据，应该具有很好的连续性。③数据具有等时性。数据之间的监测间隔时间应该相等。④数据具有一致性。数据变化的趋势具有一致性特点。

一般主要通过以下三个步骤来完成数据预处理：①对仪器进行有效的校准操作和部署点位的优化，消除人为误差，以此来提高数据的精度，保持数据的有效性。②对监测数据进行粗差（异常数据）的定位和消除，以消除随机误差（噪声），并确定合适的采样时间间隔，对缺失数据进行补偿，保证数据的连续性。③对位移数据进行提取趋势项和周期项操作，零化处理和等间隔化处理，保证数据的等时性和一致性。

一般情况下，监测数据中所出现的误差分为三大类：系统误差、偶尔误差和粗差。偶尔误差属于随机误差，系统误差常常和物理因素有关联，如仪器在使用之前缺少校正及其观测者不进行必要的调试，都会产生系统误差。系统误差一般取值为常数，在数据获取之前，我们都能较为充分地认识到系统误差的存在并且努力降到仪器所能接受的最低限度来提高精度，可以采用一定的观测程序消除或者削弱。而粗差实际上是一种错误，一般它们在测量中出现的可能性比较小，通常是操作者操作不当或者仪器处于不正常工作状态而导致的。根据统计学相关理论，粗差和其他观测数据不能作为同一个集合的观测值进行统一分析，粗差出现会引起位移时间序列失真，最终导致数据序列不可用。因此，在滑坡灾害监测中必须设计必要的算法，运用粗差检验方法来剔除监测数据序列中的粗差。

一般情况下，我们常常采用滤波的方法对数据进行预处理，通过滤波可以把噪声进行隔离，从而提高数据的精度，滤波是在一定的准则下对数据的最优估计，据相关文献记载，常用的滤波方法有傅里叶分析、中值滤波等。尽管中值滤波原理十分简单，作为一种常规的非线性滤波技术，是一种邻域计算，反复运用离散数据的邻接点进行插值做平滑处理，使得波动曲线最后转换为一条光滑的曲线，但是运用此方法进行性能分析却较为困难，并且其对高斯噪声的滤波效果较差，只能进一步利用卷积滤波进行去噪处理。

一般传统意义下的粗差处理都是基于平差条件，如果不存在平差问题，也就无法实现在平差过程下进行粗差的定位，并对异常点进行剔除操作。在实际数据预处理过程中，我们不仅要分析独立的数据，也要分析其相邻的数据，从整体上进行分析和数据预处理，才能较好地解决粗差问题。工程实践中经常会出现测试数据样本容量小、测试时间间隔不等问题，有学者提出了一种基于插值法的小样本时序数据处理方法，时序上的不连续性采用回归分析方法使数据在时间序列上形成有效的连续；数据有效性问题可采用三次样条插值方法进行曲线拟合。

传统上剔除观测值中的粗差，通常在平差之前进行，如采取避免粗差的观测程序，增加多余观测，以及用几何条件闭合差等方法。尽管采取这些措施，但有些粗差仍然是难以避免的。因此又提出平差后检验粗差的方法，即用数理统计中假设检验的方法。然而，这种后检验法，只能说明有无粗差，不能剔除粗差。

在现代测量平差理论中，对粗差的处理目前主要有两种途径：一种是将粗差归入函数模型处理；另一种是将粗差归入随机模型处理。

若将粗差归入函数模型，则粗差表现为观测量误差绝对值较大且偏离群体。其处理的基本思想是在进行最小二乘平差前探测和定位粗差，剔除含有粗差的观测值，从而得到一组比较净化的观测值。然后用这组净化的观测值进行最小二乘平差。数据探测法就属于这种方法。

若将粗差归入随机模型处理，则粗差表现为先验随机模型和实际随机模型的差异过大，可解释为方差膨胀模型。其处理的基本思想是根据逐次迭代平差的结果来不断地改变观测值的权或方差，最终使粗差观测值的权趋于零或方差趋于无穷大，这种方法可以确保估计的参数少受模型误差，特别是粗差的影响。稳健估计就是这种途径的一种有效方法。

稳健估计，在测量中也称为抗差估计，是针对最小二乘估计不具备抗干扰性这一缺陷提出的，其目的在于构造某种估计方法，使其对粗差具有一定的抗干扰能力，即具有以下特点：

（1）在假定模型正确时，估计的参数具有良好的性质，是最优的或接近最优的。

（2）当假定的模型与实际理论模型有较小差异时，估计的参数变化较小。

（3）当假定的模型与实际理论模型有较大偏离时，估计的参数不会变得太差。

可见，稳健估计就是在粗差不可避免的情况下，选择适当的估计方法，使参数的估值尽可能避免粗差的影响，得到正常模式下的最佳估值。稳健估计的原则是要充分利用观测数据（或样本）中的有效信息，限制利用可用信息，排除有害信息。

4.2.3　数据平滑与补齐

在滑坡监测过程中，受各种外在因素的不利影响，监测数据在拟合输出过程中，经常会遇到数据格式上的问题，如不等时距等情况。因此，预处理中应对监测数据进行等距化处理。与此同时，监测数据受到不同环境中外来因素的干扰，会呈现出"锯齿化"形式的输出，为了保证数据散点的拟合曲线输出平滑，应对监测数据进行平滑处理。

要从测量数据中提取出有用的信息，必须对其进行平滑处理，尽量减小偶然误差对数据造成的影响。例如，在对数据进行指数拟合等过程中，如果能预先对原始数据进行平滑处理，则会大大地提高预测计算的精度，因此，滑坡数据平滑的预处理直接影响后期的数据融合结果以至预报成功率。为了在监测系统中最大限度地利用现有的信息资料，进行数据的平滑处理方法的研究是必不可少的。由于各种因素影响，数据出现缺失也是系统工程实践过程中的一种普遍现象，缺失数据会对统计结果产生一定的偏差，最终影响监测数据的准确性，甚至导致预测出现错误等，对缺失数据补缺方法进行研究也是本章的重点内容之一。

平滑处理是在时间序列研究过程中的基本预处理方法之一，对于一组实时采样测量得到的数据(x, y) $(i = 1, \cdots, n)$，首先通过平滑处理，去掉数据中的"噪声"，然后才能有效求解出对应的拟合多项式的线性参数。在科学研究中平滑处理得到非常广泛的使用，平滑处理可以减少测量过程中因为统计误差而带来的影响，在那些无法利用多次重复测量来得到其平均值的情况，以及当 y 随 x 有突变的情况下，平滑处理得到充分使用。

对时间序列开展平滑处理，所用的模型主要有滑动平均模型、加权滑动平均模型和指数平滑模型等。应用平滑模型进行预处理，可以减少时间序列中波动的变化幅度，从而能够从时间序列中获得序列变化的趋势。下面对这些模型进行简要分析。

1）滑动平均模型

该方法的核心思想是在原始序列中求解一个相邻两项或多项的平均数，并重新组合成新的序列，计算 N 项平均数序列的公式如下：

$$\hat{y} = \frac{y_t + y_{t-1} + \cdots + y_{t-N+1}}{N} \quad (t \geq N) \tag{4.6}$$

式中，$\hat{y}$ 为 N 项平均序列值；y_t 为第 t 项时间序列数据。

在模型中，N 值越大，数据序列处理后得到的新序列，其平滑效果也越好，与此同时，序列中损失掉的项数 $N-1$ 也会越来越大。在保持足够的数据和消除波动这两者之间，必须做出合理的选择。一般情况下，N 值与循环波动周期值保持一致，这样能够有效地抑制循环中的变化。

另外，当 N 值为偶数时，则计算得到的平均数只能对应在序列中心的两项之间，这时可以对每两项再做一次平均，称之为中心化移动平均。

当 N 为偶数时，移动平均的计算公式如下：

$$\mathrm{MA}_t = \frac{0.5 \times Y_{t-2} + Y_{t-1} + Y_t + Y_{t+1} + 0.5 \times Y_{t+2}}{4}$$

$$\mathrm{MA}_t = \frac{0.5 \times Y_{t-6} + Y_{t-5} + Y_{t-4} + Y_{t-3} + Y_{t-2} + Y_{t-1} + Y_t + Y_{t+1} + Y_{t+2} + Y_{t+3} + Y_{t+4} + Y_{t+5} + 0.5 \times Y_{t+6}}{12}$$

$$\tag{4.7}$$

使用滑动平均模型，其优点是算法简单，计算方便；缺点是产生新的误差，会造成信号失真，序列中前后各 n 个数据无法平滑。该方法主要适用于变化缓慢的数据序列（n 越大平滑效果越好，但失真也越大）。

2）加权滑动平均模型

加权滑动平均模型的计算公式如下：

$$\hat{y}_{t\omega} = \frac{\omega_0 y_t + \omega_1 y_{t-1} + \cdots + \omega_{N-1} y_{t-N+1}}{N} \quad (t \geqslant N) \tag{4.8}$$

式中，ω_i 为加权因子，且 $N^{-1}\sum_{i=0}^{N-1}\omega_i = 1$。

一把情况下，使用加权滑动平均模型的目的是过滤序列中的干扰，使序列的趋势性变化能够显现出来。通过选择不同的加权因子，增加某些新数据的权重，使序列的趋势预测更加准确。

3）指数平滑模型

指数平滑模型，主要通过对过去观察值进行加权平均，实现预测未来的观察值（这个过程称为平滑）。对要预测的未来观察值越近的观测值，赋予其越大的权值，且其权值大小按指数规律分配。

现令 y_t 为时间 t 的实际数据，S_t 为平滑后的数据，A 为一个介于 0～1 的实数，按照下式可以求得平滑后的数据序列：

$$S_t = Ay_t + (1+A)S_{t-1} \tag{4.9}$$

式中，A 为平滑常数。

平滑过程中，第一个平滑数据即等于第一个实际数据，$S_1 = y_1$，从而：

$$\begin{cases} S_2 = Ay_2 + (1-A)S_1 = Ay_2 + (1-A)y_1 \\ S_3 = Ay_3 + (1-A)S_2 \\ S_4 = Ay_4 + (1-A)S_3 \end{cases} \tag{4.10}$$

以此类推，进行求解。

该方法为指数平滑法，主要规律特点由下式可以看出：

$$S_2 = Ay_2 + (1-A)S_1 = Ay_2 + (1-A)y_1$$
$$S_3 = Ay_3 + (1-A)S_2$$
$$= Ay_3 + (1-A)\left[Ay_2 + (1-A)y_1\right]$$
$$= Ay_3 + A(1-A)y_2 + (1-A)^2 y_1$$
$$S_4 = Ay_4 + (1-A)S_3$$
$$= Ay_4 + (1-A)\left[Ay_3 + A(1-A)y_2 + (1-A)^2 y_1\right]$$
$$= Ay_4 + A(1-A)y_3 + A(1-A)^2 y_2 + (1-A)^3 y_1$$

若 $A=0.5$，则

$$S_t = 0.5y_t + 0.25y_{t-1} + 0.125y_{t-2} + 0.0625y_{t-3} + \cdots \tag{4.11}$$

由上式可知，每一个平滑后得到的数据，都是由历史数据加权后得到的。越接近当前的数据，其权重越大；反之，越早期的数据，其权重越小。正是因为其权重呈指数递减，因此称之为指数型平滑。

对于某些特殊的观测数据序列，如果序列的波动变化相对剧烈，同时序列的长度较大，则一般采用多项式平滑或者正交多项式平滑算法来进行平滑处理。从实际意义来看，使用正交多项式平滑算法，能够保持原有数据的特征，便于后续融合处理中识别滑坡的阶段和滑坡预测。而分段多项式平滑虽然能提高观测时间和变形量之间的相关度，但是由于其平滑处理的结果会造成滑坡阶段识别不明显，给滑坡时间预测带来了不利影响。

4.3　多源监测数据融合方法研究

针对三峡库区滑坡监测工作，我们已经建立了基于不同物理场的滑坡监测系统原型，在各个子系统中已经部署了多传感器系统（信息融合的硬件基础），获取到了多源和异构监测信息（信息融合的加工对象），并已对不同特征的场数据进行了相应的时间序列的预处理（信息融合的加工条件）。下面本书将运用多变量统计分析的基本理论，开展滑坡监测信息的统计模型和方法研究，进行多源信息融合方法的研究和实验分析处理，以获得具有相关联特征和集成特性的融合信息，并运用于对滑坡预测的性能对比。

要实现对滑坡的准确预测，首先必须通过使用有效的监测方法，采集和确定足够多的判据，推理监测判据信息的异动原因，以此来判定滑坡是否发生。一般在研究过程中，我们对在滑坡预报中所用到的判据进行分类，主要可以分为三种，即安全系数和可靠性判据、变形速率判据及综合信息判据。研究者利用滑坡监测系统所获取到的监测信息，通过运用特定的方法，选择相互之间有一定关联性的监测资料作为滑坡的判据，导入到事先建立的预测模型，通过推演和测算来实现滑坡预测预报。

与此同时，研究者一直在研究和寻找一种稳定的判据选择方法，便于计算和衡量滑坡体的稳定程度。然而，目前已知的判据选择方法中，既符合具有一定的合理性，又具有明确物理含义的条件的判据选择方法较为少见，同时通过对监测系统中监测数据样本的分析发现，几乎所有用来做判据的数据集都不完善。随着人们对滑坡演化过程认知水平不断提高，所采用的研究手段也在不断完善，现在已发展到定性和定量相结合的综合性预测研究阶段，系统分析法、非线性动力学等多种研究方法并存，其中，基于多源数据融合技术以及预测信息综合集成法成为当下滑坡监测和预警系统的重点研究方向。

监测过程中为了全方位地监测滑坡变形在空间上的分布特征，并能从监测信息中分析和判定滑坡总体变形趋势和滑动方向，滑坡监测系统一般会选定滑坡坡体不同的部位，在其中安装和部署若干监测点，通过这些监测点位上所反馈得到的监测信息，形成滑坡体不同部位的监测时间序列。但是，目前大多数滑坡预测预报模型和预报方法都是在滑坡体上的某一个监测点上，对某一类监测资料的单变量时间序列进行分析，预测预报滑坡发生的时间，未能对已有多来源的监测点位置上的信息进行综合利用。按照现代非线性科学理论，滑坡体从数学模型上来看是一个复杂的开放系统，在对滑坡进行物理演化过程中，其会表现出各种场信息，如各个滑带部位的变形，引起的声发射和滑体内部的水位变化等，这些信息对滑坡的预测预报而言都是有价值的参考信息，不应该随意忽略。

当前各种综合性滑坡监测预警系统，均试图通过多源信息融合方法和技术手段寻找有效判据，通过判据之间信息融合实现信息互补，其中预报成功的关键性问题是准确地发现各类判据与位移之间的数学关系。采用多源异构信息融合方法进行滑坡监测分析，还可以避免单序列预测中由数据缺失或者仪器故障而导致预测失败的现实问题。因此，在监测系统中利用多源监测数据融合成为提高滑坡预测效果的一种有效方法。

由于监测中获取的各种变量信息之间彼此存在一定的相关性和依赖性，同时信息的变化本身也是彼此关联的，对上述变量通过使用多变量统计分析方法可以得到较好的统计结果。但是，多变量统计方法本身具有一定的复杂性，在统计过程中很难通过手工或者普通的计算工具进行验算，虽然该学科诞生于 100 多年前，但是在实际应用中较少使用。当前高性能计算机技术的不断发展，以及各种基于多变量统计分析的应用软件的出现，使得多变量统计分析方法开始得到广泛的应用以及推广。

基于目前所开发的滑坡监测系统中已有的各类型监测数据，开展多源异构信息融合方法的探索和研究，主要通过对数据序列和变形影响因子关联度分析，选择采用多元回归分析方法建立最优化回归方程，同时将该模型应用于滑坡预测预报过程，通过对实验样本的测试对比，验证了所提出的解决方法是有效的。

4.3.1　滑坡影响因子的相关性分析方法

滑坡的稳定性受到三大因素影响，其中，在地质和地形条件因素作用下，滑坡会表现出较为明显的地域特征和区域变化的规律。依据系统动力学理论的分析，滑坡将演变成一个开放式的系统，受众多非线性影响因素的共同作用，滑坡现象发生。过去，人们总是习惯于把相关的变量割裂开来，彼此独立地去分析每一个变量。这就是常用的多变量问题的单变量分析法。随着人们认识的不断深入，该方法不断暴露出很多缺点，强行割裂变量的相关性，导致分析结果和事实大相径庭。过去人们在统计分析工作中，对资料中存在的内在信息提取不足，导致多变量分析缺少所需的应用条件。近年来通过对基于三峡库区某滑坡多年GPS 监测数据及降水和库水位变化资料，以及已知的大量滑坡研究结果的统计分析，作者发现滑坡的影响因子是与滑坡地域环境紧密联系在一起的，滑坡变形结果表明其累积位移曲线具阶跃型位移特征，且降水强度、库水位下降及下降速率为滑坡变形波动的关键因子，在库区出现降水的背景下，库水位的下降将促使滑坡变形加剧，反之，库水位上升，能缓解滑坡变形趋势。有学者通过统计库区蓄水初期滑坡的位移动态序列，分析了其中代表性的测点位移规律，通过稳定性计算进行参数反演，最终计算得到诱发滑坡发生的最危险水位值。在此基础上，引入滑坡体地下水渗透过程中时间上的滞后性特征，预测了滑坡稳定性与库水位之间的数学关系。丁继新等从滑坡与降雨量大小、暴雨频度以及降雨时间周期 3 个不同的角度，分别分析了降雨与降雨型滑坡的数学关系，并在此基础上提出了降雨因子的概念，表 4.5 是国内外暴雨触发滑坡的相关统计数据列表。

表 4.5　国内外暴雨触发滑坡的相关统计数据

	国家和地区	一次降雨过程累计降雨量/mm	时降雨强度/(mm/h)	日降雨强度/(mm/d)
	巴西	250～300		
	美国	>250		
	加拿大	>150～300		
中国	香港	>250		>100
	四川盆地		>70	>200
	长江云阳奉节地区	280～300		140～150
三峡库区	堆积层滑坡	50～100	6	30
	中厚层堆积层滑坡和破碎岩石滑坡	150～200	10	120
	厚层大型堆积层滑坡和基岩滑坡	250～300	13	150

综上所述，滑坡监测者如果仅仅通过主观意愿来选取滑坡敏感因子，则滑坡预测的结果势必会出现较大的偏差，从而影响滑坡预测的准确性。因此，滑坡影响因子的正确选取是滑坡稳定性分析和预报的关键因素之一。

滑坡作为自然界一种严重的斜坡形变现象，降雨尤其是暴雨的影响，会触发和改变滑坡应力的大小，降雨成为滑坡活动最重要的触发因素。历史上研究者对滑坡与降雨的耦合关系进行了深入的研究。

分析降雨型滑坡活动的周期性现象，应把它看作是滑坡体在外界条件（主要是降雨）的影响下，由稳定—不稳定—稳定的发展旋回过程中的一种外在体现。研究发现，滑坡的发生与降雨之间有一定的时间滞后性。滑坡的规模和类型与降雨量的大小有明显的正相关性，如图 4.11 所示。

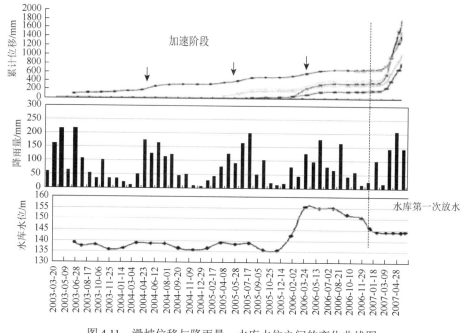

图 4.11　滑坡位移与降雨量、水库水位之间的变化曲线图

　　通过对滑坡所在空间的降雨量和滑坡的变形位移资料进行统计分析，发现从全局看，两者之间并不存在严格的线性关系。林中湘等通过对降雨诱发滑坡的机理及相应的评价方法研究，对滑坡开展工程地质分析、数值分析、监测预测预警分析工作，建立了工程上适用的降雨影响边坡稳定性的评价和分析方法体系。

　　目前从力学的角度出发，主要通过极限平衡法、概率分析方法和有限元法来对滑坡稳定性进行评价。汤罗圣等从滑坡的实际变形角度，运用 Morgenstern-Price（摩根斯坦-普赖斯）法、蒙特卡洛-破坏概率方法和强度折减法，计算了滑坡稳定性系数和破坏概率。然而，在滑坡灾害的实际孕育过程中，各种影响因素对滑坡演化的影响是一种综合性的影响，而且滑坡的各种影响系数之间相互作用关系十分复杂，并不是单纯的代数叠加关系。在一般的数理统计分析方法中，只是在分析过程中简单地扩大影响因子范围，并没有考虑影响因素之间的相关性问题。按这种方法处理，一方面加大了滑坡预测问题的复杂性，给合理地分析问题和解释问题带来很大的困难；另一方面这些影响因素之间的相关性问题，还会导致监测信息序列在趋势项上出现一定程度的重叠，进而影响分析和预测的准确性。多变量统计分析把样本建立在数学矩阵基础之上，通过矩阵变换和计算来获取结果。

　　目前，分析影响因素的重要性和影响因素之间相关性的分析方法，主要有卡尔曼滤波算法、主成分分析法和多元回归法，特别是逐步回归法受到广泛的关注。

主成分分析 (principal component analysis, PCA) 是一种数据分析技术, 能对原有数据集进行简化处理, 有效找到其中最主要的元素和组成结构, 同时剔除信息中的噪声, 降低数据冗余性, 还能将原有的复杂数据进行降维处理, 使得复杂数据结构简单化。这种方法具有简单、无参数限制等优点, 从神经科学到地质灾害学都有它的用武之地。该方法简单而言就是把针对某个问题解释的多个指标简化为少数几个综合指标。利用主成分分析, 通过降维处理, 对原来众多变量进行合并和淘汰, 找出几个综合性的影响因子, 使这些综合因子最大化地替代原有变量的信息量, 从而使得问题求解过程化繁为简。

在数学上主成分分析技术没有任何参数限制, 主成分分析和计算过程中, 不需要事先设定参数, 也不需要根据任何已有的经验模型来对计算进行干预, 最后的计算结果通常只与数据相关。

主成分分析的核心是把多个变量综合成一个或者少数几个综合指标, 使用少数的综合指标来代表尽可能多的变量所包含的信息。该方法和因子分析在概念上并不完全一样, 但都属于把数据用较少维度表达的一种工具, 在数据的处理形式上两者也极为相似。主成分分析通常都是线性的主成分, 也就是把多个相关性变量综合转换成一个或者几个线性函数。但是也有一些缺点, 当变量之间的相关性不强时, 取得的综合指标其综合能力并不强, 甚至没有综合性的代表能力。那么, 用线性主成分分析方法去求解必须有满足一定的初始条件。简单用一个线性函数来替代大部分变量的综合指标并不能在实际中全部实现。如果用户对滑坡监测对象已经具备了一定的先验知识, 掌握了数据的一些初始特征, 仅仅通过主成分分析技术进行分析和预测, 其效率并不高。前人对三峡库区滑坡体已进行了长期的观测和研究, 对其演化过程和机理已经具备了一个基本的宏观判断, 获得了一些预测的经验积累, 因此, 主成分分析方法对滑坡融合过程中判据的选取不是最高效的分析方法。

回归分析方法是变形监测数据融合处理中一种简单而且方便的方法, 它是从数理统计的角度出发, 进行大量的试验和观测后, 寻找出监测对象的变形量和各作用因素之间的关系, 确定相互之间正确的数学模型, 并根据这个回归模型进行预测和预报。

回归分析方法具有以下优点:

(1) 在分析和处理多因素预测模型时, 回归分析法更加简单和方便;

(2) 运用回归模型, 只要采用的模型和数据相同, 通过标准的统计方法就可以计算出唯一的结果;

(3) 回归分析可以准确地计算各个因素之间的相关程度, 确定回归拟合程度的高低, 提高预测模型的效果。

本章将采用回归分析方法, 利用已有的观测数据资料, 选择和确定滑坡体监测位移的环境影响因子，建立位移和影响因子之间的数学关系模型。通过实际监测数据和仿真结果进行验证，为滑坡位移趋势预测提供理论依据。

4.3.2　回归分析模型简介

回归分析作为一种数理统计方法，从不同的角度可以分为多种分析模型。按照自变量的个数，可以划分为一元分析和多元分析模型；按自变量和因变量之间的关系，可以划分为线性关系和非线性关系模型；一般常用的回归分析模型主要有以下几种，如一元线性回归模型、一元非线性回归模型、多元线性回归模型和多元非线性回归模型。线性模型一般是指因变量 y 与自变量 x 之间呈现线性关系的模型，还可以细分为一般线性模型、混合线性模型和广义线性模型三类。一般线性模型包括多元回归分析模型、多元方差分析模型和多元协方差分析模型，它是多元统计分析的基础，应用十分广泛。

大量的理论及数据模拟研究表明，线性回归模型中的正态性条件并不重要。残差的正态性要求即使不成立，线性回归模型的假设检验也是可以近似成立的，至少在大样本条件下是成立的。

1. 一元线性回归模型

1）回归模型数学定义

一般情况下，因变量 y 是随机变量，若自变量 x 仅有一个，其可以是随机或者非随机变量，而且和因变量 y 之间满足 $y = \beta_0 + \beta_1 x + \varepsilon$ 表达式条件，则称该模型为一元线性回归模型。把两者之间的函数关系 $f(x)$ 表示为下式：

$$\begin{cases} y = \beta_0 + \beta_1 x + \varepsilon \\ E\varepsilon = 0, D\varepsilon = \sigma^2 \end{cases} \tag{4.12}$$

式中，$E\varepsilon$ 为随机误差期望；参数 β_0、β_1 为回归系数；$D\varepsilon$ 为随机误差方差；自变量 x 称为回归变量；ε 为随机误差。

对 $y = \beta_0 + \beta_1 x$，称为 y 对 x 的回归直线方程。

一般统计分析中使用一元线性回归分析，其可以实现的主要任务是：

（1）使用试验值（也称为样本值）对 β、β_1 和 σ 作点估计。

（2）对回归系数 β_0、β_1 作假设检验；

（3）在 $x=x_0$ 处实现对 y 作预测，且对 y 做区间估计。

2）模型参数估计方法

（1）运用回归系数的最小二乘估计方法：假设已经具有 n 组独立观测值，如 $(x_1,y_1),(x_2,y_2),\cdots,(x_n,y_n)$。

设 $\begin{cases} y_i = \beta_0 + \beta x_1 + \varepsilon_i (i = 1,2,\cdots,n) \\ E\varepsilon_i = 0, D\varepsilon_i = \sigma^2 \end{cases}$ 相互独立，记

$$Q = Q(\beta_0, \beta_1) = \sum_{i=1}^{n} \varepsilon_i^2 = \sum_{i=1}^{n} (y_i - \beta_0 - \beta_1 x_i)^2 \tag{4.13}$$

最小二乘法就是选择式（4.13）中 β_0 和 β_1 的估计 $\hat{\beta}_0$，$\hat{\beta}_1$，使得 $Q(\hat{\beta}_0, \hat{\beta}_1) = \min\limits_{\beta_0, \beta_1} Q(\beta_0, \beta_1)$。

（2）σ^2 的无偏估计：记

$$Q_e = Q(\hat{\beta}_0, \hat{\beta}_1) = \sum_{i=1}^{n} (y_i - \hat{\beta}_0 - \hat{\beta}_1 x_i)^2 = \sum_{i=1}^{n} (y_i - \hat{y}_i)^2 \tag{4.14}$$

式中，Q_e 为残差平方和或剩余平方和。σ^2 的无偏估计为

$$\hat{\sigma}_e^2 = Q_e / (n-2) \tag{4.15}$$

式中，$\hat{\sigma}_e^2$ 为剩余方差（残差的方差），$\hat{\sigma}_e^2$ 分别与 $\hat{\beta}_0$、$\hat{\beta}_1$ 独立；$\hat{\sigma}_e$ 称为剩余标准差。

3）检验、预测与控制

（1）回归方程的显著性检验流程。

对回归方程 $Y = \beta_0 + \beta_1 x$ 进行显著性检验，本质上归结为对下述假设条件 H_0：$\beta_1 = 0; H_1 : \beta_1 \neq 0$ 进行检验。

假设 $H_0 : \beta_1 = 0$ 被拒绝，则回归具有显著性，可以确定 Y 与 x 之间存在着线性关系，所求的线性回归方程有实际意义；否则回归不显著，Y 与 x 的关系不能用一元线性回归模型来描述，所得的回归方程失去实际意义。

a. 回归系数的显著性检验。

当 H_0 成立时，$F = \dfrac{U}{Q_e / (n-2)} \sim F(1, n-2)$，其中，$U = \sum_{i=1}^{n} (\hat{y}_i - \bar{y})^2$（回归平方和），故 $F > F_{1-\alpha}(1, n-2)$，拒绝 H_0，否则就接受 H_0。

F 检验法：

$$\text{当 } H_0 \text{ 成立时，} \quad F = \frac{U}{Q_e / (n-2)} \sim F(1, n-2) \tag{4.16}$$

式中，$U = \sum_{i=1}^{n} (\hat{y}_i - \bar{y})^2$（回归平方和）。故 $F > F_{1-\alpha}(1, n-2)$，拒绝 H_0，否则就接受 H_0。

t 检验法：当 H_0 成立时，

$$T = \frac{\sqrt{L_{xx}} \hat{\beta}_1}{\hat{\sigma}_e} \sim t(n-2) \tag{4.17}$$

故 $|T| > t_{1-\frac{\alpha}{2}}(n-2)$，拒绝 H_0，否则就接受 H_0。

$$L_{xx} = \sum_{i=1}^{n}(x_i - \overline{x})^2 = \sum_{i=1}^{n}x_i^2 - n\overline{x}^2$$

r 检验法：记

$$r = \frac{\sum_{i=1}^{n}(x_i - \overline{x})(y_i - \overline{y})}{\sqrt{\sum_{i=1}^{n}(x_i - \overline{x})^2 \sum_{i=1}^{n}(y_i - \overline{y})^2}} \qquad (4.18)$$

当 $|r| > r_{1-\alpha}$ 时，拒绝 H_0，否则就接受 H_0。其中，

$$r_{1-\alpha} = \sqrt{\frac{1}{1 + (n-2)/F_{1-\alpha}(1, n-2)}} \qquad (4.19)$$

b. 回归系数的置信区间。

β_0 和 β_1 置信水平为 $1-\alpha$ 的置信区间分别为 $\left[\hat{\beta}_0 - t_{1-\frac{\alpha}{2}}(n-2)\hat{\sigma}_e\sqrt{\frac{1}{n} + \frac{\overline{x}^2}{L_{xx}}},\right.$

$\left.\hat{\beta}_0 + t_{1-\frac{\alpha}{2}}(n-2)\hat{\sigma}_e\sqrt{\frac{1}{n} + \frac{\overline{x}^2}{L_{xx}}}\right]$ 和 $\left[\hat{\beta}_1 - t_{1-\frac{\alpha}{2}}(n-2)\hat{\sigma}_e/\sqrt{L_{xx}}, \hat{\beta}_1 + t_{1-\frac{\alpha}{2}}(n-2)\hat{\sigma}_e/\sqrt{L_{xx}}\right]$。

α^2 的置信水平为 $1-\alpha$ 的置信区间为 $\left[\dfrac{Q_e}{\chi_{1-\frac{\alpha}{2}}^2(n-2)}, \dfrac{Q_e}{\chi_{\frac{\alpha}{2}}^2(n-2)}\right]$。

（2）预测与控制。

a. 预测。

用 y_0 的回归值 $\hat{y}_0 = \hat{\beta}_0 + \hat{\beta}_1 x_0$ 作为 y_0 的预测值。y_0 的置信水平为 $1-\alpha$ 的预测区间为 $[\hat{y}_0 - \delta(x_0), \hat{y}_0 + \delta(x_0)]$。

其中，

$$\delta(x_0) = \hat{\sigma}_e t_{1-\frac{\alpha}{2}}(n-2)\sqrt{1 + \frac{1}{n} + \frac{(x_0 - \overline{x})^2}{L_{xx}}} \qquad (4.20)$$

当 n 很大且 x_0 在 $\overline{x}$ 附近取值时，y 的置信水平为 $1-\alpha$ 的预测区间近似为 $\left[\hat{y} - \hat{\sigma}_e u_{1-\frac{\alpha}{2}}, \hat{y} + \hat{\sigma}_e u_{1-\frac{\alpha}{2}}\right]$。

b. 控制。

要求 $y = \beta_0 + \beta_1 x + \varepsilon$ 的值以 $1-\alpha$ 的概率落在指定区间 (y', y'')。

只要控制 x 满足以下两个不等式：

$$\hat{y} - \delta(x) \geqslant y', \quad \hat{y} + \delta(x) \leqslant y'' \tag{4.21}$$

要求 $y'' - y' \geqslant 2\delta(x)$。

若 $\hat{y} - \delta(x) = y'$，$\hat{y} + \delta(x) = y''$，分别有解 x' 和 x''，即

$$\hat{y} - \delta(x') = y', \hat{y} + \delta(x'') = y'' \tag{4.22}$$

则 (x', x'') 就是所求的 x 的控制区间。

从上述对线性模型的分析中，可以发现需要解决的基本问题如下：①要估计回归系数及误差方差；②要检验每一个（或者几个）自变量的效应（等价于对偏回归系数是否显著不为零的检验），即如何选择自变量，也称为变量的选择问题；③要考察用自变量（也常被称为回归变量、预测变量、独立变量等）拟合应变量向量的能力；④要考察所用的线性模型的合理性问题，若不合理应该如何修改模型；⑤要考察当有共线性问题或者病态问题时参数估计问题。

2. 可线性化的一元非线性回归模型

对于一元非线性回归模型，可采用配曲线图的方法将其进行线性回归转化，具体步骤是：

（1）对两个变量 x 和 Y 作 n 次实验观察，得到序列 $(x_i, y_i), i = 1, 2, \cdots, n$，输出得到序列散点图；

（2）根据散点图特征，确定所需配曲线的具体类型（可以从双曲线、幂函数曲线、指数曲线、倒指数曲线、对数曲线、S 形曲线中选取）；

（3）代入 n 对实验数据值，求解得到每一类曲线的未知参数 a 和 b。采用的方法是通过变量代换把非线性回归化成线性回归的，即采用非线性回归线性化的方法。

一般在曲线拟合的回归问题中，可以假定自变量已知，而且是非随机变量，同时常规的监测条件下，不会出现大量的重复性观测，所以，人们常常先主观性地假定 $f(x)$ 的函数表达式，再去估计其中的参数。显然，最简单的函数表达式是线性形式，其他非线性形式常常可以利用各种方法进行线性化转换。

3. 多元线性回归模型

1）多元线性回归模型定义

一般情况下，若自变量 X 和因变量 Y 之间满足式（4.23）：

$$\begin{cases} \boldsymbol{Y} = \boldsymbol{X\beta} + \boldsymbol{\varepsilon} \\ E(\boldsymbol{\varepsilon}) = 0, \mathrm{COV}(\boldsymbol{\varepsilon}, \boldsymbol{\varepsilon}) = \sigma^2 I_n \end{cases} \tag{4.23}$$

式中，$E(\boldsymbol{\varepsilon})$ 为随机误差期望；$\mathrm{COV}(\boldsymbol{\varepsilon}, \boldsymbol{\varepsilon})$ 为随机误差协方差；$\boldsymbol{\varepsilon}$ 为随机误差。

则称为高斯-马尔可夫线性模型（k 元线性回归模型），还可以简记为 $(\boldsymbol{Y}, \boldsymbol{X\beta}, \sigma^2 I_n)$。其中，

$$\boldsymbol{Y} = \begin{bmatrix} y_1 \\ \vdots \\ y_n \end{bmatrix}, \boldsymbol{X} = \begin{bmatrix} 1 & x_{11} & x_{12} & \cdots & x_{1k} \\ 1 & x_{21} & x_{22} & \cdots & x_{2k} \\ \vdots & \vdots & \vdots & & \vdots \\ 1 & x_{n1} & x_{n2} & \cdots & x_{nk} \end{bmatrix}, \boldsymbol{\beta} = \begin{bmatrix} \beta_0 \\ \beta_1 \\ \vdots \\ \beta_k \end{bmatrix}, \boldsymbol{\varepsilon} = \begin{bmatrix} \varepsilon_1 \\ \varepsilon_2 \\ \vdots \\ \varepsilon_n \end{bmatrix} \tag{4.24}$$

在运用多元线性模型 $(\boldsymbol{Y}, \boldsymbol{X\beta}, \sigma^2 I_n)$ 进行分析时，需要考虑的主要问题有：

（1）用试验值（样本值）对未知参数 β 和 σ^2 作点估计和假设检验，从而建立 y 与 $x_1, x_2, \cdots, x_k$ 之间的数量关系；

（2）在 $x_1 = x_{01}, x_2 = x_{02}, \cdots, x_k = x_{0k}$ 处，对 y 的值作预测与控制，即对 y 做区间估计。

2）模型参数估计

（1）对 β_i 和 σ^2 作估计。

用最小二乘法求 $\beta_0, \cdots, \beta_k$ 的估计量。作离差平方和：

$$Q = \sum_{i=1}^n \left(y_i - \beta_0 - \beta_1 x_{i1} - \cdots - \beta_k x_{ik} \right)^2 \tag{4.25}$$

选择 $\beta_0, \cdots, \beta_k$ 使 Q 达到最小。解得估计值 $\hat{\beta} = \left(\boldsymbol{X}^{\mathrm{T}} \boldsymbol{X} \right)^{-1} \left(\boldsymbol{X}^{\mathrm{T}} \boldsymbol{Y} \right)$。得到的 $\hat{\beta}_i$ 代入回归平面方程得

$$y = \hat{\beta}_0 + \hat{\beta}_1 x_1 + \cdots + \hat{\beta}_k x_k \tag{4.26}$$

称为经验回归平面方程，$\hat{\beta}_i$ 为经验回归系数。

注意：$\hat{\beta}$ 服从 $p+1$ 维正态分布，且为 β 的无偏估计，协方差阵为 $\sigma^2 \boldsymbol{C}$。

$$\boldsymbol{C} = \boldsymbol{L} - 1 = (c_{ij}), \quad \boldsymbol{L} = \boldsymbol{X'X}$$

（2）多项式回归。

设变量 x，Y 的回归模型为

$$Y = \beta_0 + \beta_1 x + \beta_2 x^2 + \cdots + \beta_p x^p + \varepsilon \tag{4.27}$$

式中，p 为已知的；$\beta_i (i = 1, 2, \cdots, p)$ 为未知参数；ε 服从正态分布 $N(0, \sigma^2)$。

$$Y = \beta_0 + \beta_1 x + \beta_2 x^2 + \cdots + \beta_k x^k \tag{4.28}$$

式（4.28）称为回归多项式，回归模型称为多项式回归。

如果令 $x_i = x^i$，$i = 1, 2, \cdots, k$，则此时多项式回归模型变为多元线性回归模型。

3）多元线性回归中的检验与预测

（1）线性模型和回归系数的检验。

假设 $H_0 : \beta_0 = \beta_1 = \cdots = \beta_k = 0$

a. F 检验法：

$$当 H_0 成立时，\quad F = \frac{U / k}{Q_e / (n - k - 1)} \sim F(k, n - k - 1) \tag{4.29}$$

如果 $F > F_{1-\alpha}$ $(k, n - k - 1)$，则拒绝 H_0，认为 Y 与 $x_1, \cdots, x_k$ 之间显著地有线性关系；否则就接受 H_0，认为 Y 与 $x_1, \cdots, x_k$ 之间的线性关系不显著。

其中，$U = \sum_{i=1}^{n} (\hat{y}_i - \bar{y})^2$（回归平方和）；$Q_e = \sum_{i=1}^{n} (y_i - \hat{y}_i)^2$（残差平方和）。

b. r 检验法：

定义 $r = \sqrt{\dfrac{U}{L_{yy}}} = \sqrt{\dfrac{U}{U + Q_e}}$ 为 Y 与 $x_1, x_2, \cdots, x_k$ 之间的多元相关系数，或者称为复相关系数。

由于 $F = \dfrac{n - k - 1}{k} \dfrac{r^2}{1 - r^2}$，因此使用 F 检验和 r 检验，其结果是等效的。

（2）预测。

a. 点预测：

求出回归方程 $\hat{y} = \hat{\beta}_0 + \hat{\beta}_1 x_1 + \cdots + \hat{\beta}_k x_k$，对于给定自变量的值 $x_1^*, \cdots, x_k^*$，用 $\hat{y}^* = \hat{\beta}_0 + \hat{\beta}_1 x_1^* + \cdots + \hat{\beta}_k x_k^*$ 来预测 $y^* = \beta_0 + \beta_1 x_1^* + \cdots + \beta_k x_k^* + \varepsilon$，称 $\hat{y}''$ 为 y'' 的点预测。

b. 区间预测：

y 的 $1-\alpha$ 的预测区间（置信区间）为 $(\hat{y}_1, \hat{y}_2)$，其中，

$$\begin{cases} \hat{y}_1 = \hat{y} - \hat{\sigma}_e \sqrt{1 + \sum_{i=0}^{k} \sum_{j=0}^{k} c_{ij} x_i x_j} \; t_{1-\alpha/2}(n - k - 1) \\ \hat{y}_2 = \hat{y} + \hat{\sigma}_e \sqrt{1 + \sum_{i=0}^{k} \sum_{j=0}^{k} c_{ij} x_i x_j} \; t_{1-\alpha/2}(n - k - 1) \end{cases} \tag{4.30}$$

注意：并不是所有的自变量单独对因变量都有显著性影响，当最大显著性值大于 0.05 时，取显著性水平 a=0.05，反而通不过显著性检验。

尽管回归方程通过了显著性检验，但也会出现某些单个自变量最大的显著性值大于 0.05，而对因变量并不显著的情况。

由于某些自变量本身表现出不显著特征，因而在多元回归中并不是包含在回归方程中的自变量越多越好。

4. 多元非线性回归模型

针对多元非线性回归模型，一般取出数据序列样本，首先判定其是否是线性关系：若是，则使用多元线性模型求解；否则继续判定影响因子之间是线性还是非线性关系。若参数关系是线性的，则选择多元非线性回归模型直接代换方法对模型线性化转换，若参数关系是非线性的，则需进行间接代换进行转换。对不能进行线性转换的非线性回归模型则只能用泰勒级数展开式进行逐次的线性近似估计处理，或者通过高斯-牛顿迭代法计算回归系数，避免出现系数估计的失准。

4.3.3 基于逐步回归分析的多源监测数据融合

1. 逐步回归分析法

回归分析法是在大量实验观测数据的基础上，找出监测变量之间的内部相关性，从而定量建立自变量和因变量之间统计关系的数学表达式。在各种实际工程的应用中，由于以往滑坡监测现场提取的资料仅仅是时间-位移资料，因此在回归方程中通常只考虑时间变量对位移的影响。已有的相关文献多集中讨论基于一元回归方程进行多项式回归的预测模型。本书针对多源异构滑坡监测数据，建立多源异构自变量与位移因变量之间的关系模型，统计得到位移与其他影响滑坡的因子之间的数学表达式，最终定量化地预测滑坡位移变化趋势。

逐步回归分析的实施过程是每一步都对已引入回归方程的变量计算其偏回归平方和（简称贡献值），然后选一个偏回归平方和最小的变量，在预先给定的水平下进行显著性检验，如果显著则该变量不必从回归方程中剔除，这时方程中其他的几个变量也都不需要剔除（因为其他几个变量的偏回归平方和都大于最小的一个，故更不需要剔除）。相反，如果不显著，则要剔除该变量，然后按偏回归平方和由小到大依次对方程中其他变量进行 F 检验。将对 y 影响不显著的变量全部剔除，保留显著的。再对未引入回归方程中的变量分别计算其偏回归平方和，并选其中偏回归平方和最大的一个变量，同样在给定 F 水平下作显著性检验，如果显著则将该变量引入回归方程，这一过程一直继续下去，直到在回归方程中的变量都不能剔除而又无新变量可以引入时为止，此时逐步回归过程结束。

逐步回归分析法的步骤是：

（1）从一个自变量开始，视自变量 Y 作用的显著程度，从大到小依次逐个引入回归方程。

（2）当引入的自变量由于后面变量的引入而变得不显著时，要将其剔除掉。

（3）引入一个自变量或从回归方程中剔除一个自变量，为逐步回归的一步。

（4）对于每一步都要进行 Y 值检验，以确保每次引入新的显著性变量前回归方程中只包含对 Y 作用显著的变量。

（5）这个过程反复进行，直至既无不显著的变量从回归方程中剔除，又无显著变量可引入回归方程时为止。

在滑坡变形预测等实际工程问题中，研究者尝试从对位移因变量 y 有影响的诸多外部影响因子中选择一些变量作为自变量，应用多元回归分析的方法建立"最优"回归方程以便对位移因变量进行预报或控制。

下面通过实际监测数据样本，运用逐步回归分析方法寻找"最优"回归方程，实现多源异构数据之间融合处理，以达到滑坡预测所需的预测精度。

2. 多源异构数据融合处理步骤

抽取滑坡区域内某一期次的多源异构监测数据，将降雨量、库区上游库水位、大地环境气温作为自变量因子，将裂缝计实时监测获取的位移作为因变量，对上述多源异构数据序列采用逐步回归分析方法进行信息融合处理。部分数据序列如表 4.6 所示（注：首先按第 3 章中给出的方法对原始数据进行预处理操作，将各个序列变换为等间隔时间序列）。

表 4.6　多因子数据列表

序号	裂缝计位移 Y_2/mm	库水位 X_1/mm	降雨量 X_2/mm	日均气温 X_3/℃
1	0.141925143	173.91	4.9	14.5
2	0.144074251	174.2	0.1	16
3	0.14622336	174.11	2.3	16.5
4	0.14934934	174.14	0.1	18
⋮	⋮	⋮	⋮	⋮
45	0.153339324	174.26	0	13.5

实验中使用 Matlab 工具进行数学计算，并对仿真后的结果进行分析。

（1）建立回归模型：

假设变量之间的数学模型公式如下：

$$y = \beta_0 + \beta_1 x_1 + \beta_2 x_2 + \beta_3 x_3 + \varepsilon \tag{4.31}$$

（2）输入表 4.6 中初始样本数据，进行回归分析计算，得到相关计算结果：

$b = 3.6027$

$b_{\text{int}} = -0.018127$

$r = 0.003401$

status $= -0.016482$

$$y = 3.6027 - 0.018127 \times x_1 - 0.003401 \times x_2 - 0.016482 \times x_3$$

其中，b 为回归系数，即 β 的估计值（第一个为常数项）；b_{int} 为回归系数的区间估计；r 为残差，r_{int} 为残差的置信区间；status 为用于检验回归模型的统计量，有四个数值，相关系数 r^2、F 值、与 F 对应的概率 p 和残差的方差（前两个越大越好，后两个越小越好）。

（3）对序列检查其中是否存在异常值，若有则剔除。

从残差图 4.12 可以看出，除了第 5、13 个数据外，其余数据的残差值距离零点较近，且残差的置信区间均包含零点，这说明回归模型的参数较好地符合原始数据，而第 5、13 个数据可视为异常点，从而可以剔除。

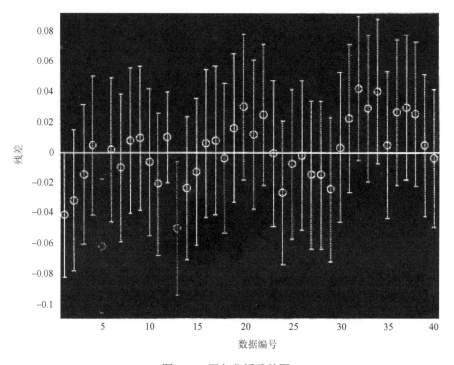

图 4.12　回归分析残差图

（4）逐步回归分析，分析显著性因子组成。从图 4.13 和图 4.14 中分析各个影响因子的添加和删除所形成的变化特征：相关系数越接近 1，说明回归方程越显著；F 越大，说明回归方程越显著；与 F 对应的概率 p 越小越好，当 $p < a$ 时拒绝 H。反之接受 H，此时回归模型可以成立。

剩余（残差）标准差（RMSE）越小越好（此处是残差的方差），在上述参数中相关系数 r^2 和 F 值越大越好，与 F 对应的概率 p 和残差的方差越小越好。

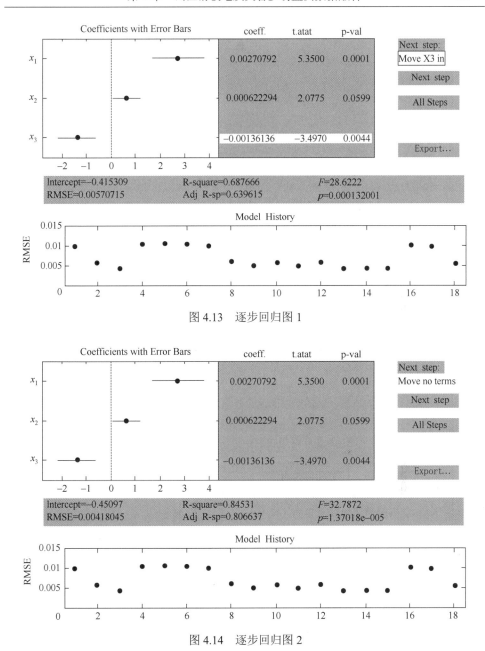

图 4.13　逐步回归图 1

图 4.14　逐步回归图 2

　　从图 4.13 和图 4.14 观察得出，变量 x_1 和 x_3 为主要的影响因素。

　　移去非关键变量 x 后回归模型具有显著性。剩余标准差（RMSE）等都有了变化，统计量 F 值明显增大，因此新的回归模型更好，替代后得到最优模型（图 4.15 和图 4.16）。

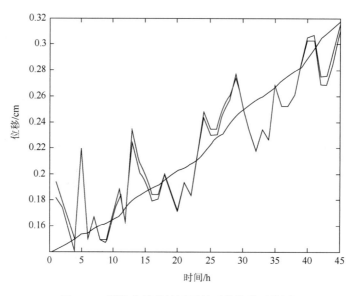

图 4.15　消除非显著性因子前后的位移对比图

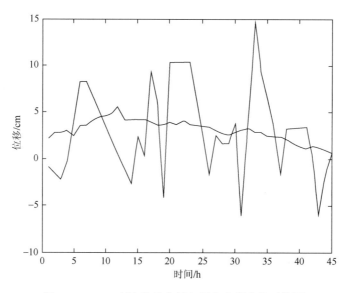

图 4.16　GPS 时间-位移曲线与回归方程曲线对比图

第 5 章　山区滑坡地质灾害多场协同预警

5.1　基于数据挖掘的滑坡多场信息关联规则与变形演化多场信息阈值研究

在监测元器件，数据采集、传输和存储技术高速发展的今天，滑坡监测数据呈现出爆炸性增长趋势。海量的监测数据以及多物理场监测数据之间错综复杂的关系，增加了滑坡监测数据分析的技术难度，传统定性化和简单定量化的数据处理方式通常不能满足需求。海量监测数据处理和应用需求对现有理论的挑战催生了深层次的数据巧掘。本章将经典数据挖掘算法引入滑坡多场监测数据处理中，提出了滑坡监测多场信息数据挖掘流程。提出的数据挖掘流程能够建立多场耦合作用模式下的外部诱发因素与滑坡变形关联规则，构建滑坡变形多场信息阈值判据。

5.1.1　滑坡监测数据常规处理

监测能够捕捉滑坡变形演化过程中的多场信息，为滑坡灾害的成因机制分析、变形演化过程判断、稳定性评价、预测预报和防治工程设计等提供必要的数据支持。按照监测内容，滑坡监测主要可以分为以下几种类型：宏观变形监测、位移监测、物理场监测和外部诱发因素监测。宏观变形监测的主要内容包括滑坡演化过程中的各种变形迹象，如地表裂缝等的监测。位移监测主要包括地面绝对和相对位移监测以及深部位移监测。物理场监测的主要内容包括坡体渗流监测、应力监测、应变监测和声发射监测等。坡体渗流监测是指对地下水位、孔隙水压力、土体含水量等内容展开监测。外部诱发因素监测是指对引起滑坡稳定性变化的外部扰动进行监测，主要内容有降水和库水位监测、地震监测、冻融监测和人类工程活动监测。

监测数据的常规处理方式主要有定性分析、简单定量分析、回归分析和时间序列分析等。监测数据的常规处理方法简单、易于实施，在现行的滑坡工程实例中得到了广泛应用。

监测数据的定性分析是指通过监测数据对比分析，定性确定滑坡变形演化同坡体结构、物质组成、外部诱发因素之间的关联。例如，通过滑坡位移同降水、库水位之间的对比分析，定性确定滑坡变形的主要诱发因素。

　　滑坡监测数据的简单定量分析是根据原始监测数据计算滑坡变形指标，如根据位移监测资料计算滑坡的变形速率、加速度、位移矢量角等指标。

　　回归分析法是指通过数理统计方法建立滑坡变形与外部诱发因素之间的多元线性回归模型。滑坡监测数据回归分析中通常选取外部诱发因素，如降水、库水位波动等作为自变量，滑坡变形作为因变量，通过逐步回归建立滑坡变形与外部诱发因素之间的函数模型。回归分析法能够分析滑坡变形与外部诱发因素之间的关系，并根据拟合模型对滑坡的变形做出预测。

　　时间序列分析是通过分析要素（一般是指滑坡位移）随时间变化历程，揭示其规律，并对要素未来状态进行分析和预测。时间序列分析中常用的模型有自回归[auto regressive，AR(P)]模型、移动平均[moving average，MA(q)]模型、自回归移动平均[auto-regressive and moving average，ARMA(p, q)]模型。常用的时间序列模型都是单变量，即时间-位移时序模型，并未能考虑外部诱发因素对滑坡位移的作用。

　　上述滑坡监测数据常规处理方式存在理论和应用上的不足：第一，回归分析和时间序列分析只能进行单一因子的提取和过程预测，而滑坡是一个复杂的开放系统，受到多因子的共同作用。第二，常规处理方法对海量的、错综复杂的数据的处理往往不能满足需求。随着监测仪器，数据采集、传输和存储技术的发展，滑坡监测数据呈现出爆炸性增长趋势，动辄以 TB 计，以巫山县地质灾害预警示范站为例，该监测站设立了钻孔测斜和时间域反射（TDR）技术的深部位移监测、GPS 地表位移监测、孔隙水压力监测等众多监测内容。截至 2006 年底，该示范站完成了 85000 次数据采集，获取了 2850000 个数据样本。庞大的数据样本和监测变量之间错综复杂的关系，增加了滑坡监测分析的技术难度。第三，从经济角度来说，花费了大量人力、财力和物力采集的海量监测数据，仅按照传统数据处理方法进行分析，这是一种无形的浪费。如果能够将这些冰冷的监测数据按照一定的规则，以一种更加生动、平常的、易于理解的语言展示出来，人们对监测数据的理解会更加深刻。

　　综上所述，从海量的监测数据中发掘数据背后深层次的隐含内容，提取有用的知识成为当务之急。数据挖掘技术就是顺应这种需求而发展起来的新兴数据处理技术。

5.1.2　数据挖掘基本概念与主要功能

　　海量的数值分析需求以及应用催生了"数据挖掘"这一新的研究领域。数据挖掘现已成为数据分析的主流方法，被广泛应用于客户关系管理、购物记录分析、银行引用评级等领域。下文将针对数据挖掘的概念、功能、在滑坡中的应用以及经典的数据挖掘算法展开论述。

1. 数据挖掘概念

1995 年，第一届"知识发现和数据挖掘"国际学术会议在加拿大蒙特利尔召开。随之，数据挖掘概念开始广泛流传，国内外众多学者和机构加入到数据挖掘的理论和应用研究中。数据挖掘技术现已广泛应用于金融、营销、电子政务、电信、工业生产、生物与医学等领域。

数据挖掘（data mining，DM）又被称为数据库知识发现（knowledge discovery in database，KDD），是提取隐含于数据仓库中有用信息、模式和规则的过程。数据仓库中的数据往往具有下特征：海量性、不完全性、包含噪声、模糊性、随机性等；而提取的信息具有新颖性和潜在有用性。

数据挖掘由以下步骤的迭代序列组成（图 5.1）：数据清理，数据集成，数据选择，数据变换，数据挖掘，模式评估，知识表达。

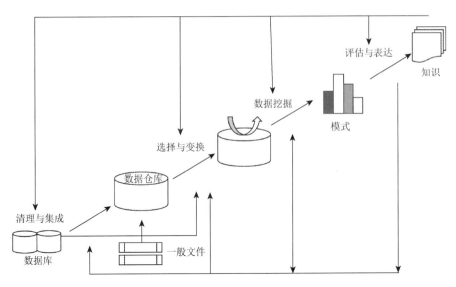

图 5.1　数据挖掘步骤

数据清理主要用于消除原始数据中的噪声。多种来源的数据组合在一起的过程称为数据集成。数据选择是指选择与分析任务相关的特定数据。数据变换是指通过汇总或聚类操作，把数据变换成特定形式，用于下一步的数据挖掘。数据挖掘是知识发现的基本步骤，是指采用数据挖掘算法，如关联规则、决策树算法等提取原始数据的隐含模式。根据特定的研究目的和兴趣，从挖掘的隐含模式中识别出研究目的相关的模式称为模式评估。知识表达是指将挖掘的模式以可视化和知识的形式表达。

数据挖掘具有以下特点：①数据挖掘是一个以数据为中心的，循序渐进的数据探索过程，而非一个单纯数据建模；②数据挖掘方法是应用各种分析方法的集合，常用的数据挖掘方法包括聚类分析、关联分析、决策树、支持向量机等；③数据挖掘具有分析海量数据的能力；④数据挖掘的最终目的是辅助决策，脱离实际的数据挖掘是没有意义的。

2. 数据挖掘的功能

数据挖掘的主要功能有关联分析、聚类、分类等。

关联分析：关联分析是指通过对数据的分析，挖掘一个数据集中各项之间的关系。关联规则通常采用 $X \Rightarrow Y$ 的形式，通过量化的数据指标描述 X 的出现对 Y 出现的影响。常用的关联分析算法有分层搜索经典算法——Apriori 算法。

聚类：聚类是将数据分割为相交和不相交群组的过程，简单地说，就是将相似的数据聚集成簇的过程。常用的聚类算法主要有 k 均值聚类、两步聚类和层次聚类法等。

分类：分类是指通过对过去和现在的数据学习，分析各数据之间的联系，获得一种能够正确区分数据组别的规律。简单地说，就是通过学习建立一种分类模型，且该模型能够对新数据所属的组别进行自动预测。常用的分类方法主要有决策树算法、神经网络、Logistics 回归和判别分析等。

3. 数据挖掘在滑坡中的应用

数据挖掘技术在滑坡工程中的应用相对匮乏。近些年，一些学者针对滑坡工程中的数据挖掘技术也做了一些有益的尝试。现阶段，数据挖掘在滑坡地质灾害领域应用主要集中在以下三个方面：基于数据挖掘（关联规则、决策树等）的滑坡稳定性、变形预测判据研究；基于数据挖掘的滑坡敏感性分析；基于数据挖掘的滑坡位移预测。

基于数据挖掘的滑坡稳定性、变形预测判据研究是指通过数据挖掘算法建立滑坡变形和稳定性同地质结构以及外部诱发因素之间的关联规则。马水山等（2004）基于关联规则挖掘的经典频集算法，挖掘了滑坡监测孔位移同地下水位、降水、库水位之间的关联性模型；刘小珊等（2014）基于关联规则 Apriori 算法，建立了滑坡演化阶段与滑坡位移、累计加速度之间的相关性判据；牛瑞卿和韩舸（2012）采用 k 均值聚类算法和关联规则 Apriori 算法，挖掘了三峡库区水库滑坡变形状况同地下水位、月降水、库水位变化波动关联判据。同类型的研究思路被应用于构建三峡库区老蛇窝滑坡、树坪滑坡、三门洞滑坡和白家包滑坡关联规则判据。以上研究主要针对单体滑坡变形和稳定性判据，同时部分学者针对区域滑坡的稳定性关联判据展开了研究。张治强等（2003）采用关联规则 Apriori 算法，建立了岩质斜坡稳定性同地形（坡高、坡脚等）、岩体（结构特征、结构面发育程度和地下水情况等）和外在影响因素（植被覆盖率、坡脚开挖等）之间的稳定性预测的智能模型；宋金龙（2012）采用数据挖掘技术建立了强震区公路岩质斜坡评价模型。

基于数据挖掘的滑坡敏感性分析是指通过对数据的学习分析，挖掘数据中的行为模式，生成滑坡灾害同地层结构、岩土体特性等因素之间的规则，利用所生成的规则进行滑坡敏感性制图。常用的数据挖掘方法有支持向量机、神经网络、内核逻辑回归、Logistic 模型树、决策树。

基于数据挖掘的滑坡位移预测是指采用神经网络，支持向量机等数据挖掘算法对滑坡位移进行预测。

从以上文献的总结和回顾可以看出，现有滑坡数据挖掘研究中，较多地集中于滑坡敏感性制图方面，鲜有研究结合滑坡演化机理，针对滑坡变形演化多场信息展开数据挖掘。

5.1.3　经典数据挖掘算法

1. 关联规则——Apriori 算法

众多的数据挖掘算法中，关联规则——Apriori 算法是较为活跃的算法之一。关联规则算法由 Agrawal 等（1993）于 1993 年首次提出，主要用于研究顾客购买商品之间的关联关系，简单地说，就是寻找出顾客经常同时购买的商品。挖掘出的关联规则可以用于指导商场的物品摆放，增加商品销售量。后期，众多学者将该算法扩展到众多领域，如事故记录和医疗记录等，用于挖掘项目之间的因果关系。

1）关联规则定义

设 $I = \{i_1, i_2, \cdots, i_{\text{itemNo}}\}$ 为所有项目的集合，其中的元素 i 称为项（item）。事务（transaction）T 是项的集合 $T \subseteq I$，记 D 为事务 T 的集合。每一个事务具有唯一的事务标识 TID。设 X 是项目 I 中项的 i 的集合，如果 $X \subseteq T$，则事务 T 包括 X。

关联规则采用形如 $X \Rightarrow Y$ 的表达形式，这里 $X, Y \subseteq T$，且 $\varnothing$。其中，X、Y 称为规则的前项、后项。关联规则 $X \Rightarrow Y$ 表示项目集 X 的出现项目 $X \bigcap Y = \varnothing$ 集 Y 出现的影响。

2）关联规则的有效性和实用性

样本数据能够产生众多的关联规则，并非所有的关联规则都是有意义的，产生的众多关联规则中有些规则适用范围较为有限，有些规则不能令人信服。因此，需要从众多的规则中筛选出有效的规则。关联规则的有效性和实用性的评价指标主要有置信度、关联度和提升度。

关联规则有效性的评价指标主要有规则支持度和提升度。规则支持度（support，记为 S）表征关联规则的普遍性，表示项目 X 和项目集 Y 同时出现的概率，定义为

$$S_{X \to Y} = \frac{|T(X \cup Y)|}{|T|} \tag{5.1}$$

规则置信度（confidence，记为 C）为表征关联规则准确度的指标，描述了包括项目 X 的事务中同时也包括 Y 的概率，该指标反映了 X 出现的条件下 Y 出现的可能性，定义为

$$C_{X \to Y} = \frac{|T(X \cup Y)|}{|T(X)|} \tag{5.2}$$

规则置信度和提升度主要用于衡量关联规则的有效性，但是并不能对关联规则的实用性和实际意义进行评价，因此需要引入关联规则实用性的评价指标。

规则提升度（lift，记为 L）是常用的关联规则实用性的评价指标，是置信度与后项支持度的比，规则提升度反映了项目 X 出现对项目 Y 出现的影响程度，一般大于 1 才有意义，意味着 X 的出现对 Y 的出现具有促进作用。规则提升度定义为

$$L_{N \to Y} = \frac{T(X \cup Y)}{T(X)} \Big/ \frac{T(Y)}{|T|} \tag{5.3}$$

式中，$|T(X \cup Y)|$ 为事务集 T 中项目 X 和项目 Y 同时出现的事务数；$|T(X)|$ 和 $|T(Y)|$ 分别为事务集 T 中项目 X 和项目 Y 出现的事务数；$|T|$ 为事务集 T 的总事务数。

一个理想的关联规则应该具有较高的支持度和置信度，且该规则的提升度应该大于 1。关联规则挖掘的目的就是从众多的规则中筛选出满足一定支持度和置信度的规则，通常需要人为设定一个最小的支持度和置信度标准。该支持度和置信度标准称为最小支持度（minsupp）和最小置信度（minconf），又称之为支持度和置信度阈值。

3）频繁项集挖掘算法——Apriori 算法

Apriori 算法最早由 Agrawal 提出，现已成为关联规则挖掘的核心算法。需要指出的是，该算法只能处理分类型变量，无法处理数值型变量。该算法主要包括两步：①产生满足最小支持度的频繁项目集；②在第一步产生的频繁项目集中产生满足最小可信度的关联规则。

频繁项目集是指包含项目 a 的项集 T，如果其支持度大于或等于用户指定的支持度阈值，即

$$\frac{|T(a)|}{|T|} \geqslant \text{minsupp} \tag{5.4}$$

则称 a 为频繁项目集。包含 1 个项目又称长度为 1 的项目称之为频繁 1 项目集，记为 L_1。图 5.2 底层 a、b、c、d 满足最小支持度时则可以称为频繁 1 项目集。包含 k 个项目的频繁项目集称为频繁 k 项目集，记为 L_k。图 5.2 上层的项目集 ab、abc、$abcd$ 满足最小支持度时均为频繁 k 项目集。

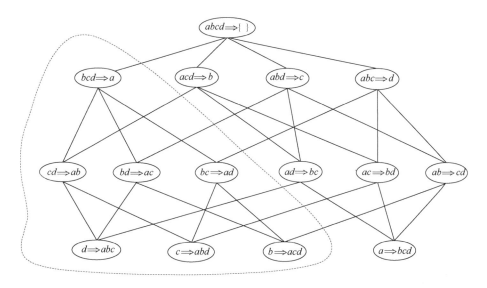

图 5.2　Apriori 算法示意图

Apriori 算法采用逐层搜索的迭代方法产生频繁项目集，即采用频繁（k+1）项目集。算法实现过程详见图 5.2，首先，搜索出长度为 1 的频繁项目集，L_1 用于产生长度为 2 的频繁项目集 L_2，而 L_2 又用于产生长度为 3 的频繁项目集 L_3，如此循环，搜索所有的频繁项目集。

从频繁项目集中产生简单的关联规则，选择置信度大于置信度阈值的关联规则，组成有效规则集合。对每个频繁项目集 L，计算 L 所有非空子集 L' 的置信度，如果 $C_{L \rightarrow (L-L')}$ 大于用户指定的置信度阈值，即

$$C_{L \rightarrow (L-L')} = \frac{|T(L)|}{|T(L')|} \geqslant \text{minconf} \qquad (5.5)$$

则生成关联规则 $L' \Rightarrow (L - L')$。

如前文所述，Apriori 算法只能处理分类型变量，无法处理数值型变量。而滑坡的多场监测信息往往为数值型，Apriori 算法无法直接对滑坡多场信息进行数据挖掘，算法实施之前需要对数据进行必要的离散化处理。

滑坡的多场信息数据通常由描述位移、土压力的数值型变量和描述雨量大小、裂缝类型的分类型变量组成。因此，所选择的离散化分类方法应满足同时处理数

值型变量和数值型变量的要求。常用的数据离散化处理方法——两步聚类法能够满足同时处理数值型变量和离散型变量的要求，后文将详细论述。

2. 聚类分析——两步聚类法

1）聚类分析原理

聚类分析是指根据"物以类聚"的原理，按照一定的准则（通常采用聚类准则）将事务聚集成类，使不同类之间的对象差别尽可能大，相同类之间的相似性尽可能大。简单地说，聚类的结果使得同一类别的数据尽可能聚集在一起。聚类算法属于无先验知识算法，即在没有事先指定分组标准的前提下，根据数据的相似性和差异性，按照数据的亲疏程度进行自动分组。常用的聚类算法有 A 均值聚类、两步聚类法和 Kohonen 网络聚类等算法。此处主要介绍两步聚类算法。

2）两步聚类法

众多的聚类算法中，两步聚类法应用较为广泛。该算法是 Chiu 等于 2001 年在传统利用层次方法的平衡迭代规约和聚类（balanced lterative and clustering using hierachies，BIRCH）算法的基础上提出的一种改进型算法。该算法能够处理大规模的数据，有效地克服了 K 均值聚类算法的缺点。两步聚类算法的主要特点有：①既能够处理数值型变量，又能够处理分类型变量；②能够根据一定的准则自动确定聚类数目；③能够诊断样本中的离群点和噪声数据。

两步聚类法通过预聚类（pre-clustering）和聚类（clustering）两个子步骤实现数据的聚类过程，其聚类过程详见图 5.3。

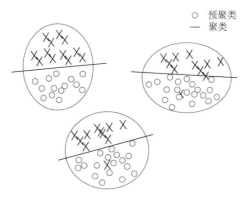

图 5.3　两步聚类法示意图

预聚类采用"贯序"方式将样本粗略划分成若干子类。开始阶段样本所有数据被视为一个大类，读入一个样本数据之后，根据"亲疏程度"决定读入的样本数据是合并入已有子类中，还是派生出一个新类。此步骤反复进行，最终样本数据被划分成一个类。可见，预聚类过程中聚类的数目不断增加。聚类在预聚类的基础上，同样根据样本的"亲疏程度"判断预聚类中产生的子类能否合并，最终样本数据被划分成一类。聚类过程中，聚类的数目不断减少。

两步聚类算法中涉及两方面的内容：①样本数据之间亲疏程度的判断；②预聚类和聚类的具体实现方式。

与传统聚类算法类似，两步聚类法同样采用距离测度样本或者类之间"亲疏程度"，根据样本之间的距离标准确定类的派生和合并。对于数值型变量，通常采用欧氏距离，如果样本数据既包含数值型变量，又包括分类型变量，则采用对数似然（log-likelihood 距离）。

对数似然距离定义如下：设有 K 个聚类变量 $x_1, x_2, \cdots, x_k$，其中，包括 K_A 个数值型聚类变量和 K_B 个分类型聚类变量，且数值型变量满足正态分布，离散型变量服从联合正态分布。若聚成 j 类，对数似然函数定义为

$$I = \sum_{j=1}^{J} \sum_{i \in I_j} \log p\left(X_i \mid \boldsymbol{\theta}_j\right) = \sum_{j=1}^{J} I_j \tag{5.6}$$

式中，p 为似然函数；I_j 为第 j 类的样本集合；$\boldsymbol{\theta}_j$ 为第 j 类的参数向量。针对全部样本，其对数似然聚类是各类对数似然聚类之和。同理，针对一个由 M 个子类组成的子类，其对数似然距离等于 M 个子类的对数似然距离之和。

对于存在的第 i 类和第 j 类，两者合并后的类记为 $<i, j>$，则它们的距离定义为两类合并之前的对数似然聚类与合并后的对数似然距离的差，即

$$d(i, j) = \xi_i + \xi_j - \xi_{(i,j)} \tag{5.7}$$

其中，ξ 为对数似然函数的具体形式，定义为

$$\xi_v = -N_v \left(\sum_{k=1}^{K_A} \frac{1}{2} \log\left(\hat{\sigma}_k^2 + \hat{\sigma}_{vk}^2\right) + \sum_{k=1}^{K_B} \hat{E}_{vk} \right) \tag{5.8}$$

其中，

$$\hat{E}_{vk} = -\sum_{i=1}^{L_k} \frac{N_{vkl}}{N_v} \log \frac{N_{vkl}}{N_v}$$

式中，K_A 为数值型变量的个数；K_B 为分类型变量的个数；$\hat{\sigma}_k^2$ 和 $\hat{\sigma}_{vk}^2$ 分别为第 k 个数值型变量的总方差和在第 v 类中的方差；N_v 和 N_{vkl} 分别为第 v 类的样本量和在第 v 类中第 k 个分类型变量取第 l 个类别的样本量；L_k 为第 k 个分类型变量的类别。

当第 i 类和第 j 类合并后，$\xi(i, j)$ 小于 $\xi_i + \xi_j$，因此，$d(i, j)$ 大于 0。$d(i, j)$ 越小，第 i 类和第 j 类合并越不会引起类内部的差异性显著增加。当 $d(i, j)$ 小于阈值 C 时，第 i 类和第 j 类可合并；当 $d(i, j)$ 大于阈值 C 时，说明合并将会引起聚类簇内部的差异性显著增加，第 i 类和第 y 类不能合并。

阈值 C 的定义为

$$C = \prod_k R_k \prod_m L_m \qquad (5.9)$$

其中,

$$C = \log(V)$$

式中, R_k 为第 k 个数值型变量的取值范围; L_m 为第 m 个分类型变量样本量。

3. 决策树——C5.0 算法

1) 决策树

决策树分类模型建立分为下两个步骤（图 5.4）：①决策树模型训练阶段，根据指定的训练数据集，找到合适的决策树模型。②决策树模型预测，使用训练的决策树模型，对数据集中的每一类数据进行描述，形成分类规则，进而对未知类别数据集进行预测。

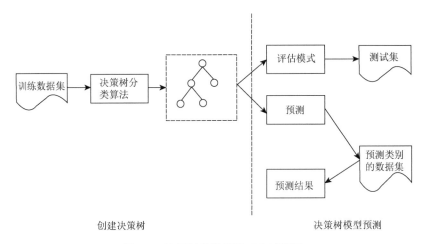

图 5.4　决策树分类模型工作过程图

决策树算法的目的是通过数据学习，获得输入变量和输出变量不同取值下的数据分类和预测规律，并用于对新数据对象的分类取值。决策树得名于其分析结论的展示方式类似于一棵倒置的树，如图 5.5 所示。决策树以树状结构的形式，可将到达每个叶节点的路径转化为 if→ then 形式的规则，易于理解。图 5.5 中，最顶端节点称为根节点，最低端节点称为叶节点，中间节点称为内部节点，位于同一层的节点称为兄弟节点。决策树的根节点是所有数据样本中信息量最大的，叶节点是样本数据的类别值。决策树的几何意义如下：每一个训练样本可看成 n 维（n 个输入变量）空间上的一个点，决策树的每个分枝在一定规则下完成对 n 维空间的区域划分。

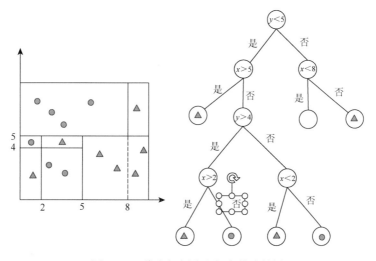

图 5.5　二维空间划分和相应的决策树

2）决策树生长

决策树生长的本质是对输入训练样本的反复分组过程。决策树生长过程如图 5.6 所示。根据一定的根节点分枝准则长出第一层枝；在某枝中重新确定分枝准则，长出下一层枝；重复上述决策树的分枝准则和枝节点的生长过程；当某组数

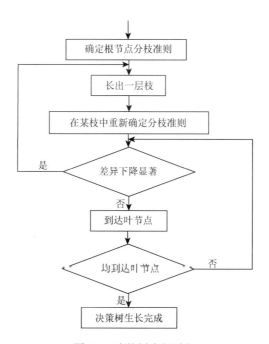

图 5.6　决策树生长过程

据的分组不再有意义时，对应的分枝便不再生长；当所有数据组的继续分组不再有意义时，决策树生长完成。图 5.6 中差异下降显著是指分组样本中输出变量取值的差异性随着决策树的生长而显著减少。有效的决策树分组应当是枝中样本的输出变量取值尽快趋同，差异迅速下降。图 5.6 中不同的决策树算法采用不同的分枝准则，常用的分枝准则有信息增益率（gain ratio）、基尼指数（Gini index）、距离度量（distance measure）等。后文将主要对本书采用的决策树 C5.0 算法展开描述。

3）决策树 C5.0 算法

决策树 C5.0 算法是在决策树 C4.5 算法的基础上发展起来的。决策树 C5.0 算法将信息增益率作为样本的分枝准则。该算法的具体实现过程如下：

设 T 为数据集，类别集合为 $\{C_1, C_2, \cdots, C_K\}$，选择一个属性 V 把数据集 T 划分为多个子集。设 V 有互不重合的 n 个取值 $\{V_1, V_2, \cdots, V_n\}$，则数据集 T 划分为 n 个子集 $T_1, T_2, \cdots, T_n$，这里 T_i 中的所有实例取值均为 V_i。

令 $|T|$ 为数据集 T 的例子数，$|T_i|$ 为 $V = V_i$ 的例子数，$\mathrm{freq}(C_j, T)$ 为 C_j 类的例子数，$|C_{jV}|$ 为 $V = V_i$ 中具有 C_j 类别的例子数，则有

$$\text{类别 } C_j \text{ 的发生概率：} \quad P(C_j) = \mathrm{freq}(C_j, T) / |T| \tag{5.10}$$

$$\text{属性 } V = V_i \text{ 的发生概率：} \quad P(V_i) = |T_i| / |T| \tag{5.11}$$

属性 $V = V_i$ 的例子中，具有类别 C_j 的条件概率：$P(C_j | V_i) = |C_{jV}| / |T|$

类别的信息熵为

$$\mathrm{Entropy}(T) = -\sum_{j=1}^{k} \frac{\mathrm{freq}(C_j, T)}{|T|} \times \log_2 \frac{\mathrm{freq}(C_j, T)}{|T|} \tag{5.12}$$

按照属性 V 把数据集 T 分割，分割后的类别条件熵定义为

$$\mathrm{Entropy}_V(T) = \sum_{i=1}^{n} \frac{|T_i|}{|T|} \times \mathrm{Info}(T_i) \tag{5.13}$$

信息增益定义为

$$\mathrm{gain}(V) = \mathrm{Entropy}(T) - \mathrm{Entropy}_V(T) \tag{5.14}$$

信息增益率定义为

$$\mathrm{gain\,ratio}(V) = \frac{\mathrm{gain}(V)}{\mathrm{split\,info}(V)} \tag{5.15}$$

式中，

$$\mathrm{split\,info}(V) = -\sum_{i=1}^{n} \frac{|T_i|}{|T|} \times \log_2 \left(\frac{|T_i|}{|T|} \right) \tag{5.16}$$

决策树 C5.0 算法采用最大信息增益率作为属性选择和样本分枝准则，相对于经典决策树算法 ID3 采用的信息增益分枝准则，信息增益率不仅可以考虑信息增

益的大小程度，还兼顾考虑为了获得信息增益所付出的"代价"。当输入变量 V 有较多的分类值时，它的信息熵会偏大，而信息增益率会因此降低，进而消除类别数目所带来的影响。

5.1.4　滑坡多场信息时序关联规则与变形演化多场信息阈值研究

滑坡多场信息物理量包括坡面位移、深部位移、温度、位移、土压力、孔隙水压力、降水、库水位等，且各信息场的演化规律具有内在关联性，主控因素的变化引发滑坡多场信息的互响应。以三峡库区水库滑坡为例，受降水和库水位波动的周期性作用，众多的滑坡变形也往往呈现出周期性，位移-时间曲线在形态上表现出台阶状。结果显示：49%的滑坡发生于水库蓄水初期，30%发生于水位骤降（10～20m）期间。日本水库滑坡的统计资料显示：约 60%的滑坡发生于水位骤降期间，剩余的 40%发生于水位上升期间。以上实例都表明：外部主控因素的变化会引起滑坡多场信息的互响应。现有的滑坡预警与防治多依据某一时段的位移-时间曲线，或者某一特征参量，如位移矢量角等，在理论和应用上有明显的缺陷：忽视了滑坡演化过程中的多场演化特征及外部主控因素与滑坡变化演化之间的关联判据。而关联规则就是顺应分析样本之间关联而发展起来的数据处理技术。关联规则算法能够发掘数据样本之间的关联规则，挖掘的关联规则能够提供数据集之间的因果关系，已经成功应用于职业事故和医疗记录分析等领域。

为了建立滑坡变形演化多场信息关联规则，本书将数据挖掘算法引入滑坡监测数据处理中，提出了滑坡多场信息时序关联判据的数据挖掘流程。该数据处理流程主要由数据采集、数据预处理、多场信息定性化和多级关联规则挖掘过程四步组成（图 5.7）。

（1）数据采集。数据采集是指利用野外布设的监测仪器，采集滑坡的外部扰动荷载和滑坡的变形响应。外部扰动荷载主要是指降水、库水位、地震等引起滑坡变形的外部因素。滑坡的变形响应是指滑坡的位移、土压力等随外部扰动荷载的响应特征。本书所选取的外部扰动荷载参数主要降雨和库水位指标。

（2）数据预处理。数据预处理在数据挖掘流程中至关重要。统计资料显示：在一个完整的数据挖掘流程中，数据预处理需要花费约 60%的时间。海量的原始数据存在着大量杂乱的、重复的、不完整的数据，严重影响数据挖掘算法的运行效率，甚至可能导致数据挖掘结果的偏差。因此，在数据挖掘算法执行之前，必须对收集到的原始数据进行预处理，舍弃一些与挖掘目标不相关的属性，为数据挖掘算法提供干净、准确、更有针对性的数据，减少挖掘算法的数据处理量，改进数据的质量，提高挖掘效率。

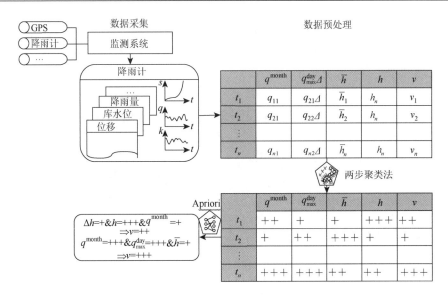

图 5.7　滑坡多维信息时序关联判据数据挖掘流程图

　　数据预处理主要包括数据清理、数据集成等。数据清理是指去除源数据集中的噪声数据和无关数据，处理遗漏数据和清洗"脏"数据、空缺值，识别删除孤立点等。噪声是一个测量变量中的随机错误或偏差，包括错误的值或偏离期望的孤立点值。噪声数据的处理方式通常有分箱法、聚类法识别以及回归法等。针对空缺值目前最常用的方法是使用最可能的值，如采用属性的平均值填充。

　　（3）多场信息定性化。关联规则挖掘算法能处理分类型变量，无法处理数值型变量，因此，需要将数值型的监测数据转化为分类型的变量。处理数值类型变量的基本方法有：第一，使用预定义的概念分层对量化属性离散化。例如，24h降水量数据可依据气象学上离散如下：50～99.9mm 离散为暴雨类型，100～250mm离散为大暴雨类型，250mm 以上离散为特大暴雨类型。第二，依据数据的分布特征，采用一定的数据挖掘算法，将数值类型离散化到"箱"。

　　本书采用两步聚类算法将数值型变量转化为分类型变量。根据聚类簇中心的高、中、低程度，分别赋以相应的类型值。聚类的数目可以人为指定，也可以由两步聚类法自动确定。聚类算法的自动确定过程如下：第一阶段粗略估计；第二阶段最终聚类数据确定。第一阶段中以贝叶斯信息准则（Bayesian information criterion，BIC）作为判定依据。设聚类数据为 J，则有

$$\text{BIC}(J) = -2\sum_{j=1}^{j}\xi_j + m_J \log(N) \qquad (5.17)$$

$$m_J = J\left(2K_A + \sum_{k=1}^{K_c}(L_k - 1)\right) \qquad (5.18)$$

判据第一项式（5.17）反映的是聚类簇内部差异性，判据第一项（5.18）是模型复杂程度的惩罚项，样本数据 J 越大，则该项值越大。合适聚类数据应该使得 BIC 取最小值。

当样本数据合并为一大类时，式（5.17）取最大值，式（5.18）取最小值。随着聚类数目的增加，判据中的第一项值减小，第二项增大，通常第二项的增大幅度小于第一项的减小幅度，因此总体上判据 BIC 是减小的。当第二项的增大幅度大于第一项的减小幅度时，BIC 总体上开始增大，而此时的样本数目 J 即为所求。聚类数目 J 可以通过 BIC 的变化率来确定，即

$$R_1(J) = \frac{d_{\text{BIC}(J)}}{d_{\text{BIC}(1)}} = \frac{\text{BIC}(J) - \text{BIC}(J+1)}{\text{BIC}(1)} \tag{5.19}$$

当 $d_{\text{BIC}(J)}$ 小于 0 时，聚类数目为 1；反之，$R(J)$ 取最小值时的 J 值，即粗略的聚类数目。第二阶段中，对第一阶段粗略估计的聚类数目 J 进行修正。具体修正算法如下：

$$R_2(J) = \frac{d_{\min}(C_J)}{d_{\min}(C_{J+1})} \tag{5.20}$$

式中，$R_2(J)$ 为聚类过程中类与类之间差异性最小值变化的相对指标。依次计算 $R_2(J-1)$、$R_2(J-2)$、$R_2(2)$ 的值，找到其中的最大值和次大值。当最大值为次大值的 1.5 倍时，则聚类数目取 J。反之，聚类数目由最大值对应的聚类数目和次大值对应的聚类数目中的较大者决定。

（4）多维关联规则挖掘过程，包括建立模型、评估模型及模型实施阶段。

建立模型：利用关联规则挖掘算法 Apriori 挖掘外部扰动荷载和滑坡变形之间的多维关联规则。指定外部扰动荷载——降雨和库水位波动为规则前项，滑坡变形为规则后项，生成滑坡变形特征与外界扰动——降雨和库水位波动之间的多维关联规则。

评估模型：Apriori 算法生成的关联规则是建立在频繁项目集的基础上的，因此保证了所生成的关联规则支持度满足支持度阈值水平，生成的关联规则具有一定的适用性。考虑置信度和提升度的限制，生成的关联规则是有效的。同时还应结合滑坡研究领域的相关专业知识对生成的关联规则做进一步考察。

模型实施：滑坡变形同外部诱发因素之间的关联规则，揭示了滑坡变形同外部诱发因素（如降雨、库水位波动等）之间的匹配性、协调性等。

现有的滑坡阈值研究中，以降雨型滑坡阈值研究较为成熟。降雨型滑坡阈值分为物理性降雨阈值和经验阈值两种。物理性降雨阈值研究从降雨入渗、水文条件和滑坡失稳破坏机理入手，推导出基于滑坡过程模型的物理性降雨阈值。而经验阈值研究从监测资料出发，采用统计学手段归纳出滑坡的降雨阈值。该降雨阈

值模型不需要严格的力学模型和假定，且监测数据客观易于获取，因而经验阈值模型应用较为广泛。

Caine 统计了 73 个降雨诱发的浅层滑坡，率先提出了针对世界范围内的降雨强度-历时阈值（*I-D*）。该降雨阈值经验模型可以表示为

$$I = c + \alpha \times D^{\beta} \tag{5.21}$$

式中，I 为诱发滑坡降雨时间的降雨强度，mm/h，短时降雨取峰值降雨强度，长时间降雨取平均降雨强度；D 为诱发滑坡的降雨时间历时，h；α 和 β 为统计参数；c 取值大于等于 0。

紧随 Caine 的开创性工作，众多学者投入到降雨滑坡经验阈值研究中，涌现了大量针对全球范围、局部区域的经验型降雨阈值模型。其中主要有累计降雨量-历时经验阈值模型（E-D）、累计降雨量-降雨强度经验阈值（E-I）和总降雨量阈值模型（R）。累计降雨量-历时经验阈值模型和累计降雨量-降雨强度经验阈值模型可以分别表示为

$$E = c + \alpha \times D^{\beta} \tag{5.22}$$

$$I = c + E \times I^{\beta} \tag{5.23}$$

式中，c、α、β 为统计参数；E 为累计降雨量；I 为降雨强度；D 为降雨历时时间。

表 5.1 汇总了国内外具有代表性的国家和地区的经验阈值模型。由表中降雨阈值模型可知：不同地区之间的模型具有较大的差异；模型同该地区的气象水文条件密切相关。

表 5.1　世界范围内降雨诱发滑坡经验阈值模型

类型	适用范围	经验阈值模型	取值条件
降雨强度-历时	世界范围	$I = 14.82 \times D^{-0.39}$	0.167<*D*<500
	世界范围	$I = 2.20 \times D^{-0.44}$	0.1<*D*<1000
	中国台湾	$I = 115.47 \times D^{-0.80}$	1<*D*<400
	波多黎各	$I = 91.46 \times D^{-0.82}$	2<*D*<312
	牙买加	$I = 53.531 \times D^{-0.502}$	1<*D*<120
	美国华盛顿州西雅图地区	$I = 82.73 \times D^{-1.83}$	20<*D*<55
	日本四国岛	$I = 1.35 + 55 \times D^{-1.00}$	24<*D*<300
	中国浙江宁海县	$I = 26.5939 \times D^{-0.545}$	1<*D*<48
累计降雨-历时	世界范围	$E = 14.82 \times D^{-0.61}$	0.167<*D*<500
	世界范围	$E = 4.93 \times D^{-0.504}$	0.1<*D*<100
	葡萄牙里斯本地区	$E = 70 + 0.2625 \times D$	0.1<*D*<2400
	意大利托斯卡纳地区	$E = 1.0711 + 0.1974 \times D$	1<*D*<30

续表

类型	适用范围	经验阈值模型	取值条件
降雨强度-累积雨量	日本四国岛	$I = 1000 \times E^{-1.23}$	$100 < E < 230$
	中国川北地区	$I_{24} = 235 - 0.96 \times E$	$0 < E$

　　在一次降雨事件中，当总降雨量强度达到某一阈值时，便会诱发滑坡。通过对降雨事件的统计，可以获得该总降雨量阈值。表 5.2 罗列了具有代表性的降雨量阈值。表中的降雨阈值显示：不同地区之间的降雨阈值普遍不同。

表 5.2　世界范围内降雨诱发降雨量判据　　　（单位：mm）

国家和地区	累计降雨量	降雨强度	
		日降雨量	时降雨量
美国	≥180	—	—
巴西	250~300	—	—
加拿大	≥250	—	—
中国香港	≥350	>100	>40
日本	≥150	—	≥20
中国四川盆地	—	≥200	>70
中国重庆地区	—	≥150	—
中国湖南省	—	>120	≥40
中国浙江非台风区域	≥150	>60	—
中国浙江台风区域	≥125	>90	—
中国福建省	80~110	50~80	—
中国陕西南部	—	50~75	—
中国鄂西地区	—	>100	—

　　表 5.1 和表 5.2 中罗列的经验阈值模型存在较大的局限。首先，以上经验阈值模型是对一个区域范围内滑坡的总结，适用于区域范围。当应用于某一个单体滑坡时，其预测精度往往较低。其次，以上经验模型统计的是滑坡失稳事件，较少有针对滑坡变形演化过程阈值的研究。最后，三峡库区水库滑坡往往受到降雨和库水位波动的作用，表 5.1 和表 5.2 中的经验模型中仅统计了降雨对滑坡稳定的影响，而并未包含库水位波动因子。针对以上降雨阈值经验模型存在的局限，本书采用数据挖掘算法对单体滑坡演化进程的阈值展开研究。数据挖掘流程主要包括

以下步骤：数据采集数据、数据预处理、变形演化定性化、决策树建立（图5.8）。

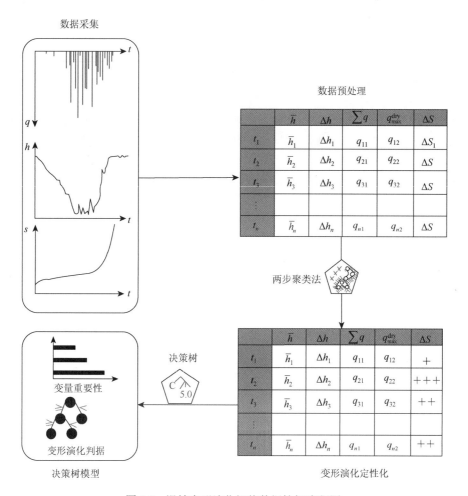

图 5.8 滑坡变形演化阈值数据挖掘流程图

（1）数据采集。数据采集是指利用野外布设的监测网，采集滑坡的外部扰动荷载和滑坡的响应。

滑坡体监测和数据采集的基本原则是：多种手段，综合监测。监测网的布设要求能形成点、线、面、体的三维立体监测网，监测采集滑坡主要变形方位、变形量、变形速度、变形发展趋势，监测滑坡宏观变形迹象，监测滑坡变形破坏主要诱发因素，及时提供预警预报的主要监测数据。根据滑坡发育特点、变形阶段及变形破坏特征，诱发因素监测的主要内容包括降雨、库水位、地震及人类工程活动等。滑坡的响应是指滑坡的位移、土压力等随外部扰动荷载的响应特征。在考虑地貌要素的前提下，监测点应布设在滑坡体变形破坏重点位置，如后缘陷落带、横向滑坡梁、纵向滑坡梁、滑坡平台、滑坡隆起带、次一级滑坡等。对滑坡稳定性起控制作用的关键块体应重点控制，适当增加监测点和监测手段。

变形观测周期设计需要反映变形过程，不能遗漏突变时刻。以三峡库区水库滑坡为例，雨季滑坡变形进入活跃期，需要适当增加监测次数。变形观测的首次测量应该适当增加观测次数，提高初始值的可靠性。

本书所选取的外部扰动荷载参数主要有降雨和库水位指标。

（2）数据预处理。数据预处理操作主要有数据重采样、消除噪声、异常值剔除、滤波以及缺失数据的处理等。为了提高数据挖掘模型的精度，通常需要对监测数据进行异常数据的定位和剔除、滤波消除噪声（随机误差）和建模数据的采集。滤波的目的是把有用的信号从噪声中提取出来。一般待分析的监测数据由确定信号和随机噪声组成，只有设法降低噪声成分，才能显现出确定信号并探讨其中的内在规律。常用的滤波方法有修匀法、傅里叶分析、中值滤波、卷积滤波等。

建模数据的采样包括采样监测的确定和监测数据等间隔化处理。由于各数据监测周期的差异，原始监测数据往往需要进行重采样处理。以常用的降雨数据、库水位监测数据和坡面位移监测数据为例，各基层气象单位往往具有以天为单位的详尽的降雨量数据，中国长江三峡集团公司也提供了以天为单位的三峡库区详尽的库水位监测数据。而坡面位移监测数据往往以周和月为监测周期。因此，通常需要将原始数据按照周或者月重采样。

（3）变形演化定性化。由前文决策树 C5.0 算法的基础知识可知：决策树建立时，输出项需要为类别变量。而滑坡监测数据往往为数值变量，因此，需要将数值型的坡面位移转化为类别变量。

本书中采用两步聚类算法将数值型的滑坡变量转化为类别变量。根据变形速率将各聚类簇分别赋值。

（4）决策树建立过程包括建立模型、评估模型以及模型实施阶段。

建立模型：设定滑坡变形演化状态为输出项，外部水文诱发因子为输入项，建立决策树模型。通常将样本数据分成训练样本和测试样本。通过训练样本的输入，反复训练决策树模型。通过测试样本对生成的决策树模型进行精度评价。生成的决策树模型可以用于对新数据对象的分类预测。

评估模型：根据数据挖掘模型评价标准并结合现阶段滑坡研究领域相关知识，对生成的决策树模型进行评价。所生成的决策树模型应该具有较高的准确性，并且不与现阶段的经验和知识相抵触。

模型实施：生成输入变量和输出变量的分类和预测规律，生成推理规则集。生成的决策树模型能够根据新数据输入变量的取值，推断其输出变量分类取值，以及根据生成的决策树模型可建立滑坡变形演化同外部诱发因素间的规则判据，实现基于外部诱发因素的滑坡状态判识。

推理规则集是决策树的逻辑比较文字表达形式，表达了输入变量取值及不同输入变量之间的逻辑与（并且）、逻辑或（或者）关系与输出变量取值的内在联系，逻辑规则的一般表示形式为"if<条件>then<结论>"。

5.2　滑坡预报模型研究

20 世纪 60 年代日本学者斋藤提出的滑坡经验预报公式标志着滑坡预测预报工作的开始，经过 50 年探索，目前已出现了 40 多种滑坡预测预报模型和方法。结合变形监测对滑坡预测预报，本章主要优化论证 5 种滑坡预测预报模型，为模型的预测精度及适用条件提供理论依据。

5.2.1　灰色 GM(1, 1)模型

1. 概述

我国著名学者邓聚龙教授于 1982 年创立了灰色系统理论（grey system theory）。该理论以部分已知信息和部分信息未知的"小样本""贫信息"不确定系统为研究对象，通过对既有"部分"已知信息开发和提取出有价值的潜在信息，借以正确认识和有效控制灰色系统运行模式。

灰色预测模型 GM(1, 1)是一种指数增长型预测模型，常用于变形预测。滑坡变形破坏是多种因素耦合作用的结果，它既受到地质构造、岩石类别、岩体性能等自身内部的影响，又受制水降雨量、空气湿度、温度、植被发育情况等外部因素；破坏时间与变形位移是内部、外部变化综合作用的结果，是事物发展由量变到质变的直观体现。滑坡位移预测灰色预报的基本思想就是把滑坡看作一个灰色系统，通过对时序位移（地表位移和地下位移）监测数据累加，使之变为一个递增的时间序列；利用量化的数学方程概化出预报模型方程，进而根据预报模型方程发展系数的变化预测预报滑坡发展情况。

2. 灰色 GM(1, 1)模型基本理论

设原始序列为滑坡等时距变形监测数据序列。若监测时序位移 $x_0 = \{x_0(1),$ $x_0(2), \cdots, x_0(n)\}$ 序列非等时距，应对其进行等时距转换。

利用累加生成（1-AGO）模式处理原始序列，得出新生成序列，即

$$x_1 = \left\{x_1(1), x_1, x_2, \cdots, x_1(n)\right\} \tag{5.24}$$

式中，

$$x_1(i) = \sum_{k=1}^{i} x^{(0)}(k) \quad (i = 1, 2, \cdots, n)$$

假设具有近似指数变化规律，利用监测变形序列构建 GM(1, 1)模型，生成背景值序列：

$$z_1(k) = x_1(k) + x_1(k-1)/2 \tag{5.25}$$

白化微分方程式为

$$\frac{\mathrm{d}x_1}{\mathrm{d}t} + ax_1 = u \tag{5.26}$$

式中，a 为发展系数，主要作用是控制系统发展态势，a 值变化区间可确定 GM(1, 1)模型的适用范围，详见表 5.3；u 为灰色作用量，用于反映资料（时序序列）变化的关系。其中，$[a, u]^{\mathrm{T}} = \hat{a}$，$a$ 为待识别参数列。

根据最小二乘法原理，可得

$$\hat{a} = [a, u]^{\mathrm{T}} = (\boldsymbol{B}^{\mathrm{T}} \boldsymbol{B})^{-1} \boldsymbol{B}^{\mathrm{T}} Y n^{\mathrm{T}}$$

表 5.3　GM(1, 1)预测预报模型的适用范围

发展系数 a	适用范围
$a \geqslant -0.3$	中长期预测
$-0.5 \leqslant a < -0.3$	短期预测（中长期预测慎用）
$-0.8 \leqslant a < -0.5$	短期预测慎用
$-1.0 \leqslant a < -0.8$	利用残差修正
$a < -1.0$	不易适用

式中，

$$\boldsymbol{B} = \begin{bmatrix} -z^{(1)}(2) & 1 \\ \vdots & \vdots \\ -z^{(1)}(n) & 1 \end{bmatrix}; \quad Y_n = \left\{x^{(0)}(2), x^{(0)}(3), \cdots, x^{(0)}(n)\right\} \tag{5.27}$$

利用式（**5.27**）解 a、u 后，可得白化微分方程的时间响应式：

$$\hat{x}^{(1)}(t+1) = \left(x^{(0)}(1) - u/a\right)\mathrm{e}^{-at} + u/a \quad (t = 0, 1, 2, \cdots, n-1) \tag{5.28}$$

通过对白化微分方程的时间响应序列进行累减还原处理，得到如下拟合预测方程：

$$\begin{cases} \hat{x}^{(\beta)}(t) = x^{(1)}(t) - x^{(1)}(t-1) & (t \geq 2) \\ \hat{x}^{(\beta)}(1) = x^{(1)}(1) & (t = 1) \end{cases} \tag{5.29}$$

式中，当 $t < n$ 时，$\hat{x}^{(\beta)}(t)$ 为模型的模拟值；当 $t = n$ 时，$\hat{x}^{(\beta)}(t)$ 为模型的滤波值；当 $t > n$ 时，$\hat{x}^{(\beta)}(t)$ 为模型的预测值。

3. 灰色 GM(1, 1)模型精度检验

设原始时间位移监测序列与模拟时间序列的误差为

$$\varepsilon^{(0)} = \left\{ \varepsilon^{(0)}(1), \varepsilon^{(0)}(2), \cdots, \varepsilon^{(0)}(n) \right\}$$

$$\varepsilon^{(0)}(k) = x^{(0)}(k) - \hat{x}^{(0)}(k)(1 \leq k \leq n) \tag{5.30}$$

设原始变形监测序列均值 $\bar{x} = \dfrac{1}{n}\sum_{k=1}^{n} x^{(0)}(k)$，原始变形监测序列方差为 $S_1^2 = \dfrac{1}{n}\sum_{k=1}^{n}\left(x^{(0)}(k) - \bar{x}\right)^2$，残差序列均值为 $\bar{\varepsilon} = \dfrac{1}{n}\sum_{k=1}^{n}\varepsilon(k)$，残差序列方差为 $S_2^2 = \dfrac{1}{n}\sum_{k=1}^{n}(\varepsilon(k) - \bar{\varepsilon})^2$。称 $C = \dfrac{S_2}{S_1}$ 为方差比值 $p = P(|\varepsilon(k) - \bar{\varepsilon}| < 0.6745 S_1)$ 为小误差概率。模型的预测精度等级评价可见表 5.4。

表 5.4　灰色 GM(1, 1)模型预测精度等级

模型预测精度检验等级	P	C
1 级（好）	$0.95 \leq P$	$C \leq 0.35$
2 级（合格）	$0.80 \leq P < 0.95$	$0.35 < C \leq 0.50$
3 级（勉强合格）	$0.70 \leq P < 0.80$	$0.50 < C \leq 0.65$
4 级（不合格）	$P < 0.70$	$0.65 < C$

由表 5.4 可知，均方误差比值 C 越小模型预测精度越高。S_1 大表明监测数据的离散性大，规律性差，S_2 小表明残差的离散性小。对于小误差概率 P，其值越大越好，P 值大表明残差与残差的平均值之差小于指定点的概率大。因此，C、P 大小能够反映灰色模型预测精度。

4. 改进的 GM(1, 1)模型

通过研究上述 GM(1,1)模型的基本理论发现，模型的发展系数 a、灰色作用量 u 和白化微分方程时间响应式对模型的影响较大，本书借助 Matlab 软件的强大数

值分析功能通过改变模型的背景值序列 $Z^{(1)}(k)$ 和边值条件，提高模型的模拟预测精度。

鉴于式中背景值 $z^{(1)}(k)$ 的生成系紧邻均值序列生成，因此可将式改为

$$z^{(1)}(k) = p^{(1)}(k) + (1-p)x^{(1)}(k-1) \qquad (5.31)$$

令式（5.31）中 $p = \{0.1, 0.2, \cdots, 0.9\}$。当 $p = 0.5$ 时，优化改进的 GM(1,1) 模型的背景值序列即为标准模型的背景值序列，可对原始序列构建 9 个背景值序列。

利用累加生成序列 $x^{(1)}(1)$ 作为白化微分方程的时间响应方程的边值条件。鉴于后期变形监测数据对模型的预测分析影响较大，若仅采用前期序列 $x^{(1)}(1)$ 作为预测方程的边值具有一定局限性，因此本书采用不同的边值 $x^{(1)}(m)$ $(1 \leqslant m \leqslant n)$ 对模型进行分析。

$$\hat{x}^{(1)}(t) = \left[x^{(1)}(m) - \frac{u}{a} \right] e^{-a(t-m)} + \frac{u}{a} (1 \leqslant t, 1 \leqslant m \leqslant n) \qquad (5.32)$$

$$e = \sum_{i=1}^{N} |\varepsilon(i)| \frac{2i}{n(n+1)} \qquad (5.33)$$

根据式（5.33）求出的 9 个总体误差，其中误差最小预测方程应作为改进模型的预测方程。

5. 残差模型建立

GM(1,1) 模型研究过程中，为提高模型精度或模型精度不能满足分析需求时，可采用以下两种残差模型修正 GM(1,1) 模型。

（1）基于原始序列 $x^{(0)}(k)$ 与预测序列 $\hat{\boldsymbol{x}}^{(0)}(k)$ 建立残差，之后对残差构建 GM(1,1) 模型，得到残差模型预测值 $\hat{E}1^{(0)}(t)$（模型取不同的边值条件，背景值生成过程中取 $p = 0.5$），然后将 $\hat{X}^{(0)}(t) = \hat{x}^{(0)}(t) + E^{(0)}(t)$ 作为预测模型，称之为利用方法一优化的 GM(1,1) 模型。

（2）基于原始累加序列 $x^{(1)}(k)$ 与时间响应方程 $\hat{x}^{(1)}(k)$ 建立残差，之后对残差构建 GM(1,1) 模型，得到残差模型预测值 $\hat{E}2^{(0)}(t)$（模型取不同的边值条件，背景值生成过程中取 $p = 0.5$）。然后将 $\hat{X}2^{(1)}(t) = \hat{x}^{(1)}(t) + E2^{(0)}(t)$ 作为时间响应方程，同时进行累减还原得到预测方程 $\hat{X}2^{(0)}(t)$。称之为利用方法二优化的 GM(1,1) 模型。

$$|N| = |\min\{\varepsilon^{(0)}(1), \varepsilon^{(0)}(2), \cdots, \varepsilon^{(0)}(n)\}| \leqslant M \qquad (5.34)$$

原始等时距序列非负处理后，利用原始序列 GM(1,1) 模型进行预测；之后把预测到的残差序列减去 M 值，可得原始残差模型的预测序列 $\hat{E}^{(0)}(t)$ 和 $\hat{E}2^{(0)}(t)$，流程如图 5.9 所示。

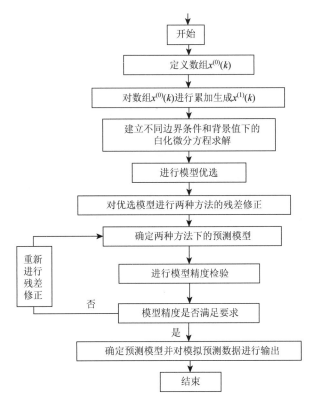

图 5.9　GM(1, 1)优化模型计算程序图

5.2.2　BP 神经网络模型

1. 概述

1986 年 Rumelhant 和 Mcllelland 提出了反向传播（back propagation，BP）神经网络，它是多层网络的"演绎、推断"学习算法。其基本内涵是：信号的正向传播与误差的逆向传播构成学习过程。信号正向传播时，输入层传入输入样本，经隐层逐层处理后，传向输出层；若输出层的实际输出与期望输出不一致，系统内部则转向误差的反向传播阶段。误差的反向传播是将输出误差以某种形式通过隐层向输入层逐层反传，并将误差分摊给各层的所有单元，从而获得各层单元的误差信号，此误差信号即作为修正各单元权值的依据。信号正向传播与误差反向传播的各层权值调整过程是周而复始进行的。权值调整过程，就是网络的学习训练过程。学习过程不断调整完善，直至满足可接受网络输出的误差或预先设置的学习次数。

边坡的滑动变形是一个渐进的过程，其变形一般随着时间的推移呈现出不断增加的趋势；在 BP 神经网络中，可以对输入层输入时间参数，让输出层输出边坡的预测位移量，因此可借助于 BP 神经网络建立边坡变形的预测预报模型。通过网络的自身学习（网络自身学习的过程即是时间和预测位移量之间模型函数自组织过程），可输出时间-位移的预测变形曲线，借以对滑坡未来一定事件的位移量进行曲线拟合式的预测。

2. 标准的 BP 神经网络

标准的 BP 神经网络由输入层、隐含层和输出层构成。典型的三层前向型 BP 网络结构如图 5.10 所示。设置网络输入层节点数为 n，隐含层节点数为 r，输出层节点数为 m；第 i 个输入节点与第 j 个隐节点的连接权值为 w_{ji}，第 j 个隐节点与第 k 个输出节点的连接权值为 v_{kj}，隐含层节点阈值为 θ_j，输出层节点阈值为 θ_k，网络的期望输出为 t_k。

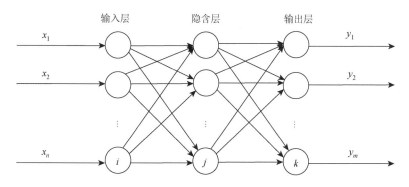

图 5.10　BP 神经网络结构

结合工程实际情况，网络的激发函数在输入层和输出层可采用线性函数，即 $y=x$；网络隐含层的激发函数可采用连续可导的 sigmoid 函数：

$$f(x) = \frac{1}{1 + \exp(-x)} \tag{5.35}$$

确定 BP 网络结构后，通过输入样本集与输出样本集对网络进行训练（训练过程即是学习和修正网络的阈值和权值），实现网络输入层和输出层的映射关系。

BP 神经网络的学习过程分为以下两个阶段：

第一阶段：设置网络结构与先前迭代的权值和阈值—输入已知学习样本隐含层处理—基于网络首层依次向后计算各神经元输出。

第二阶段：修改完善权值和阈值—基于最后一层向前逆向计算各权值和阈值对总误差的影响（梯度）—根据影响（梯度）修改完善各权值和阈值。

1）BP 网络输入层、隐含层、输出层节点的确定

对于网络的输入层和输出层，节点数量可根据样本的大小空间和工程的具体情况而定；

对于隐含层，隐含层节点数目制约神经网络的性能发挥程度。隐含层节点数过少时，学习容量有限，不足以储存样本所蕴含的规律；隐含层节点过多不仅会增加网络的训练时间，而且会将样本中非规律的内容（如干扰和噪声）存储进去，反而降低泛化能力。一般隐含层节点的选取由经验公式确定

$$r = \sqrt{n+l} + a \quad 或 \quad r = \sqrt{nl} \tag{5.36}$$

式中，r 为隐含层节点数；n 为输入节点数；l 为输出节点数；a 为调节常数，其值介于[1, 10]。

2）网络权值和阈值的确定

网络对初值的选取是十分敏感的，同一 BP 网络不同的初值会使网络的收敛速度有很大的差异。若初始权值离极小的很近，则收敛速度很快；若初始权值远离极小的，则收敛速度极慢。另外，若初值的选取不合适，则网络的起始端会出现震荡。由经验确定初始权值和阈值取（–1, 1）之间的随机数较好。

3）标准 BP 网络学习算法

（1）BP 网络的前向传播。BP 网络的学习过程中，非线性学习主要通过网络的隐含层和输出层来完成，BP 网络传播功能表征如式（5.37）所示。输入层第 i 个节点的输入为

$$\text{net}_i = x_i \tag{5.37}$$

输入层第 i 个节点的输出为

$$y_i = f(\text{net}_i) = \text{net}_i \tag{5.38}$$

隐含层第 i 个节点的输入为

$$\text{net}_j = \sum_{i=1}^{n} w_{ji} y_i + \theta_j \tag{5.39}$$

隐含层第 i 个节点对应的输出为

$$y_j = f(\text{net}_j) = \frac{1}{1 + \exp(-\text{net}_j)} = \frac{1}{1 + \exp\left(-\sum_{i=1}^{n} w_{ji} y_i - \theta_j\right)} \tag{5.40}$$

输出层第 k 个节点的输入为

$$\text{net}_k = \sum_{j=1}^{r} w_{kj} y_j + \theta_k \tag{5.41}$$

输出层第 k 个节点的输出为

$$y_k = f(\text{net}_k) = \text{net}_k \tag{5.42}$$

（2）BP 网络权值和阈值的调整。

误差的定义

$$e_k = t_k - y_k \tag{5.43}$$

网络的目标函数为

$$E = \frac{1}{2}\sum_{k=1}^{m}(t_k - y_k)^2 = \frac{1}{2}\sum_{k=1}^{m}e_k^2 \tag{5.44}$$

网络的权值沿 E 函数梯度下降的方向修正。计算网络输出层节点的权值调整，则权系数修正公式为

$$\Delta w_{kj} = -\eta \frac{\partial E}{\partial w_{kj}} \tag{5.45}$$

式中，η 为按梯度收缩的步长（学习率），$0 < \eta < 1$。

$$\frac{\partial E}{\partial w_{kj}} = \frac{\partial E}{\partial \text{net}_k}\frac{\partial \text{net}_k}{\partial w_{kj}} = \frac{\partial E}{\partial \text{net}_k}y_j \tag{5.46}$$

定义输出层的误差反传信号为

$$\delta_k = -\frac{\partial E}{\partial \text{net}_k} = -\frac{\partial E}{\partial y_k}\frac{\partial y_k}{\partial \text{net}_k} = (t_k - y_k)\frac{\partial f(\text{net}_k)}{\partial \text{net}_k} = (t_k - y_k)f'(\text{net}_k) \tag{5.47}$$

由于输出层的激发函数为线性函数，故 $f'(\text{net}_k) = 1$。故有 $\delta_k = t_k - y_k = e_k$。

计算隐含层节点时，权系数修正公式为

$$\Delta w_{ji} = -\eta \frac{\partial E}{\partial w_{ji}}$$

$$\frac{\partial E}{\partial w_{ji}} = \frac{\partial E}{\partial \text{net}_j}\frac{\partial \text{net}_j}{\partial w_{ji}} = \frac{\partial E}{\partial \text{net}_j}y_i \tag{5.48}$$

定义隐层的反传误差信号：

$$\delta_j = -\frac{\partial E}{\partial \text{net}_j} = -\frac{\partial E}{\partial y_j}\frac{\partial y_j}{\partial \text{net}_j} = -\frac{\partial E}{\partial y_j}f'(\text{net}_j) \tag{5.49}$$

其中，

$$-\frac{\partial E}{\partial y_i} = -\sum_{k=1}^{m}\frac{\partial E}{\partial \text{net}_k}\frac{\partial \text{net}_k}{\partial y_j} = \sum_{k=1}^{m}\left(-\frac{\partial E}{\partial \text{net}_k}\right)\frac{\partial}{\partial y_j}\sum_{j=1}^{r}w_k y_j = \sum_{k=1}^{m}\left(-\frac{\partial E}{\partial \text{net}_k}\right)w_{jk} = \sum_{k=1}^{m}\delta_k w_{jk} \tag{5.50}$$

又由于 $f'(\text{net}_j) = y_j(1 - y_j)$，因此，隐含层的误差反传信号为

$$\delta_j = y_j(1 - y_j)\sum_{k=1}^{m}\delta_k w_{jk} \tag{5.51}$$

BP 算法的权值调整公式为

$$\Delta w_{kj} = \eta \delta_k y_j$$
$$\Delta w_{ji} = \eta \delta_j y_i \qquad (5.52)$$

同理，可得到 BP 算法的阈值调整公式为

$$\Delta \theta_k = \eta \delta_k$$
$$\Delta \theta_j = \eta \delta_j \qquad (5.53)$$

故有输出层和隐含层的权值和阈值修正公式为

$$\begin{cases} w_{kj}(k+1) = w_{kj}(k) + \Delta w_{kj}(k) \\ w_{ji}(k+1) = w_{ji}(k) + \Delta w_{ji}(k) \\ \theta_k(k+1) = \theta_k(k) + \Delta \theta_k(k) \\ \theta_j(k+1) = \theta_j(k) + \Delta \theta_j(k) \end{cases} \qquad (5.54)$$

式中，$w_{kj}(k), w_{ji}(k), \theta_k(k), \theta_j(k)$、$\Delta w_{kj}(k), \Delta w_{ji}(k), \Delta \theta_k(k), \Delta \theta_j(k)$ 及 $W_{kj}(k+1)$，$W_{ji}(k+1), \theta_k(k+1), \theta_j(k+1)$ 分别为第 k 次迭代的权值和阈值、第 k 次迭代的权值和阈值的修正值及第 $k+1$ 次要迭代的权值和阈值。

3. 标准 BP 算法存在的缺点及改进措施

1）BP 网络存在的问题

BP 神经网络应用广泛，尚存制约 BP 算法的问题，具体如下：

（1）收敛速度的问题。BP 算法训练难以掌握，主要体现在训练收敛速度较慢和训练发散。

（2）局部极小点问题。BP 算法采用最速下降法，训练沿着误差曲面的斜面不断向下逼近。针对复杂网络，误差曲面是一个复杂不规则高维空间的曲面，曲面分布着诸多局部极小点；网络的训练过程进入局部极小点后，难以逃离出来继续训练。

（3）过拟合问题。目前，合理确定隐含层神经元的数目暂无规律可循，隐含层神经元数目制约着整个网络的工作。隐含层神经元数目太少，网络就无法进行训练；刚能够进行训练，则网络的鲁棒性差，抗噪声能力低，不能辨识以前陌生模式；若网络隐含层的神经元数目过多，则需要大量的训练样本，能力过强，训练过程耗费大量时间和内存，结果出现所有模式均无法接受新的模式，这种现象称为过拟合。

2）改进的 BP 算法

针对上述问题，可以通过以下算法进行改进：

（1）自适应学习率调整方法。传统的 BP 算法权值修改公式 $\Delta w_{kj} = \eta \delta_k y_j$ ($\eta = 0.01 \sim 1.0$) 与 η 有关，η 称为权修改迭代系数。理论和实践说明：值大小严重制约算法收敛速度。若 η 值增大，收敛速度加快，将会出现系统振荡现象，致使系统误差不能一致减小，严重干扰学习过程；反之，η 过小虽避免了系统振荡现象，但是收敛极缓慢。为了改进算法，通过对冲进行动态修正，实现既能避免振荡又加快收敛的目标。系统在开始学习时设置较高的 η 值，加快收敛，η 值随时间的推移逐步减小以避免振荡，这样就把静态的 η 值改变为动态值，其修改公式为

$$\eta(k+1) = \begin{cases} 1.05\eta(k) & E(k+1) < E(k) \\ 0.7\eta(k) & E(k+1) > 1.04E(k) \\ \eta(k) & \text{其他} \end{cases} \qquad (5.55)$$

式中，

$$E(k) = \frac{1}{2}\sum_{k=1}^{m}(t_k - y_k)^2 = \frac{1}{2}\sum_{k=1}^{n}e_k^2$$

为了防止步长在网络优化过程中过大和过小，当 $\eta > 5$ 时取 $\eta = 5$，当 $\eta < 0.01$ 时取 $\eta = 0.01$。

（2）增加动量法。为了防止网络陷入局部极小值，采用附加动量法。附加动量法使网络在修正其权值时不仅考虑误差在梯度上的作用，而且考虑误差在曲面上对变化趋势的影响。该方法基于反向传播法，在每一个权值的变化上加上一项正比于前次权值变化量的值，借以根据逆向传播法来产生新的权值变化。引入动量项后，调节向着底部的平均方向变化，不致产生大的摆动；若系统进入误差函数的平坦区，误差将变化很小，动量项的引入使得调节尽快脱离这一平坦区，有助于缩短向极值逼近的时间；所以动量项的引入能改善学习速度，在一定程度上解决局部极小问题。因此，得到带有附加动量因子的权值调节公式为

$$\begin{cases} w_k(k+1) = w_k(k) + \eta\delta_k y_j + a\big(w_k(k) - w_k(k-1)\big) \\ w_{ji}(k+1) = w_{ji}(k) + \eta\delta_j y_i + a\big(w_{ji}(k) - w_{ji}(k-1)\big) \\ \theta_k(k+1) = \theta_k(k) + \eta\delta_k + a\big(\theta_k(k) - \theta_k(k-1)\big) \\ \theta_j(k+1) = \theta_j(k) + \eta\delta_j + a\big(\theta_j(k) - \theta_j(k-1)\big) \end{cases} \qquad (5.56)$$

式中，a 为动量因子，一般取 0.9 左右。

5.2.3　斜坡失稳的协同预报模型

1. 协同学基本理论

1973 年联邦德国斯图加特大学理论物理学家 Hermenn Haken（赫尔曼·哈

肯）在研究激光理论的基础上创立了协同学（synergetics）。它的主要内容是以系统论、信息论、控制论和突变论等为基础，采用统计学和动力学相结合的方法；通过类比分析，建立了一整套数学模型和处理方法来描述各种系统和运动现象中从无序到有序转变的共同规律。协同系统具有以下共同特征。

（1）有序结构的产生是靠系统内部的各个部分自我排列、自我组织而形成的。

（2）结构的产生或新结构的出现一般由少数序参量所控制。复杂的物质世界本质是简单的，复杂的结构本身只由少数几个序参量主宰。因此，可以通过简单的数学模型表征复杂系统的演化行为。

（3）在新结构出现的临界点，系统处于极限平衡状态，任何微小的涨落都会被放大，从而将系统驱动到与新结构相应的状态。

2. 斜坡演化协同思想

既有研究表明，在斜坡体系（特别是岩质边坡）的演化过程中，滑面是产生滑坡的前置条件；滑面的形成一般是在追踪已有的构造裂隙基础上，通过逐渐剪断锁固段来实现的。

由此，可将斜坡岩体滑动面系统看作由若干个强度较高的锁固段和裂隙组成的蠕动段组成，前者为应力积累单元，后者为应力调整单元。已有研究成果表明，剪断锁固段的过程是一个局部应力集中—剪断锁固段—应力转移—剪断另一个锁固段……连锁反应式的锁固段被各个击破的过程，该过程称为累进性破坏；滑动面的贯穿正是通过这个累进性破坏过程形成的。

事实上，从本质上讲斜坡失稳是斜坡体系中各要素间通过一系列的相互作用所产生的时间、空间、功能以及结构的自组织过程。地壳表层岩体经内、外动力地质作用，其发展演化明显经历了三个阶段：平衡态—近平衡态—远离平衡态，这三个阶段也是一般具有复杂结构的开放系统所普遍遵循的演化历程。

任何斜坡都可视为与外界不断地进行着物质和能量交换的开放非线性系统，其本身的各种参量是不确定的和随机的，表现出复杂的非线性行为。既有研究表明，斜坡的发展演化过程中（断续结构面—坡体贯通滑面—发生滑坡），各子系统运动凸显出合作和协同效应，并遵循非线性系统的演化规律（无序—有序，平衡态—近平衡态—远离平衡态）。滑坡演化具有自组织特性，自组织特性的一个明显标志是系统在演化过程中组成系统的各个部分（或子系统）具有相互协调的能力，即协同功能。随着协同学的不断发展，近期主要研究目的是复杂结构的非线性系统演化的普遍性规律和探讨新结构形成的条件、方式等。基于此，可将协同学用至斜坡发展演化规律研究；黄润秋等提出了斜坡失稳时间的协同预测预报模型。

3. 斜坡演化方程

根据协同学理论，斜坡体系的发展演化过程可表征为朗之万（Langevin），如式（5.57）所示。

$$\dot{u} = K(u,s) + F(t) \tag{5.57}$$

式中，$K(u,s)$ 为含快变量和慢变量的非线性函数；$F(t)$ 为涨落力；u 为慢变量；s 为快变量。式（5.57）表明，任何非线性系统的发展演化均受到内部、外部因素制约，内因 $K(u,s)$ 是系统演化的本质，外因[涨落项 $F(t)$]是系统演化的催化剂。鉴于涨落力不是影响斜坡体系演化的主控因素，加之数学模型描述涨落扰动具有一定的局限性，因此暂不考虑外因影响程度，即计算过程中暂忽略式（5.57）中的涨落项 $F(t)$。对于二维系统，式（5.57）中非线性函数可具体化为

$$K(u,s) = au - us \tag{5.58}$$

由式（5.57）和式（5.58）得

$$\dot{u} = au - us \tag{5.59}$$

上式中 s 一般可如下所示

$$\dot{s} = -\beta s + u^2 \tag{5.60}$$

消去 s 得如下积分：

$$s(t) = \int_{-\infty}^{+\infty} e^{-\beta(t-\tau)} u^2(\tau) d\tau \tag{5.61}$$

用分部积分法可以把式（5.61）中的 (t) 变换为 $u(t)$ 的函数，即

$$s(t) = \frac{1}{\beta} u^2(t) - \frac{1}{\beta} \int e^{-\beta(t-\tau)} 2(u\dot{u})_\tau d\tau \tag{5.62}$$

当 u 变得较慢时，u 可忽略，忽略式（5.62）中的积分项，得到

$$s(t) \approx \frac{1}{\beta} u^2(t) \tag{5.63}$$

$$\dot{u} = \frac{du}{dt} = au - bu^3 \tag{5.64}$$

式中，$b = \dfrac{1}{\beta}$。

式（5.64）表明，快变量可表征慢变量，它们的发展行为伺服于慢变量。基于上式利用慢变量表示快变量（即消掉快变量）的过程称为绝热消去法。若拓展至 n 维系统，则称之为伺服原理。式（5.64）即是描述斜坡体系发展演化的方程。

4. 斜坡位移预报模型及程序设计

若将式（5.64）中的慢变量 u 用斜坡演化过程中所出现的位移（或其他状

态变量，如速率、声发射、加速度等）来代替，并对式（5.61）求解；再根据已经监测到的位移-时间序列用最小二乘法拟合求出 a，b 值，代入式（5.64）的解中就可以得到斜坡演化位移预报函数，根据斜坡失稳判据可以进一步确定失稳时间。

将式（5.64）和 Verhulst 模型相比，式（5.64）和 Verhulst 模型相似，差异在于仅变量 u 的幂次较 Verhulst 模型和 GM(1, 1)模型高，说明式（5.64）的非线性可能较 Verhulst 模型和 GM(1, 1)模型高。由于式（5.64）的推导过程中，忽略了涨落项 $F(t)$，因此（5.64）表示斜坡实际演化曲线必定存在误差；减小该误差的补救措施是参考 GM(1, 1)模型残差修正的方法对原始监测数据进行累加处理（accumulating generation operator，AGO），达到弱化随机因素涨落项 $F(t)$ 对原始数据的影响。

设定 $u(0)$ 为原始监测非负时间序列，一次累加生成后的序列为 $u(1)$，即

$$u^{(0)} = \left\{ u^{(0)}(1), u^{(0)}(2), \cdots, u^{(0)}(n) \right\}$$

$$u^{(1)} = \left\{ u^{(1)}(1), u^{(1)}(2), \cdots, u^{(1)}(n) \right\} \tag{5.65}$$

一次累加生成的公式为

$$u^{(1)}(i) = \sum_{k=1}^{i} u^{(0)}(k) \quad (i = 1, 2, \cdots, n) \tag{5.66}$$

式中，n 为等时间间隔的位移数据数量。均值生成数据表达式为

$$Z^{(1)}(i) = \left[u^{(1)}(i) + u^{(1)}(i-1) \right] / 2 \tag{5.67}$$

则式（5.64）可以变换为

$$\frac{\mathrm{d}u^{(1)}}{\mathrm{d}t} = au^{(1)} - b \left[u^{(1)} \right]^3 \tag{5.68}$$

采用最小二乘法求得系数 a，b：

$$\begin{bmatrix} a \\ b \end{bmatrix} = (\boldsymbol{B}^{\mathrm{T}} \boldsymbol{B})^{-1} \boldsymbol{B}^{\mathrm{T}} \boldsymbol{Y}_n \tag{5.69}$$

其中，

$$\boldsymbol{B} = \begin{bmatrix} z(2) & -Z^3(2) \\ Z(3) & -Z^3(3) \\ \vdots & \vdots \\ Z(n) & -Z^3(n) \end{bmatrix}$$

$$\boldsymbol{Y}_n = \left[u^0(2), u^{(0)}(3), \cdots, u^{(0)}(n) \right]^{\mathrm{T}} \tag{5.70}$$

则式（5.68）的解为

$$\tilde{u}^{(1)}(t) = \sqrt{\dfrac{a}{\sqrt{\left[\dfrac{a1}{a-b(u(1))^2}\right]e^{2at}}+b}} \tag{5.71}$$

式（5.71）中的 $u(1)$ 为原始位移时序的初值。

通过一次逆累减处理（IAGO）得到预报位移序列：

$$\hat{u}^{(0)}(k) = \hat{u}^{(1)}(k) - \hat{u}^{(1)}(k-1) \quad (k \geqslant 2)$$

$$\hat{u}^{(0)}(1) = \tilde{u}^{(1)}(1) \quad (k=1) \tag{5.72}$$

5. 改进的协同预报模型

基于以上分析，一般协同模型变形预报精确度不高，残余偏差较大，可利用残差序列建立模型对原模型进行修正，以提高精度。改进的协同预报模型是利用多种残差处理一般协同模型，直到满足精度要求时，方能较为准确地预测滑坡位移。

残差的时间序列离散性较大，不具有饱和性，不宜采用 Verhulst 模型对残差处理。根据前面分析，一般协同模型拟合精度差，不宜再次用于对残差处理。GM(1,1) 满足减小残差离散性和波动性较大的要求，所以采用 GM(1,1) 对残差处理。鉴于一般的 GM(1,1) 模型实际是外推算法，若采用最小二乘法拟合原始累加系列，则在解微分方程时会因边界条件不合理造成系统误差，因此，本节采用改变边界条件的 GM(1,1) 分阶进行残差处理。

1）改进方案一

根据式（5.72）做累减生成后还原 $\hat{u}^{(0)}(k)$，建立一阶残差序列，若有残差 $E_0^{(0)}(i) = u^{(0)}(i) - \hat{u}^{(0)}(i)(i=1,2,3,\cdots,n)$ 为负值，须对残差序列进行数据提升建模。设 $b = \min\left\{E_0^{(0)}(i)(i=1,2,3,\cdots,n)\right\}$

$$\begin{cases} E_1^{(0)}(i) = E_0^{(0)}(i) - b + 1 & (b < 0) \\ E_1^{(0)}(i) = E_0^{(0)}(i) & (b \geqslant 0) \end{cases} \tag{5.73}$$

建立残差序列：$E_1^{(0)} = \{E_1^{(0)}(1), E_1^{(0)}(2), E_1^{(0)}(3), \cdots, E_1^{(0)}(n)\}$。

对 $E_1^{(0)}$ 进行一次累加生成，得到生成序列 $E_1^{(1)}$：

$$E_1^{(1)} = \left\{E_1^{(1)}(1), E_1^{(1)}(2), E_1^{(1)}(3), \cdots, E_1^{(1)}(n)\right\} \tag{5.74}$$

式中，$E_1^{(1)}(i) = \sum_{k=0}^{i} E_1^{(0)}(k)(i=1,2,3,\cdots,n)$。

对残差序列 $E_1^{(0)}$ 建立改进的 GM(1,1) 模型，即

$$\hat{E}_1^{(1)}(t+1) = \left[E_1^{(1)}(k) - \frac{u_{e1}}{a_{e1}} \right] e^{a(k-1)} e^{-at} + \frac{u_{e1}}{a_{e1}} \ (b \geqslant 0) \tag{5.75}$$

$$\hat{E}_1^{(1)}(t+1) = \left[E_1^{(1)}(k) - \frac{u_{e1}}{a_{e1}} \right] e^{a(k-1)} e^{-at} + \frac{u_{e1}}{a_{e1}} - (t+1)(1-b) \ (b < 0) \tag{5.76}$$

式中，a_{e1}、u_{e1} 均为一阶残差修正待识别的参数，可用最小二乘法确定：

$$\begin{bmatrix} a_{e1} \\ u_{e1} \end{bmatrix} = \left(\boldsymbol{B}_1^{\mathrm{T}} \boldsymbol{B}_1 \right)^{-1} \boldsymbol{B}_1^{\mathrm{T}} \boldsymbol{Y}_{n1}^{\mathrm{T}} \tag{5.77}$$

由 $E_1^{(1)}$ 构造背景值系列：$Z_1^{(1)} = \left(Z_1^{(1)}(2), Z_1^{(1)}(3), \cdots, Z_1^{(1)}(n) \right)$。

式中，$Z_1^{(1)}(k) = 0.5 \times E_1^{(1)}(k-1) + 0.5 \times E_1^{(1)}(k)$。

$$\boldsymbol{B}_1 = \begin{bmatrix} -Z_1^{(1)}(2) & 1 \\ \vdots & \vdots \\ -Z_1^{(1)}(n) & 1 \end{bmatrix}$$

$$\boldsymbol{Y}_{n1} = \left\{ E_1^{(0)}(2), E_1^{(0)}(3), \cdots, E_1^{(0)}(n) \right\} \tag{5.78}$$

将协同模型方程的解与残差序列边界条件的 GM(1, 1)模型的解进行叠加，得到修正后的解：

$$\hat{Y}_1^{(1)}(t) = \hat{u}^{(1)}(t) + \hat{E}_1^{(1)}(t) \quad (t = 1, 2, 3, \cdots, n) \tag{5.79}$$

对式（5.79）进行累减还原处理，寻找 n 个预报模型中预测平均误差最小且改变边界条件之后根据预测位移对预报结果进行预测精度检验。

$$\hat{Y}_1^{(0)}(t) = \hat{Y}_1^{(1)}(t) - \hat{Y}_1^{(1)}(t-1) \quad (t = 2, 3, \cdots, n)$$
$$\hat{Y}_1^{(0)}(t) = \hat{Y}_1^{(1)}(t) \quad (t = 1) \tag{5.80}$$

常用的检测预测精度的方法有关联度分析方法和后验差法，本书采用后验差法检测预测精度：

$$\varepsilon^{(0)}(i) = u^{(0)}(i) - \hat{Y}^{(0)}(i) \quad (i = 1, 2, 3, \cdots, n) \tag{5.81}$$

第 i 时刻的原始位移值和模型预测位移值之差即为残差，如式（5.81）所示，根据 GM(1, 1)的精度检验标准检验预测结果。

2）改进方案二

方案二的改进思想和方案一类似，方案一是对预测位移残差处理，方案二是选择对预测累加位移做残差处理，称为二阶残差处理。

据一次累加生成系列预测值建立残差序列为

$$E_2^{(0)}(i) = u^{(1)}(i) - \bar{u}^{(1)}(i) \quad (i = 1, 2, 3, \cdots, n) \tag{5.82}$$

若残差有负值,必须提升模型,依次类推,最后得出 $\hat{E}_2^{(1)}(t)$。

对 $\hat{E}_2^{(1)}(t)$ 一次累减得 $\hat{E}_2^{(0)}(t)$,对 $\hat{Y}_2^{(1)}(t)$ 一次累减得到还原值 $\hat{Y}_2^{(0)}(t)$,即进行残差修正过的预测位移值。最后根据预测精度检验方法进行检验:

$$\tilde{Y}_2^{(1)}(t) = \hat{u}^{(1)}(t) + \tilde{E}_2^{(0)}(t) \quad (t = 1, 2, 3, \cdots, n) \tag{5.83}$$

基于建模计算过程:方案一的一阶修正模型是原始数据与协同模型预测值的残差作一次修正,方案二的二阶修正模型是原始数据一次累加生成值与经过一阶修正后的累积预测值的残差作一次修正。

3)改进方案三

方案三的思想是经多次一阶残差处理直到预测等级满足预测要求为止,若第一次循环就满足预测要求就相当于方案一。为控制程序不进入死循环状态,须控制循环次数,便于程序退出。

5.2.4 分形之动态分维跟踪预报模型

1. 概述

分形几何学(fractal geomtry)是美籍法国数学家曼德尔布罗特(Mandelbrot)于 1975 年提出的,这种语言适于数学、自然界和科学实验中形形色色的非规则光滑实体。这些实体不像规则图形那样具有均齐性和对称性,但是在尺度变换上却表现出对称性。这些形体除了本身的大小外,不存在能表示其内部构造的特征尺度,所以就必须考虑从大到小的各种尺度。尺度变换上表现出对称性就意味着这些形体在从大到小多尺度上凸显出相同的粗糙度和破碎度。换言之,就滑坡而言,滑坡局部形体特性和整个滑坡在尺度变换上表现出一定对称性。因此,在不同尺度下表示出的相同粗糙性和破碎性意味着标度变换下的不变性(又称之为无标度性)。无标度性,就是自相似性,就是局部和整体在形状、结构或功能等方面是自相似的。

曼德尔布罗特于 1986 年将分形详细定义为:分形是指各个部分的组成形态,每个部分以某种方式与整体相似。对这一定义加以解释,它包括以下含义:

(1)分形既可以是几何图形,也可以是由"功能"或"信息"架起的数理模型。

(2)分形可以同时具有形态、功能和信息三方面的自相似性,也可以是某一方面的自相似性。

(3)自相似性可以是严格的,也可以是统计意义上的,自然界大多数的分形都是统计自相似的。

(4)相似有结构层次上的差异。数学中的分形具有无限嵌套的层次结构,而自然界中的分形只有有限层次的嵌套，并且须到一定的层次以后才有分形的规律（通常是幂律）。

相似性有级别（即使用生成元的次数或放大倍数）上的差异。级别最高的是整体，最低的称为 0 级生成元。级别越接近，则越相似；反之，级别相差越大，相似性越差，可用无标度区间或标度不变性范围表示。自然界的分形往往具有一个最小标度和最大标度，在无标度区间内才存在分形规律。因此，只能在无标度区间作尺度变换，一旦逾越无标度区间，自相似性便不复存在，系统也就没有分形规律。将任何规则的几何形状和分形作对比：规则的几何形状具有一定的几何尺度；分形没有特征尺度，但它含有一切尺度的要素，在每一种尺度上都有复杂的细节，这正是分形的精髓所在。

分形的定量表征就是分维，分形和分维同其他数学概念一样，都是客观存在的形和数的关系中抽象出来的。既有研究表明，在越混乱、越无规则、越复杂的领域，用分形理论处理问题越有效。无论从分形的产生过程，还是分形用于不同问题的研究，均表明分形与复杂系统或复杂的变化过程（统称为复杂性）紧密联系在一起。因此，有人提出一种合理的猜想，分形有可能成为处理复杂系统的数学工具，并且有可能发展成为一种特殊形式的微观与宏观结合的理论体系。随着人们对非线性的、复杂的地质体的认识，分形理论在地学界不断得到研究并应用。

滑坡孕育过程自有混沌动力学特征。从应力方面来看，因为斜坡滑动面锁固段应力会随时间积累，在孕育后期又向周围逐渐释放应力，两者之间有着复杂的正、负反馈作用；加之外部构造应力的变化，使上述相互作用更加复杂，因此，最后滑坡发生时间会偏离确定性规律而出现混沌。从系统的观点来看，斜坡内部结构、功能复杂，其通过内、外动力地质作用与外界进行物质及能量交换，导致坡体的变形破坏过程具有随机性、非确定性和不可逆性。因此，可将滑坡的孕育过程看作一种自有混沌特征的复杂过程。混沌态具有分形性质，因此可用分维来描述。

鉴于目前一般采用位移动态监测方式探测斜坡复杂系统量化信息，因此可采用位移-时间序列构建斜坡变形破坏过程的分维动态特征。这种方法通常称为由时间序列数据重建复杂系统动力学。这种方法在气象学领域研究中较为深入和广泛，而在滑坡预报研究中刚处于起始阶段。一般来说，人们通常认为单变量的位移时间序列只能提供斜坡系统十分有限的信息，甚至有人可能认为，用"一维"的观点处理实际上含有大量相互关联的复杂体系是有局限性的。实际上位移-时间序列本身包含着比人们想象更为丰富的信息，它是斜坡变形破坏的综合反映，蕴藏着参与斜坡变形动态过程的全部其他变量的痕迹。因此，通过位移-时间序列重建的斜坡变形破坏过程动态分维特征可为滑坡预报提供重要信息。

2. 算法

1）数据处理

设定原始监测所获得的一维等时距位移-时间序列如式（5.84）所示，非等时距应进行等时距转换；设该序列的时间间隔为 $\Delta t = t_i - t_{i-1}$，Δt 也称为单位时间：

$$x(t_1), x(t_2), x(t_3), \cdots, x(t_i), \cdots \tag{5.84}$$

据灰色系统原理，累加生成变化后能消除或削弱监测数据的随机干扰成分，加强其代表研究对象本质特征的确定性信息。因此，应对位移序列进行一次累加生成处理后方能进行动态分维计算。实际计算表明，累加生成处理后的动态分维计算结果较直接利用监测数据计算结果规律性强。因此，上述一维时间序列累加处理后可得式（5.85）序列：

$$X(t_1), X(t_2), X(t_3), \cdots, X(t_i), \cdots \tag{5.85}$$

其中，累加公式为

$$X(t_i) = \sum_1^i x(t_i)$$

鉴于不同斜坡监测所得的位移-时间序列各异，利用区间化处理模式对位移数据进行归一化处理，实现分维计算结果具有可比性。

$$X'(t_i) = \frac{X(t_i) - X_{\min}}{X_{\max} - X_{\min}} \tag{5.86}$$

式（5.86）称为区间化处理模式，其中，$X(t_i)$ 和 $X'(t_i)$ 为代表 t_i 时刻的累加位移数据和区间化后的数据；$X_{\max}$ 和 $X_{\min}$ 分别为时间序列中累加位移的最大值和最小值。

经过处理后可得到一维归一化累加位移时间序列：

$$X'(t_1), X'(t_2), X'(t_3), \cdots, X'(t_i), \cdots \tag{5.87}$$

2）重构相空间

重构相空间是非线性时间序列分析的基础，是时间序列数据重建复杂系统动力学的第一步，它一般采用时滞坐标的方法进行，关键在于正确地选取嵌入空间维数和滞后时间。相空间，是指用状态变量支撑起的抽象空间，实现系统状态和相空间的点之间一一对应的关系，因此又称为状态空间。相空间并非现实的空间，可以是 n 维的，也可以是无穷维的。

设原始监测所获得的一维位移-时间序列经过上述数据处理后得到一维归一化累加位移-时间序列，显然，吸引子的结构特征性就包含在这时间序列中。将一维归一化累加位移时间序列加以拓展，拓展方法为

$$X'(t_1 + \tau), X'(t_2 + \tau), X'(t_3 + \tau), \cdots, X'(t_i + \tau) \qquad (5.88)$$

式中，$\tau = k\Delta t (k = 1, 2, \cdots)$ 为延滞时间或延滞参数。

在此，设 $k = 1$，即 $\tau = \Delta t$，拓展实例可参考文献。然后从数据集中提取 m 个等距节点，得到下列新的不连续变量组：

$$
\begin{array}{llll}
X_1: & X'(t_1) & X'(t_2) & \cdots & X'(t_m) \\
X_2: & X'(t_1 + \Delta t) & X'(t_2 + \Delta t) & \cdots & X'(t_m + \Delta t) \\
X_3: & X'(t_1 + 2\Delta t) & X'(t_2 + 2\Delta t) & \cdots & X'(t_m + 2\Delta t) \\
\vdots & \vdots & \vdots & & \vdots \\
X_n: & X'(t_1 + (n-1)\Delta t) & X'(t_2 + (n-1)\Delta t) & \cdots & X'(t_m + (n-1)\Delta t) \\
& \overline{X}_1 & \overline{X}_2 & & \overline{X}_m
\end{array}
\qquad (5.89)
$$

原则上讲，序列 X_1 经过上述拓展后，已经拥有足够多的信息，可越过原来时间序列的一维并把动态过程展现到多维空间中；若原始数据过少，应对位移-时间序列进行插值处理，增加数据再进行拓展处理。每一列 X_1 构成 n 维相空间中的一个相点，表示系统在某一时刻的一个状态；将相空间里相点相连成线就构成了点在空间的轨道。相轨道表示了系统状态随时间的演变。

将时滞 τ 选作时间序列的长时间尺度，将会保证延滞坐标线性无关，这似乎是可能的。因为延迟大于 τ，则时间序列的自相关性趋于零，即资料变为不相关或线性无关。有研究表明，要保证上述各个坐标变量之间的线性独立性，τ 的取值必须足够大。但也研究表明，延滞时间大反而不正确，所以在确定时要与时间间隔相结合考虑。

3）关联维的计算

考察 n 维相空间中的一对相点：

$$\overline{X}_i : \left\{ X'(t_i), X'(t_i + \Delta t), X'(t_i + 2\Delta t), \cdots, X'(t_i + (n-1)\Delta t) \right\}$$

$$\overline{X}_j : \left\{ X'(t_j), X'(t_j + \Delta t), X'(t_j + 2\Delta t), \cdots, X'(t_j + (n-1)\Delta t) \right\} \qquad (5.90)$$

设它们之间的距离，即欧氏模为 $r_{ij}(n)$，显然 $r_{ij}(n)$ 是相空间维数 n 的函数，且

$$r_{ij}(n) = \left\| \overline{X}_i - \overline{X}_j \right\| \qquad (5.91)$$

这里的符号 $\|\cdot\|$ 表示欧氏模。

欧氏模的计算如下：

$$r_{ij}(n) = \sqrt{\sum_{k=0}^{k-n-1} \left(X'(t_i + k\Delta t) - X'(t_j + k\Delta t) \right)^2} \qquad (5.92)$$

以 $\overline{X}_i$ 作为参考点，计算它与其余 $m-1$ 点 $\overline{X}_j$ 的距离 $\left\| \overline{X}_i - \overline{X}_j \right\|$，并对所有 i 重复这一过程，即可计算出相空间中任意两点的距离在给定一个 r（r 为一个数）以

内的数据的 "点对" 数,进一步求出在所有 "点对" 中所占的比例,可用以下关联函数表示:

$$C(r,n) = \frac{1}{m(m-1)} \sum_{i,j=1}^{m} \theta\left(r - \left\| X_i' - X_j' \right\|\right) \quad (i \neq j) \tag{5.93}$$

式中, m 为相点总数; θ 为 Heaviside 函数,它的定义为

$$\theta(x) = \begin{cases} 1 & (x > 0) \\ 0 & (x \leqslant 0) \end{cases} \tag{5.94}$$

$C(r,n)$ 是一个积累分布函数,它描述了相空间中的吸引子上两点之间距离小于 r 的概率,所以称 $C(r,n)$ 为吸引子的关联函数。若选太小,以致距离 $\left\| \overline{X}_i - \overline{X}_j \right\|$ 都比 r 大,则 $\theta(x) = 0$。求和后, $C(r,n) = 0$,表示相点分布在 r 范围之外。若选择 r 太大,一点 "点对" 的距离后不会超过它,则 $C(r,n) = 1$。所以,太大反映不了系统的内部性质。一般来说, r 的取值要使得 $0 \leqslant C(r,n) \leqslant 1$ 才有意义。

关联维的计算是个动态的过程,应按照以下步骤进行计算:

(1) 利用时间序列重新构造一个 n 维的相空间。

(2) 依次取若干个不同的值,分别计算与不同 r 对应的 $C(r,n)$ 值。

(3) 根据

$$D = \frac{\ln C(r,n)}{\ln r} \tag{5.95}$$

计算关联维的估计值 $D(r,n)$。一般根据所取的 a 个;值与其对应的 a 个 $D(r,n)$ 值做出 $\ln r$-$\ln C(r,n)$ 曲线,其直线部分的斜率就是关联维 $D(r,n)$。

(4) 不断提高嵌入维数 n,依次重复上述的 (2)(3) 步骤,直到达到某一个值 n 时,相对应的关联维估计值 D 不再随 n 的增加发生实质意义的变化(即保持在给定的误差范围内)为止。此时,$\ln$-$\ln C(r,w)$ 图里表现是:曲线直线部分的斜率不再随 n 的变化而变化。

D 表示所求的吸引子的关联维; n 表示饱和嵌入维数,决定了时间序列的性质。实际应用中,一般选择的嵌入维 n 比吸引子的维数 D 略大,但不要超过饱和嵌入维的最低值过多。斜率达到饱和时,对应的 n 值具有特别重要的意义,它表示一个体系的动态特征可以约化为用一个有限的关键变量组来描述。斜坡变形破坏过程中的动态分维是按照上述分维计算方法,对不同时间监测的位移序列进行动态跟踪计算而确定的。分维跟踪计算时,位移时间序列可采用新信息法和新陈代谢法确定。新信息法就是把所得到的监测数据不断加入到原来的时间序列中,得到新信息时间序列,由此计算的动态分维称为新信息动态分维。新陈代谢法就是在加入新得到的位移数据的同时,从原来的时间序列中剔除掉

等数量的最老的数据，保持序列数据个数不变。这样获得的动态分维称为新陈代谢动态分维。

研究表明，新信息法动态分维比新陈代谢动态分维更能反映斜坡系统的分形性质。主要表现在同一时刻 $\ln r - \ln C(r,n)$ 图无标量度区间新息序列计算结果明显。通过分析新息动态分维计算的全部结果，对斜坡变形过程中的动态分维特征有如下初步认识。

（1）变形斜坡自有分形特征，这种分形性质随变形的发展越来越明显。具体表现在位移的 $\ln r - \ln C(r,n)$ 关系曲线图的无标度区和 D 值的稳定性在斜坡变形前期不太突出，随着变形的不断发展，不标度区越来越明显，D 值的稳定性越来越好。

（2）与斜坡变形过程一样，斜坡变形过程中的动态分维也具有明显的时效性。随着时间的变化，分维数也相应地发生变化。

（3）斜坡在进入加速变形以前是一个升维的过程，随着变形的发展，分维值呈现总体增加的趋势，但始终小于 1。当斜坡进入加速变形阶段时，分维值趋近于 1。整个加速变形阶段，分维数在 1 附近作微小波动，一般介于 0.95～1.0S，临近破坏时，分维值有降低的趋势。

5.2.5　分形之时间序列模型

1. 概述

分形理论的产生过程以及它用于不同问题的研究，均表明分形理论与复杂系统或复杂的变化过程是息息相关的。在自然科学的众多领域之中，被考察对象在其发展过程中受到各种因素的影响，不仅经常表现出各种随机性，而且以随时间变化的数据序列形式被记录和分析，这种序列通常称为随机序列（即离散随机过程）或时间序列。简言之，时间序列就是具有潜在规律的一组或多组数据，代表相等时间间隔一个量的观测或统计数值。

研究这些序列的方法称为时序分析。时序分析的宗旨和任务是从一组或多组数据中挖掘这些数据的变化规律并建立有关数学模型，进而获得系统相关信息，预测将来动态。

基于分形理论的优越性，借助工程应用数学，运用分形理论中时间序列分析方法对滑坡滑动位移矢量角的变化规律进行研究，发现边坡位移矢量角的赫斯特指数 H 随边坡失稳破坏而呈现出下降的规律，进而说明位移矢量角在滑坡预测预报中是一个重要因子。分形理论运用可以使对滑坡预报判据的量化研究不断完善，从而推动滑坡预测预报的水平逐渐提高。

2. 时间记录分析

诸多自然现象的观测都是以时间标度记录其发展过程的，如温度、河流的流量、降水量等随时间的变化。时间记录分析和 R/S 方法正是对分数布朗运动进行分析的一种行之有效的方法。基于分数布朗运动的性质，运用时间记录分析和 R/S 方法分析被研究对象，挖掘时间记录中是否存在着某些统计规律，最终是否有能力从短期效应去预测长期效应，这是此分析方法的关键所在。鉴于此，英国水文学家赫斯特（Hurst）等在研究尼罗河水库水流量和储存能力关系时，于 1966 年提出了 Hurst 时间记录方面的经验关系。此经验关系又称为 R/S 分析方法，即改变尺度范围的分析（rescale range anlysis）。该方法的基本内涵是：通过改变时间尺度大小研究时间序列统计特性变化规律，从而将小时间尺度范围的规律用于大时间尺度范围，或将大的时间尺度得到的规律用于小尺度，为获得不同尺度下事件可能出现的涨落情况提供思路。这种整体和部分之间规律的相似性，正是分形几何 R/S 分析方法的核心思想。运用此方法，可以对滑坡阶段性的位移矢量角进行分析，从而对滑坡发生整体破坏的时间和位移进行预测。

3. R/S 分析方法基本内容

存在一个时间记录 $\{\xi(t)\}$ $(t=1,2,3,\cdots)$，对于任何正整数 τ 定义均值系列：

$$E(\xi)_t = \frac{1}{\tau}\sum_{i=1}^{\tau}\xi(t) \qquad (x=1,2,3,\cdots) \qquad (5.96)$$

累计离差 $X(t,\tau)$ 定义为

$$X(t,\tau) = \sum_{t=1}^{\varepsilon}\left[\xi(t) - E(\xi)_\tau\right] \quad (1\leqslant t\leqslant\tau) \qquad (5.97)$$

极差 $R(\tau)$ 定义为

$$R(\tau) = \max_{1\leqslant s\leqslant r} X(t,\tau) - \min_{1\leqslant s\leqslant r} X(t,\tau) \qquad (5.98)$$

均方差 s 定义为

$$S(\tau) = \left\{\frac{1}{\tau}\sum_{t=1}^{\tau}\left[\xi(t) - E(\xi)_r\right]^2\right\}^{\frac{1}{2}} \qquad (5.99)$$

赫斯特（Hurst）分析 $R(\tau)/S(\tau) = R/S$ 的统计规律是

$$R/S \propto \left(\frac{\tau}{2}\right)^H \qquad (5.100)$$

式（5.100）中赫斯特指数，H 值是以 $\ln\dfrac{\tau}{2}$ 为横坐标，以 $\ln\dfrac{R}{S}$ 为纵坐标的线性直线

斜率。当 $\{\xi(t)\}$ 是相互独立、方差有限的随机序列时，由时间序列分析方法知，$H_i > 0.5$ 时，表示滑坡位移的发展过程具有持久性，滑坡所处状态不发生变化，且具有相对稳定性；H 值越大，边坡的稳定性越具有持久性，进而说明边坡的稳定性越高；反之，H 值越小，边坡的稳定性和持久性就越低。$H_i = 0.5$ 时，表明滑坡的位移发展过程处于持久性与反持久性的临界状态，进而说明滑坡处于稳定和不稳定的临界状态。$H_i < 0.5$ 时，表示滑坡位移的发展过程具有反持久性，滑坡过去的位移增量与未来的增量呈负相关，事物状态向相反的方向转化，进而说明滑坡已经达到失稳破坏的程度。

4. 基于滑坡位移观测资料研究滑坡预报判据

根据 R/S 分析原理，滑坡位移-时间序列处理方法如下：

（1）分时段处理。把某一时间序列 $(t = 1, 2\{\zeta(t)\}, 3, \cdots)$ 分为几段，分别计算各段的 R/S 值，再计算 H 值。H 值是以 $\ln\dfrac{\tau}{2}$ 为横坐标、以 $\ln\dfrac{R}{S}$ 为纵坐标的线性拟合直线斜率。

（2）递增处理。取某一时间序列 $\{\zeta(t)\}, (t = 1, 2, 3, \cdots)$ 中前 m 个数据（$m > 3$），然后依次递增，求各时段 H 值，从而确定整个时段赫斯特指数 H 序列。

（3）利用前面 H 值的性质，当 $H_i > 0.5$ 时，滑坡所处状态不发生变化且具有相对稳定性；H 值越大，表明边坡的稳定性越具有持久性，进而说明边坡的稳定性越高；反之，H 值越小，边坡的稳定性和持久性就越低。当 $H_i = 0.5$ 时，滑坡的位移发展过程处于持久性与反持久性的临界状态，进而说明滑坡处于稳定和不稳定的临界状态。当 $H_i \leqslant 0.5$ 时，滑坡位移的发展过程具有反持久性，滑坡过去的位移增量与未来的增量呈负相关，事物状态发生向相反的方向转化，进而说明滑坡已经达到失稳破坏的程度。

5.3 滑坡多场数据的协同动态预警

针对重庆地区以及三峡库区典型滑坡，采用多场数据融合的协同动态预警方法。典型案例如下。

5.3.1 奉节县苦草坪滑坡

苦草坪滑坡群位于奉节县康乐镇李坪村，滑坡群坐标范围：X, 36634627.68～36637030.13；Y, 3452402.74～3453411.69。中心坐标 X=36635828.91，

$Y=3452907.22$，距奉节县城约 65km。苦草坪滑坡群共发育有 5 个规模不同的滑坡（1 号滑坡、2 号滑坡、3 号滑坡、4 号滑坡、5 号滑坡），其中，1 号滑坡和 2 号滑坡已进行搬迁无威胁对象，3 号滑坡和 5 号滑坡将实施工程治理，故只将 4 号滑坡纳入本次专业监测范围内。4 号滑坡分为 3 个变形区，其中，4-3 变形区无直接威胁对象，本次监测设计只针对 4-1 和 4-2 变形区（图 5.11）。

图 5.11　奉节县苦草坪滑坡

4-1 号变形区后缘由变形控制，左侧由变形控制，右侧以冲沟为界，前缘剪出口由变形及地形（陡缓交界）控制。变形区后缘高程 728.0m，前缘高程 698.0～705.0m，高差约 30m。变形区为中型等长式土质滑坡，平面形态为圈椅形，主滑方向 178°，横宽平均约 142m，纵长约 65m，面积 $9.8 \times 10^3 m^2$。滑体厚度较一致，厚度 7.8～12.0m，平均厚度约 10.5m，总方量 $1.03 \times 10^5 m^3$。

4-2 号变形区后缘由变形控制，左侧以冲沟为界，右侧由变形控制，前缘由变形及地形（陡缓交界）控制。变形区后缘高程 739.0m，前缘高程 695.0～707.0m，高差约 44m。变形区为中型等长式土质滑坡，平面形态为圈椅形，主滑方向 157°，横宽平均约 166m，纵长约 102m，面积 $1.7 \times 10^4 m^2$。滑体平均厚度约 10m，总方量 $1.7 \times 10^5 m^3$。

变形区变形主要表现为地表开裂、房屋开裂。据访问调查，变形始于 2008 年左右，暴雨后出现少量地表变形和房屋开裂，此后每逢暴雨，裂缝都不断开展。

2014 年奉节县"8·31 特大暴雨"后，滑坡稳定性急剧下降，出现新的房屋开裂和地裂缝；变形区地裂缝在滑坡各处均有分布，但后缘比较集中，裂缝宽 0.1～1.2cm，延伸 1.6～13.1m，裂缝走向基本与地形线走向一致。滑坡地下水主要由大气降水补给，滑坡区地下水主要为松散岩类孔隙水及基岩风化裂隙水，滑坡为受降雨影响显著的牵引式土质滑坡。4 号滑坡主要威胁当地居民 36 户 72 人，房屋 44 间 1020m^2，耕地 82 亩。详见图 5.12～图 5.16。

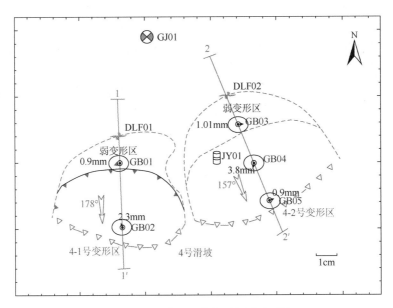

图 5.12　苦草坪滑坡监测布置平面图

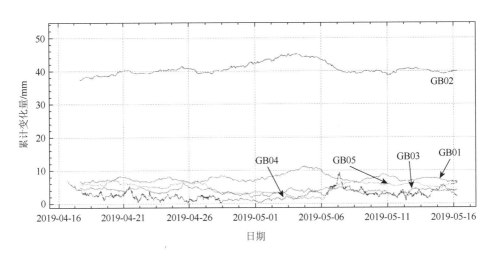

图 5.13　苦草坪滑坡 GNSS 监测曲线图

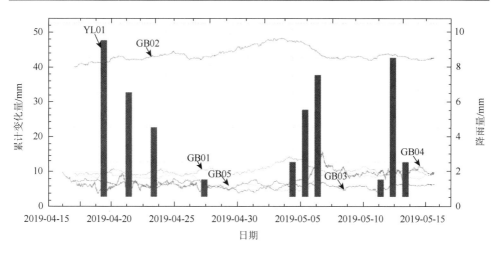

图 5.14　滑坡地表变形与降雨量对应关系图

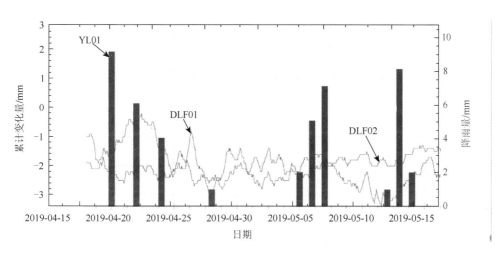

图 5.15　裂缝与降雨量关系图

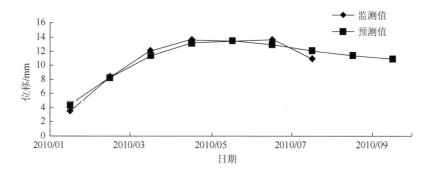

图 5.16　现场监测值与滑坡预测性形变

5.3.2 酉阳县老水井滑坡

滑坡平面形态呈"舌形",长约300m,宽150m,滑体厚5m,体积约$2.25×10^5m^3$,滑动方向95°。1986年8月6日滑坡前缘出现局部垮塌,近年来滑坡中部区域陆续出现明显裂缝(图5.17～图5.20,表5.5),滑坡中后部出现房屋墙体和地面开裂下沉等变形迹象,总体变形迹象明显,存在滑坡变形加剧的现象。

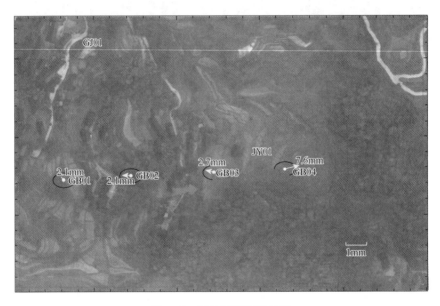

图 5.17　滑坡平面位移矢量

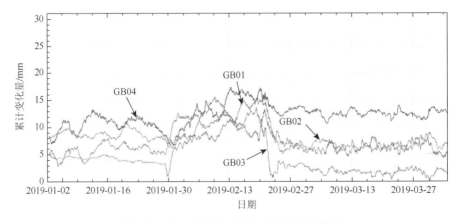

图 5.18　老水井滑坡 GNSS 水平位移曲线图

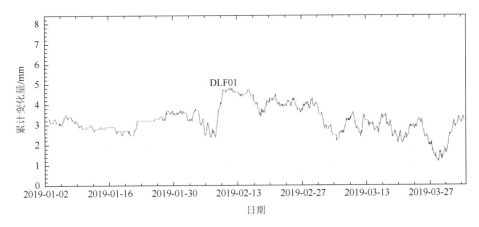

图 5.19 老水井滑坡裂缝变形曲线图

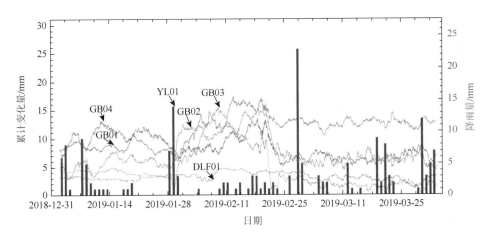

图 5.20 老水井滑坡 1-1 剖面水平位移曲线图

表 5.5 实测位移与预测位移误差

序号	时间	实测位移/mm	预测位移/mm	误差/mm	相对误差/%
1	02-01	3.72	3.72176	−0.00176	0.004
2	02-10	4.76	4.63784	0.12216	2.56
3	02-20	5.47	5.66225	−0.19225	3.51
4	03-01	7.12	7.29611	−0.17611	2.47
5	03-10	10.11	9.66414	0.44586	4.41
6	03-20	12.23	12.4276	−0.1979	1.33
7	03-30	14.85	16.1162	0.7338	4.94
8	04-09	14.18	12.7854	1.3946	9.83

目前该滑坡处于潜在不稳定状态，在连续降雨及暴雨等不利工况的影响下很可能会产生整体滑动，一旦出现险情，将直接威胁滑坡体后缘公路过往车辆和行人以及滑坡区内当地村民 65 户 319 的生命财产安全，间接威胁当地居民 42 户 216 人。

5.3.3　彭水县大土沟滑坡

彭水县万足镇大土沟滑坡位于彭水县万足镇爱国村 3 组，滑坡平面形态呈"舌形"，长约 205m，宽 100m，前缘高程 740m，后缘高程约 810m，滑体厚 6～8m，平均厚约 7m，体积约 $1.435 \times 10^5 m^3$，滑动方向 280°（图 5.21 和图 5.22），滑坡类型属松脱式浅层土质滑坡。后缘为地形陡缓交界处，前缘位于宁良友等房屋后陡坡处，侧冲沟为界，左右侧以地形转折为界。

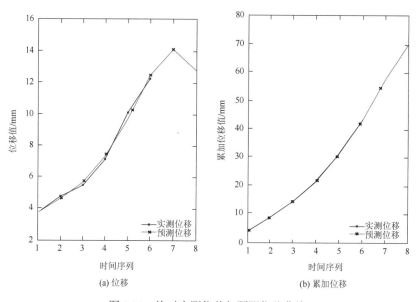

(a) 位移　　　　　　　　　　　　　(b) 累加位移

图 5.21　绝对实测位移与预测位移曲线

滑坡区坡度较陡，前缘临空，为滑动提供了空间条件；受 2016 年 6 月彭水县连续强降雨天气影响，地表水冲刷渗透坡体，使岩土界面饱水软化，形成一软弱面，降低了抗滑力，加大了坡体重量，增加了下滑力，加剧了滑坡变形（图 5.23～图 5.27）。目前该滑坡处于欠稳定状态，在连续降雨及暴雨等不利工况的影响下很可能会产生整体滑动，一旦出现险情，将直接威胁滑坡体上 43 户 199 人，房屋 135 间约 810m^2 及村道，间接威胁当地居民 16 户 87 人生命财产安全。

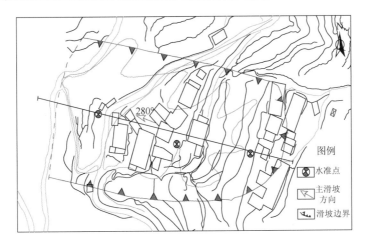

图 5.22 平面布置图

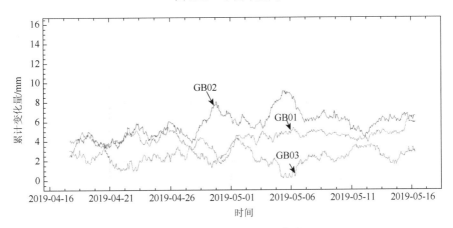

图 5.23 GNSS 地表位移曲线

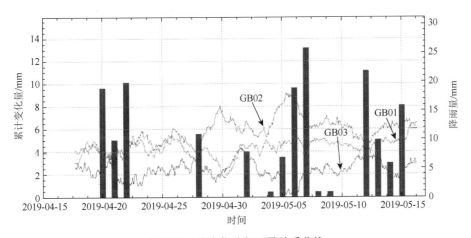

图 5.24 地表位移与雨量关系曲线

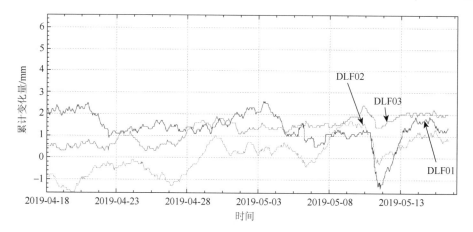

图 5.25　地表裂缝监测曲线

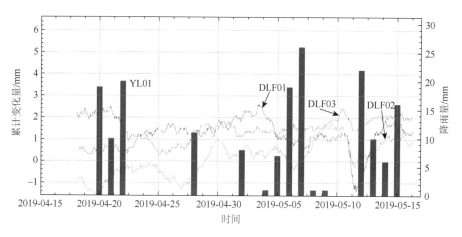

图 5.26　地表裂缝与雨量关系图

5.3.4　彭水县马岩危岩

马岩危岩位于重庆市彭水县联合乡后江河右岸,地理坐标:108°25′E,29°36′N,陡崖下为 202 省道。马岩危岩垮塌物质主要由陡崖局部危岩垮塌构成,在雨水冲刷下其全部滚落至省道及斜坡体上,垮塌方量较大,威胁性较大,同时陡崖带存在数块单体危岩体,可能危及联合乡场镇居民生命财产安全及下方省道、河道运行。经实物调查,该危岩带威胁下方联合乡场镇常住 1600 余人(赶集日流动人口达 3000 余人)、蔡家坝村 43 户 189 人生命财产安全及马岩洞发电站设施设备,危岩带一旦垮塌,可能堵塞下方河道造成堰塞湖,危害性大。详见图 5.28～图 5.30。

图 5.27　平面布置图

图 5.28　马岩危岩全景图

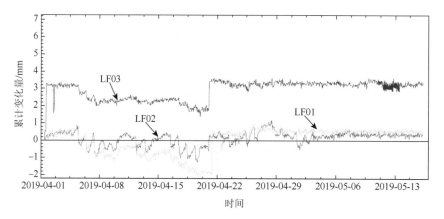

图 5.29　马岩危岩裂缝监测曲线

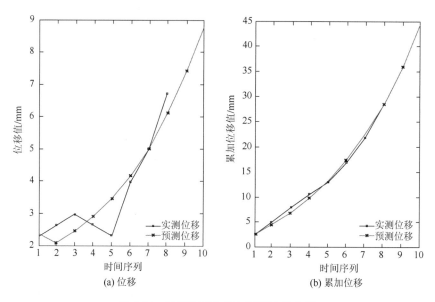

(a) 位移　　　　　　　　　　(b) 累加位移

图 5.30　绝对实测位移与预测位移曲线

5.3.5　涪陵区王爷庙滑坡

王爷庙滑坡位于重庆市涪陵区石和乡富广村十组，处长江右岸斜坡地带。WGS84 空间三维直角坐标：X，1628791，Y，5297776，Z，3146226。滑坡体呈长舌形，主滑方向 85°，坡角约 20°。滑坡区地形标高 140~288m；滑坡体范围内地形上呈缓坡。滑体长 650m，宽 150m，厚 5~15m，均厚 10m，滑坡区面积约 $9.75\times10^4\text{m}^2$，滑坡体积 $9.75\times10^5\text{m}^3$。属中型浅层牵引式土层滑坡，是一新生型滑坡（图 5.31~图 5.35）。

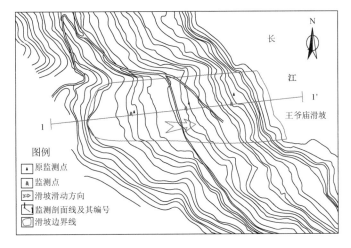

图 5.31　王爷庙滑坡监测布置平面图

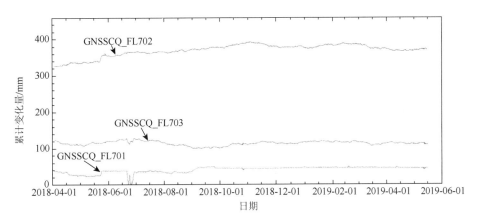

图 5.32　王爷庙滑坡 GNSS 监测曲线

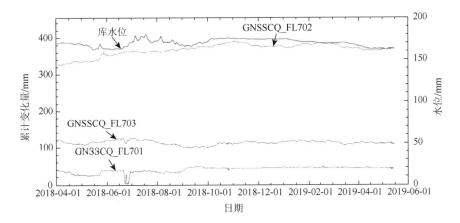

图 5.33　滑坡变形与水库水位关系图

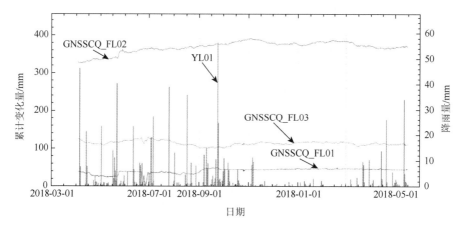

图 5.34　滑坡变形与降雨量关系图

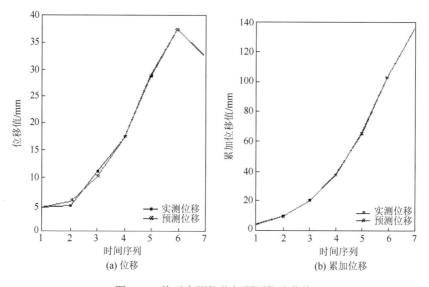

图 5.35　绝对实测位移与预测位移曲线

5.3.6　涪陵区尖石堡滑坡

滑坡位于重庆市涪陵区荔枝办事处乌江村 2 组，乌江左岸。WGS84 空间三维直角坐标 X, 1657809；Y, 5295407；Z, 3135132。滑坡平面形态为横长形，长约 380m，宽约 750m，滑体平均厚度约 7m，滑坡前缘高程 140m，后缘高程 310m，滑坡面积 $2.85 \times 10^5 m^2$，体积 $1.995 \times 10^6 m^3$。滑坡方向 100°，坡度 20°，左、右两侧边界为基岩出露面，后缘为岩坡体下滑后出露的滑坡后壁，前缘伸入乌江。详见图 5.36～图 5.39。

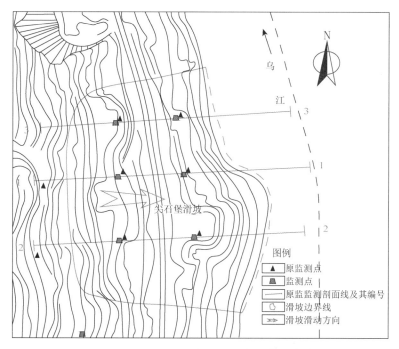

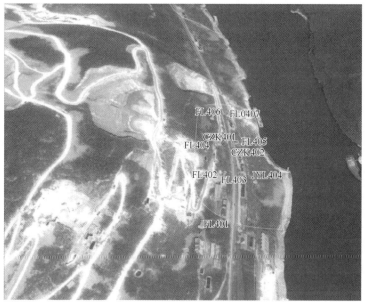

图 5.36 尖石堡滑坡监测平面布置图

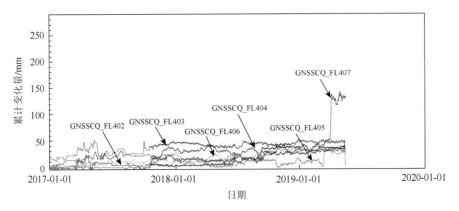

图 5.37 尖石堡滑坡 GNSS 位移变化曲线

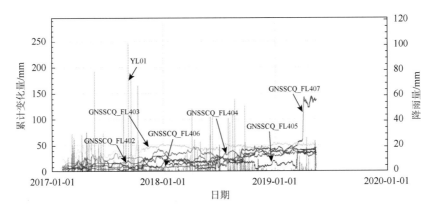

图 5.38 尖石堡滑坡位移变化与降雨量关系

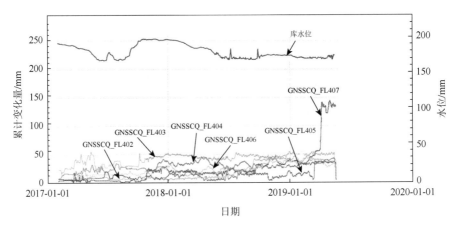

图 5.39 尖石堡滑坡位移与水库水位变化关系图

5.3.7   巴南区麻柳嘴滑坡

麻柳嘴滑坡位于重庆市巴南区麻柳嘴镇望江村，长江右岸，交通便利。地理经纬度坐标为：107°56.913′N，30°09.802′E。麻柳嘴滑坡平面形态似舌形，纵剖面呈直线型，横剖面呈不规则的"U"形。分布高程介于 154.00～295.00m，后缘为陡坡，前缘为长江，右侧为冲沟，左侧为山脊。滑坡纵长约 650m，横宽 720m，滑体平均厚约 27m，面积约 $4.68 \times 10^5 m^2$，体积约 $1.268 \times 10^7 m^3$，主滑方向大致约 320°（图 5.40～图 5.43）。

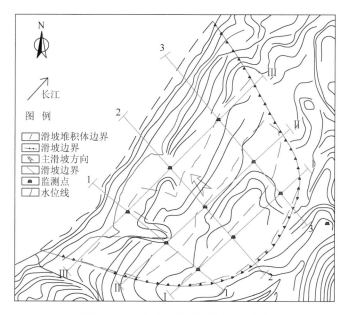

图 5.40   麻柳嘴滑坡监测布置平面图

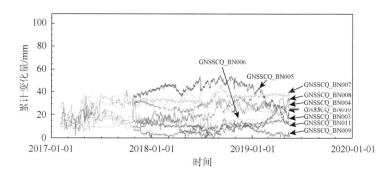

图 5.41   麻柳嘴滑坡时间位移曲线

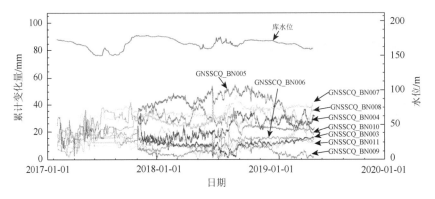

图 5.42　位移与水库水位关系曲线

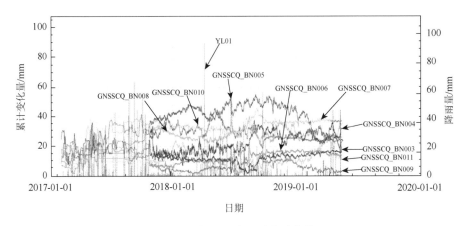

图 5.43　位移与降雨量关系曲线

5.3.8　巫山县汪家坪滑坡

　　汪家坪滑坡位于巫山县龙溪镇双河村 2 组、大宁河支流长溪河右岸,属构造剥蚀、河流侵蚀切割中低山地貌,地势总体北西高南东低。滑坡后缘高程 380m,前缘 198.25～214.52m,高差约 182m。剖面形态呈凹形,自上而下呈陡、缓相间地形,总体地形坡角 16°,局部陡坡地形坡角约 27°,局部缓坡地形坡度约 4°。滑坡后部陡坡地带以灌木为主,中前部缓坡区以耕地为主。滑坡前缘为长溪河,河床宽 50～130m。

　　滑坡体横宽约 760.0m,纵长约 620.0m,面积约 $2.47×10^5m^2$,厚度 17.7～44.8m,平均厚度 35.0m,体积约 $8.645×10^6m^3$,属大型深层土质滑坡。详见图 5.44～图 5.46。

图 5.44　汪家坪滑坡监测布置图

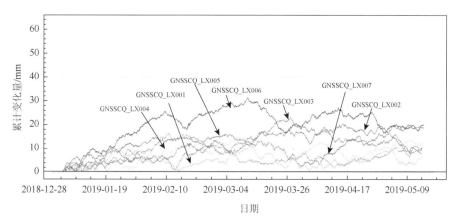

图 5.45　滑坡时间位移图

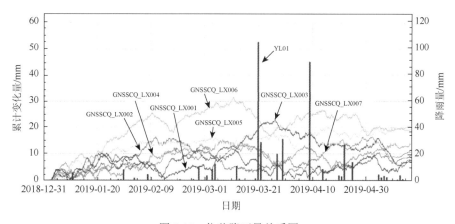

图 5.46　位移降雨量关系图

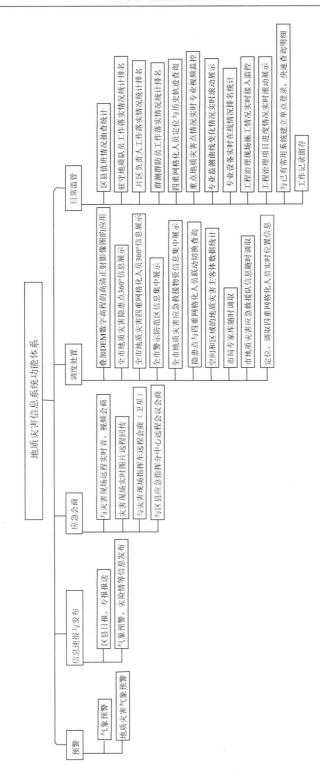

图 5.47　地质灾害信息系统功能体系图

5.3.9　监测预警系统

滑坡地质灾害监测预警系统坚持"属地为主，分级分类；以人为本，预防为主；统一领导、协调管理；统筹兼顾，突出重点；合理避让，重点治理；依靠科技，注重成效"的原则，以"标准化、信息化、立体化"为工作总目标，借助互联网、大数据、物联网等"互联网+"信息技术手段，为"四重网格化"的地质灾害管理格局提供有效的保障，促进地质灾害主客体数据立体化，进一步巩固"巡查排查、监测预警、专家驻守、应急处置、督查督办"五道防线，为"四项制度"的落地提供高效、便捷的途径。该系统以"预警""信息速报与发布""应急会商""调度处置""日常监管"为切入点，融合了大数据、互联网和物联网等技术，建立了覆盖地质灾害全业务类型的中心数据库，主要包括：隐患点数据；四重网格化人员数据；两卡一案数据；警示区拐点数据；工程资料数据等共 18 种地质灾害数据（图 5.47 和图 5.48）。

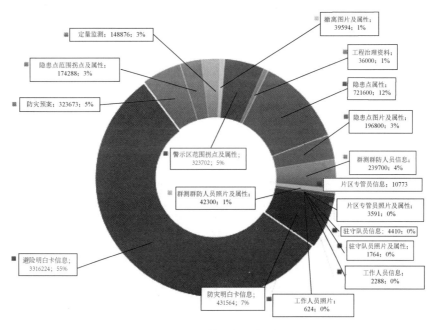

图 5.48　数据量分布图

第 6 章 研究成果与展望

6.1 研 究 成 果

本书采用工程地质学、测绘科学、信息科学、环境科学、计算力学与岩土力学于一体的交叉融合方法，研究了基于多场大数据融合的山区滑坡地质灾害智能监测、预警关键技术与应用。研究滑坡过程演化机理，提出滑坡地质灾害动态演化过程理论，揭示了基于卸荷地质过程的滑坡演化机理，提出了滑坡演化阶段划分的标准；基于空地一体滑坡地质灾害立体化监测体系，提出基于滑坡演化机理和形变速率分级分区的滑坡地质灾害多场监测与数据采集新体系，研发了高度集成和自动化的滑坡地质灾害多场特征信息智能监测预警成套设备；基于多场特征信息处理与多源监测数据融合，建立了基于时间序列监督离散化的多场数据关联规则提取新技术和基于组合模型的动态跟踪预警新技术，创建了基于 WebGIS 多维信息的滑坡地质灾害智能预警平台。

本研究取得了系列创新性成果，提出了基于演化过程的滑坡地质灾害监测预警技术、滑坡地质灾害多场特征信息监测体系和滑坡地质灾害的多模型协同动态智能预警技术，具体内容如下：

（1）针对现有滑坡监测预警理论与方法主要依据滑坡发生某一时段的特征参量，基本不考虑滑坡的演化过程，在理论和实践上均存在较大缺陷的问题，提出了基于演化过程的滑坡地质灾害监测预警技术。

滑坡地质灾害发生是多场演化的结果，单纯的时间-位移特征及其特征参量不能反映其演化过程。复杂环境条件下的滑坡地质灾害多场演化信息识别与演化阶段预测是实现滑坡地质灾害有效监测预警的基础。

以有效进行滑坡地质灾害监测预警为目标，针对滑坡地质灾害演化进程核心问题，以滑坡地质灾害孕灾模式、演化与致灾机理、演化阶段判识与过程控制为主线，提出了基于演化过程的滑坡灾害监测预警思想，主要包括：滑坡地质灾害多场演化特征信息理论、滑坡地质灾害多维信息挖掘与融合理论、滑坡地质灾害演化进程预测理论和滑坡地质灾害演化控制率理论。

以滑坡孕灾模式与致灾机理、滑坡多场演化信息的获取与表征、滑坡演化阶段判识与预测、滑坡演化阶段综合监测预警优化理论为技术支撑，构建了基于演化过程的滑坡地质灾害监测预警体系。

（2）针对目前传统滑坡监测过程中缺乏物质能量状态演化与迁移，滑坡演化多场信息表达，多场信息特征的提取，不同属性、尺度、分辨率的多场信息融合方法、演化模式、识别方法及逻辑共生关系等方面研究的问题，基于天空地一体化监测新技术，研发了滑坡地质灾害多场特征信息的勘察与监测新技术。

在滑坡地质灾害演化机理研究的基础上，提出了滑坡多场演化特征数据采集新体系，研发了一系列滑坡地质灾害多场特征信息监测设备，为滑坡地质灾害监测预警提供了保障。通过演化进程中对渗流场、位移场、应力场、次声等多场信息特征变量演变机理的研究，提出地表-地下、点-线-面-体多层级的基于多传感器技术的滑坡地质灾害多场特征变量监测方法；采用差分干涉雷达、无人机倾斜摄影、三维激光扫描仪、声发射仪、测地机器人等多传感器，构建了滑坡地质灾害多场监测新体系。

第一，提出了基于滑坡演化机理和形变速率分级分区的滑坡地质灾害多场监测与数据采集新体系。

基于滑坡机理、滑坡要素形变联动规律和历史形变速率-空间分布关系，对滑坡分区进行监测组合优化布设，提出了多传感器的滑坡地质灾害多场特征的空-地结合监测新技术，采用差分干涉雷达、无人机倾斜摄影、三维激光扫描仪、声发射仪、测地机器人等多传感器，构建了滑坡地质灾害多场变量的点-线-面、地上-地下全域立体化监测新体系。

以立体化、空-地一体化监测理念为指导，提出了基于全方位多源数据采集、数据深度融合与协同利用的方法，结合高频次位移监测场、应力场、渗流场和次声等多场监测数据，揭示了地表与地下致灾要素的相互联系与影响，为滑坡演化、监测预警和预测模型的建立提供了客观、量化的关键指标。

第二，研发了高度集成和自动化的滑坡地质灾害多场特征信息智能监测预警成套设备。

研制了 GNSS 多维位移监测系统，包括监测站 GNSS 天线、监测 GNSS 板卡、姿态传感单元、监测站区域无线模块、监测站差分解算单元，适用于无人机值守的野外监测现场，功耗小，集成度高；研制了次声波检测器，包括信号放大电路、低通滤波电路、信号衰减电路、程控增益放大电路、直流偏置电路等，实现次声波接收平膜片与信号采集平膜片的有效个例，利于接收信号的均匀稳定传递；研制了磁式裂缝监测预警装置，包括监测模块、控制模块、预警模块、通信模块以及供电模块，通过将测量数据分析结果与内嵌预警阈值相比较，进而判断是否驱动预警模块，人工干预少、预警直接、灵敏度高；研制了土质滑坡的浅层形变监测装置，包括多组阵列式传感装置、监测采发控制装置和竖向安装导管，该监测装置能够有效监测土质滑坡浅层形变，具有浅层形变监测效率高、集成度高的特点；研制了多功能广播预警雨量监测系统，包括监测设备、采控单元、现场广播预警器，该系统可长时间用于野外自主工作，减少了人工干预。

第三，提出了结合时间域分析法和多尺度状态最优 Kalman 滤波的多场数据清洗方法。

监测数据所形成的时间序列表现形式多样，大样本和小样本数据、线性和非线性数据、平稳和非平稳数据共存，对系统中多源传感器数据以时间域序列方法进行分析，提出了多尺度状态最优 Kalman 滤波判定异常点并合理剔除。同时，利用直观散点分布图示法判定监测数据的平稳性，用结合小波分析和非平稳时间序列思想的三次样条插值和多项式拟合的方法实现非平稳海量数据的平滑化和补缺等问题的预处理。针对滑坡复杂系统的高度非线性特征，引入了能较好解决小样本、非线性时间序列预测问题的回归分析拟合方法，对多源异构监测数据进行"分箱"处理，通过多元回归分析方法建立滑坡多因素变量之间的相关性模型，然后对多源的监测样本进行了实验和检验，证明该融合方法对减小预测结果的误差有效。

第四，提出了逐步迭代的回归分析方法，实现了多时空分辨率的多场数据融合。

突破监测数据的时间-位移单一关联性，对多时空分辨率、线性与非线性、离散与连续性并存的多场监测数据，提出逐步迭代思想优化下的回归分析法，建立多源异构自变量与位移因变量之间的关系模型，统计得到滑坡形变位移与其他影响滑坡的因子之间的数学表达式，最终定量化地预测了滑坡位移变化趋势。

逐步迭代优化下的回归分析在每一步对引入回归方程的变量计算其偏回归平方和，然后选一个偏回归平方和最小的变量进行显著性检验，如果显著则该变量不必从回归方程中剔除，这时方程中其他的几个变量也都不需要剔除。相反，如果不显著，则要剔除该变量，然后按偏回归平方和由小到大依次对方程中其他变量进行 F 检验。将对形变影响不显著的变量全部剔除，保留显著的。再对未引入回归方程中的变量分别计算其偏回归平方和，并选其中偏回归平方和最大的一个变量，同样在给定 F 水平下作显著性检验，如果显著则将该变量引入回归方程，这一过程一直继续下去，直到在回归方程中的变量都不能剔除而又无新变量可以引入时为止，回归过程结束。

（3）针对现有预测模型多是单纯根据历史监测数据推衍得出，没有与滑坡演化规律相结合，造成现有预测模型缺乏对滑坡灾变预警动态适应性的问题，基于时间序列监督离散化的多场数据关联规则提取和组合模型的动态跟踪预警，创建了联合智能时序和预测模型组合优化的多模型协同动态智能化预警平台。

现有滑坡预测的模型较为单一，且在形变-主控因素的关联性和滑坡动态变化趋势的体现上比较薄弱。针对这一问题，提出连续时间序列的监督离散化，将不同时间采样频率的多场监测数据依据时间维度离散化，实现智能时序下的多场数据关联规则提取。此外，依据动态更新的监测数据、形变-形变主控因素之间的关联分析和形变速率，通过组合预测多模型，不同形变时期自动选择灰色 GM(1, 1) 模型、BP 模型和动态分维预警模型，并对预警模型进行动态更新，提高预警的动态性、自适应性和有效性。

第一，建立了基于时间序列监督离散化的多场数据关联规则提取新技术。

滑坡的多场信息物理量包括：坡面位移、深部位移、地下水位、次声、温度、土压力、孔隙水压力、降水等众多物理参量，且各信息场的演化规律具有内在关联性，主控因素的变化引发滑坡多场信息的互响应。为了建立滑坡变形演化多场信息关联规则，基于滑坡多场信息时序关联判据，利用连续时间序列的监督离散化方法，通过自上而下的卡方检验，实现多场监测数据中的连续时间序列与离散时间系统的智能采样，有效融合多场数据，分析形变-主控因素的关联性。

第二，建立了基于组合模型的动态跟踪预警新技术。

根据滑坡局部形变特性和整个滑坡在时空尺度变换上表现出的无标度性、时间序列下的滑坡形变与多场信息变化趋势，选取灰色理论和人工神经网络两种模型形成组合模型，对预测的位移和实地测得的实际位移进行比较、评估，从残差序列中计算得到状态转移概率矩阵，分离误差项，并进行平差。得到平差结果后，利用以均方根误差 RMSE、平均绝对误差 MAE、平均绝对百分比误差 MAPE 和关联系数 CC 为核心的四大评估准则，认为关联系数 CC 越大，关联要素之间的关系越强，预测模型表现越好。在误差探测和模型评估的基础上判定模型预测结果，并进行动态循环修正以使模型预测结果更加准确。

第三，建立了集滑坡演化机理、演化特征信息判识、危险性预测于一体的滑坡地质灾害智能预警平台。

创建了集滑坡多场特征信息辨识与滑坡演化阶段预测、区域与单体预测、时间与空间危险性预测预警于一体的滑坡灾害预测预警方法，建立了基于 GIS 的滑坡地质灾害监测和预测预警系统，实现了复杂地质环境条件下基于实时气象信息的滑坡危险性预警。

以三维 WebGIS 平台为载体，将卫星影像图、数字地面模型、滑坡体无人机倾斜摄影模型叠加形成真三维实景模型，可视化、立体化展示地质灾害分区图和滑坡单体，实现多场监测数据的远程监测与地质灾害的动态智能化预警。

成功预警主要案例如下：

实例 1：重庆巫山县巫峡镇白泉村滑坡成功预警。2019 年 6 月 18 日 23 时 40 分，重庆巫峡镇白泉村发生高位滑坡垮塌，塌方量约 3 万 m^3，斜坡残留约 5 万 m^2，避免了 5 户 21 人伤亡。

实例 2：重庆市巫山县巫峡镇马垭口滑坡成功预警。2018 年 6 月 18 日，马垭口滑坡发生滑塌，方量约 3 万 m^3，残留滑体约 5.4 万 m^3，有效避免了 10 户 34 人伤亡。

实例 3：重庆市涪陵区李寺村滑坡成功预警。2019 年 6 月 21 日，涪陵区江北街道李寺村滑坡，6 月 21 日 02 时到 23 日 08 时，最大累计降水量为 244.9mm，最大小时雨强 77.2mm，避免了 9 户 25 人伤亡。

实例 4：重庆市城口县滑坡成功预警。2017 年 10 月 6 日，城口县蓼子乡长元村李家坝滑坡出现整体下滑，成功转移 139 名村民。

实例 5：重庆市巫山县红岩子滑坡成功预警。2015 年 6 月 26 日，重庆市巫山红岩子滑坡发生，滑坡方量 1.5 万 m^3，成功避免了 229 人人员伤亡及财产损失。

以上成果还成功应用于涪陵区王爷庙滑坡、丰都县罗家院子滑坡、奉节县永安三号路移民迁建房高边坡、彭水县大土沟滑坡、云阳县南溪老集镇滑坡、外国语学校滑坡、酉阳县老水井滑坡等监测，实现了山区滑坡演化阶段判识和协同、动态预警，避免了监测不精准、预警不及时而造成的重大损失，取得了显著的社会和经济效益。

6.2　研　究　展　望

6.2.1　后续研究

重庆山地、丘陵面积占全市总面积的 90.9%，是全国滑坡地质灾害高易发省市之一，亟须开展滑坡地质灾害科学高效防控工作。科学地进行滑坡地质灾害监测预警需要系统完善的滑坡地质灾害演化与灾变理论和监测预警技术。为此，本书提出基于多场数据融合的山区滑坡地质灾害监测预警关键技术，提出了基于演化阶段划分的滑坡地质灾害监测预警技术，研发了滑坡地质灾害多场特征信息的监测新技术和新设备，创建了基于滑坡地质灾害演化阶段判识的多模型协同动态预警平台，实现了集滑坡演化机理、演化特征信息判识、危险性预测于一体的滑坡预测预警系统，并成功应用于重庆市滑坡地质灾害监测预警工程中。尽管成果中对基于多场数据融合的山区滑坡地质灾害监测预警做了一定研究工作，但是，今后研究中还需解决以下两个方面的问题：

（1）由于滑坡分布广泛并且存在着较多特殊情况，加上人力的限制和整个工程的紧迫性，在信息系统的资料采集和需求分析过程中，存在着资料收集不够全面、需求分析不够全面的情况，需要开展滑坡地质灾害大数据采集与分析系统研究。

（2）在滑坡地质灾害监测预警技术方面，随着计算机技术的不断发展，各种监测仪器设备不断改进，更新的监测技术出现和监测数据时空分辨率提高，如何对数据融合和数据挖掘方法进行改进以适应新的数据形态和数据结构的融合应用，为滑坡智能预警提供数据支撑需要进一步深入研究。

6.2.2　展望

多年来系统开展了滑坡地质灾害监测动态演化过程理论与技术、滑坡地质灾害多场特征信息监测体系和滑坡地质灾害的多模型协同动态智能预警技术等研究，取得了一批具有国际影响的创新性成果，广泛应用于重庆市涪陵、奉节、巫山、彭水、云阳、酉阳等地区，取得了显著的社会效益与经济效益，具有广阔的推广应用前景，主要表现在以下几方面：

（1）基于多场数据的滑坡智能监测预警技术能够对滑坡形变与影响因素进行动态强关联，对于不同的滑坡形态、滑动机制具有较好的自适应性，为分析滑坡风险、制定减灾防灾措施提供了重要的辅助决策支持，避免了盲目防灾带来的人力、物力投入的低效利用问题。

（2）基于多场数据的滑坡智能监测预警技术能够提高预警的有效性，避免因错误预警或预警延迟导致灾害发生带来人员伤亡和应急灾害救援措施的错误决策及投入，确保滑坡周边居民的生命财产安全，具有显著的经济社会效益。

（3）基于多场数据的滑坡地质灾害智能监测预警技术必将对我国滑坡地质的科学减灾防灾起到巨大的推动作用，具有显著的经济社会效益。

参 考 文 献

薄立群，常丽萍，华仁葵. 2001. 陆域强震及火山空天监测集成系统可行性研究. 地质灾害与环境保护，12（4）：44-48.

曹国金，苏超. 2002. 隧洞工程监测信息数据库管理系统设计及其应用. 岩土工程师，14（2）：34-36.

曹兰柱，王珍，王前领，等. 2018. 加权马尔可夫链滑坡预警模型优化研究. 安全与环境学报，18（3）：1030-1035.

曹琳. 2016. 基于无人机倾斜摄影测量技术的三维建模及其精度分析. 西安：西安科技大学硕士学位论文.

曹卫文，陈洪凯，叶四桥. 2008a. 高切坡失稳动力机理研究. 重庆交通大学学报（自然科学版），27（3）：416-419.

曹卫文，唐红梅，叶四桥. 2008b. 公路高切坡开挖过程数值模拟及稳定性评价——以两巫公路K95段为例. 重庆交通大学学报（自然科学版），27（5）：785-789.

柴军瑞. 2004. 岩土体多相介质多场耦合作用与工程灾变动力学研究简述. 全国岩石力学与工程学术大会.

常保平. 1998. 抗滑桩的桩间土拱和临界间距问题探讨//滑坡文集编委会. 滑坡文集（第十三集）. 北京：中国铁道出版社.

陈冲，张军. 2016. 倾斜基底排土场边坡变形破坏底面摩擦模型实验研究. 金属矿山，（10）：150-154.

陈国庆，黄润秋，周辉，等. 2013. 边坡渐进破坏的动态强度折减法研究. 岩土力学，34（4）：1140-1146.

陈海洋. 2016. 时间序列差分干涉SAR三维形变场的提取. 哈尔滨：哈尔滨工业大学硕士学位论文.

陈贺，李亚军，房锐，等. 2015. 滑坡深部位移监测新技术及预警预报研究. 岩石力学与工程学报，34（S2）：4063-4070.

陈洪凯，杨世胜，叶四桥，等. 2007. 公路高切坡分类及其破坏模式. 重庆交通大学学报（自然科学版），26（5）：92-96.

陈锦源. 2011. 无线传感器网络中能量有效自适应路由算法研究. 现代计算机，1：10-13.

陈明金，欧阳祖熙，范国胜. 2007. 基于数据融合的滑坡综合监测信息提取方法. 大地测量与地球动力学，6：77-81.

陈若愚，孙鸯金. 2015. 预应力锚索技术在公路高边坡施工中的应用. 交通世界，32（11）：116-117.

陈炜峰，席万强，周峰，等. 2014. 基于物联网技术的山体滑坡监测及预警系统设计. 电子器件，37（2）：279-282.

陈卫兵，郑颖人，冯夏庭，等. 2008. 考虑岩土体流变特性的强度折减法研究. 岩土力学，29（1）：101-105.

陈修和，张华. 2006. 梅河高速公路高边坡设计与加固问题探讨. 土工基础，20（1）：24-27.

陈怡曲. 2013. 基于 InSAR 的形变监测技术研究. 成都：电子科技大学硕士学位论文.

陈益峰，吕金虎，周创兵. 2001. 基于 Lyapunov 指数改进算法的边坡位移预测. 岩石力学与工程学报，5：671-675.

程心意，刘彬，侯炳绅，等. 2010. 三峡库区某居民点高切坡变形体治理方案设计实例. 资源环境与工程，24（5）：600-604.

崔志波，曹卫文，唐红梅. 2008. 煤系地层公路高切坡稳定性评价. 重庆交通大学学报（自然科学版），27（6）：1108-1111，1163.

邓东平，李亮. 2016. 考虑预应力损失的锚索加固条件下边坡长期稳定性分析. 长江科学院院报，33（10）：93-97，101.

邓建华，汪家林，蔡建华. 2011. 攀枝花市某滑坡监测实施与变形分析. 工程勘察，39（4）：79-83.

杜启亮. 2008. 锌钡白煅烧回转窑过程控制的分析与研究. 广州：华南理工大学博士学位论文.

樊俊青. 2015. 面向滑坡监测的多源异构传感器信息融合方法研究. 武汉：中国地质大学博士学位论文.

费冰. 2014. 基于 DFOS 的边坡多场信息获取与关联规则分析. 南京：南京大学硕士学位论文.

费康，王军军，陈毅. 2011. 桩承式路堤土拱效应的试验和数值研究. 岩土力学，32（7）：1975-1983.

冯明义. 2010. 公路高切坡施工过程及防治技术. 中国新技术新产品，（16）：94.

付冰清，何述东. 1998. 豆芽棚滑坡预测多专家组合神经网络系统. 长江科学院院报，3：55-57.

高姣姣. 2010. 高精度无人机遥感地质灾害调查应用研究. 北京：北京交通大学硕士学位论文.

高玮，冯夏庭. 2004. 基于灰色-进化神经网络的滑坡变形预测研究. 岩土力学，25（4）：514-517.

宫清华，黄光庆. 2009. 基于人工神经元网络的滑坡稳定性预测评价. 灾害学，24（3）：61-65，74.

宫清华，黄光庆，张俊香. 2015. 广东省小流域地区降雨诱发的滑坡灾害预警体系探讨. 气象科技进展，5（4）：53-56.

郭科，彭继兵，许强，等. 2006. 滑坡多点数据融合中的多传感器目标跟踪技术应用. 岩土力学，3：479-481.

郭新明，严勇. 2016. 公路高切坡防治技术体系与施工过程探究. 建筑知识，8（8）：97.

郭雨非. 2013. 单体滑坡预报预警系统研究. 北京：中国地质大学博士学位论文.

郭子珍，侯东亚，濮久武，等. 2008. 远程无线遥控测量机器人变形监测系统在大坝外部变形和高切坡位移监测中的应用. 杭州：2008 年大坝安全监测设计与施工技术交流会.

韩流，舒继森，周伟，等. 2014. 边坡渐进破坏过程中力学机理及稳定性分析. 华中科技大学学报（自然科学版），（8）：128-132.

何朝阳，巨能攀，赵建军，等. 2018. 基于 ArcGIS 的降雨型地质灾害自动预警系统. 人民长江，49（S2）：246-250，254.

何思明，李新坡，王成华. 2017. 高切坡超前支护锚杆作用机制研究. 岩土力学，28（5）：1050-1054.

何思明，李新坡. 2008a. 高切坡超前支护桩作用机制研究. 工程科学与技术，40（3）：43-46.

何思明，李新坡. 2008b. 高切坡半隧道超前支护结构研究. 岩石力学与工程学报，27（z2）：
　　3827-3832.

何思明，罗渝，何尽川. 2011. 一种高切坡超前支护桩的作用机制. 工程科学与技术，43（6）：
　　79-84.

贺可强，孙林娜，王思敬. 2009.滑坡位移分形参数 Hurst 指数及其在堆积层滑坡预报中的应用.
　　岩石力学与工程学报，28（6）：1107-1115.

厚美瑛，陆坤权. 2001. 奇异的颗粒物质.新材料产业，（2）：26-28.

胡开全，张俊前. 2011. 固定翼无人机低空遥感系统在山地区域影像获取研究. 北京测绘，（3）：
　　35-37.

胡志杰. 2017. 边坡渐进破坏理论在陈家岭高切坡治理中的应用. 公路工程，42（2）：199-204.

华志刚. 2006. 先进控制方法在电厂热工过程控制中的研究与应用. 南京：东南大学博士学位
　　论文.

黄继磊. 2013. 星载 D-InSAR 技术在矿区形变监测中的应用研究. 昆明：昆明理工大学硕士学位
　　论文.

黄润秋. 2004. 中国西部岩石高边坡发育的动力过程及典型变形破坏机理研究. 第八次全国岩
　　石力学与工程学术大会论文集.

黄润秋. 2007. 20 世纪以来中国的大型滑坡及其发生机制.岩石力学与工程学报，3：433-445.

江俊翔，牛红梅，周富华. 2015. 公路地灾智能预警系统中的气象预警技术研究. 西部交通科技，
　　2：53-57，65.

揭奇. 2016. 基于 BP 神经网络的库岸边坡多场监测信息分析. 南京：南京大学硕士学位论文.

揭奇，施斌，罗文强，等. 2015. 基于 DFOS 的边坡多场信息关联规则分析. 工程地质学报，23（6）：
　　1146-1152.

巨能攀，赵建军，邓辉，等. 2009. 公路高边坡稳定性评价及支护优化设计. 岩石力学与工程学
　　报，28（6）：1152-1161.

孔金玲，杨笑天，赵之胜，等. 2016. 基于 RIA/JavaScript 技术的高速公路滑坡监测预警系统.
　　公路交通科技，33（10）：44-52.

雷用，刘国政，郑颖人. 2006. 抗滑短桩与桩周土共同作用的探讨. 后勤工程学院学报，22（4）：
　　17-21.

李斌锋. 2004. 铸造生产中应用多变量统计过程控制的研究. 北京：清华大学博士学位论文.

李聪. 2011. 边坡变形与稳定性演化预测预警方法研究. 武汉：武汉大学博士学位论文.

李聪，姜清辉，周创兵，等. 2011.考虑变形机制的边坡稳定预测模型.岩土力学，32（S1）：545-550.

李刚，杨强，高幼龙，等. 2012. 多手段实时监测系统在李家坡高切坡监测中的应用. 地质灾害
　　与环境保护，23（1）：108-112.

李季，苏怀智，胡江. 2008. 龙羊峡近坝库岸滑坡群稳定性分析及预警技术研究. 河海大学学报
　　（自然科学版），36（5）：599-604.

李家春，马保成，田伟平，等. 2010. 黄土地区公路边坡降雨失稳预报研究. 中国地质灾害与防
　　治学报，21（3）：38-42.

李迁. 2013. 低空无人机遥感在矿山监测中的应用研究. 北京：中国地质大学硕士学位论文.

李邵军，陈静，练操. 2010. 边坡桩-土相互作用的土拱力学模型与桩间距问题. 岩土力学，31（5）：
　　1352-1358.

李天斌. 2002. 滑坡实时跟踪预报概论.中国地质灾害与防治学报，4：19-24.

李天斌，陈明东. 1999. 滑坡预报的几个基本问题.工程地质学报，3：200-206.

李铁锋，丛威青. 2006. 基于 Logistic 回归及前期有效雨量的降雨诱发型滑坡预测方法. 中国地质灾害与防治学报，17（1）：33.

李铁容，沈俊喆. 2016. 岩质边坡与锚喷支护结构相互作用的数值分析. 低碳世界，（26）：112-113.

李玮瑶. 2018. 基于大数据的矿山地质灾害预警模型. 世界有色金属，18：135-136.

李文静. 2011. 钻孔摄像机器人系统的研究. 青岛：山东科技大学硕士学位论文.

李喜盼，刘新侠，张安兵. 2009. 遗传神经网络在滑坡灾害预报中的应用研究. 河北工程大学学报（自然科学版），26（1）：69-71.

李霞. 2012. 基于高分辨率卫星立体像对的高切坡体三维测量应用研究. 中国科学院遥感应用研究所硕士学位论文.

李小根，董联杰，李震，等. 2014. 基于 GIS 的高切坡三维可视化系统研究. 华北水利水电大学学报（自然科学版），35（2）：73-75.

李秀珍,许强,刘希林. 2005. 基于GIS的滑坡综合预测预报信息系统. 工程地质学报,3:398-403.

李岩. 2011. 西藏公路人工高切坡超前支护技术研究. 重庆：重庆交通大学硕士学位论文.

李远耀. 2010. 三峡库区渐进式库岸滑坡的预测预报研究.武汉：中国地质大学博士学位论文.

李媛，杨旭东. 2006. 降雨诱发区域性滑坡预报预警方法研究. 水文地质工程地质，33（2）：101-103.

李长明. 2005. 高切坡变形立体监测网建设. 中国地质灾害与防治学报，（b12）：19-22.

李政国，薛强，张茂省，等. 2016. 陕西省延安市地质灾害气象预警信息系统研究——以"7.3"暴雨为例.灾害学，31（2）：69-73，83.

廉琦. 2017. AGS200 系统辅助无人机航测技术在地灾项目中的测试及分析. 测绘技术装备，19（2）：15-18，14.

梁润娥，余志山，王延江，等. 2012. 兰州市滑坡灾害预警模型研究.人民长江，43（S1）：38-40.

梁旭. 2013. 松软介质中弧形足运动特性分析及足-蹼复合推进两栖机器人研究. 合肥：中国科学技术大学博士学位论文.

梁烨，王亮清，唐辉明. 2010. 基于运动学分析的高切坡稳定性评价. 安全与环境工程，17（6）：101-103，108.

林孝松，陈洪凯，许江，等. 2009. 山区公路高切坡岩土安全评价分析. 土木建筑与环境工程，31（3）：66-71.

林孝松，陈洪凯，许江，等. 2010. 山区公路高切坡岩土安全分区研究. 岩土力学，31（10）：3237-3242.

林孝松，许江，陈洪凯，等. 2011. 山区公路高切坡整体安全评价方法研究. 武汉理工大学学报（交通科学与工程版），35（4）：718-722.

林治平，刘祚秋，商秋婷. 2012. 抗滑桩结构土拱的分拆与联合研究. 岩土力学，33（10）：3109-3114.

刘爱华，王思敬. 1994.平面坡体渐进破坏模型及其应用. 工程地质学报，（1）：1-8.

刘超云，尹小波，张彬. 2015. 基于 Kalman 滤波数据融合技术的滑坡变形分析与预测. 中国地质灾害与防治学报，26（4）：30-35.

刘大安, 柯天河. 2000. 综合地质信息系统及其应用研究. 岩土工程学报, 22 (2): 182-185.

刘冬生. 2007. 基于神经网络方法的自相关过程控制研究. 天津: 天津大学博士学位论文.

刘刚, 吴冲龙, 刘军旗, 等. 2011. 基于 Virtual Globe 的三峡库区立体灾害地质图系统集成技术. 武汉: 全国数学地质与地学信息学术研讨会.

刘广宁, 齐信, 黄波林, 等. 2016. 归州河西沿江高切坡变形破坏及稳定性分析. 防灾科技学院学报, 18 (3): 18-23.

刘合凤. 2013. 面向应急响应的航空/低空遥感影像几何处理关键技术研究. 长沙: 中南大学硕士学位论文.

刘厚成. 2010. 三峡水库蓄水运行过程中库岸边坡稳定性演化规律的研究. 重庆: 重庆交通大学硕士学位论文.

刘佳. 2018. 工业在线 SPC 统计过程控制系统设计研究. 科技创新与应用, (5): 97-98.

刘开富, 谢新宇, 张继发, 等. 2008. 土质边坡的弹塑性应变局部化分析. 岩土工程学报, (s1): 291-294.

刘璐. 2013. 城镇建设中高切坡的安全评价. 建筑知识: 学术刊, (6): 177.

刘明贵, 杨永波. 2005. 信息融合技术在边坡监测与预报系统中的应用. 岩土工程学报, 5: 607-610.

刘庆. 2017. 重庆开县临港工业园高切坡治理工程支护设计优化调整. 江西建材, (15): 13-14.

刘善军, 吴立新, 王川婴, 等. 2004a. 遥感-岩石力学 (Ⅷ) ——论岩石破裂的热红外前兆. 岩石力学与工程学报, 23 (10): 1621-1627.

刘善军, 吴立新, 王金庄, 等. 2004b. 遥感-岩石力学 (Ⅵ) ——岩石摩擦滑移特征及其影响因素分析. 岩石力学与工程学报, 23 (8): 1247-1251.

刘文剑. 2008. 基于渗流场-损伤场耦合理论的隧道涌水量预测研究. 长沙: 中南大学博士学位论文.

刘文龙, 赵小平. 2009. 基于三维激光扫描技术在滑坡监测中的应用研究. 金属矿山, V39 (2): 131-133.

刘小丽, 张占民, 周德培. 2004. 预应力锚索抗滑桩的改进计算方法. 岩石力学与工程学报, 23 (15): 2568-2572.

刘小珊, 罗文强, 李飞翔, 等. 2014. 基于关联规则的滑坡演化阶段判识指标. 地质科技情报, 33 (2): 160-164.

刘晓霞, 孙康波. 2015. 自动化过程控制对 PID 控制方法的应用及其参数整定策略. 电气开关, 53 (1): 86-87, 91.

刘新喜. 2003. 库水位下降对高切坡稳定性的影响及工程应用研究. 武汉: 中国地质大学博士学位论文.

刘新喜, 侯勇, 戴毅, 等. 2017. 软弱夹层岩质边坡长期稳定性研究. 中外公路, 37 (4): 21-24.

刘洋. 2016. 无人机倾斜摄影测量影像处理与三维建模的研究. 南昌: 东华理工大学硕士学位论文.

刘永莉. 2011. 分布式光纤传感技术在边坡工程监测中的应用研究. 杭州: 浙江大学博士学位论文.

刘永明, 傅旭东, 邹勇. 2006. 格构锚固技术及其在高切坡防治中的应用. 勘察科学技术, (3): 24-27.

刘振.2008.被动桩桩土相互作用的模型与计算方法研究.杭州：浙江大学硕士学位论文.

柳广春.2009.GPS 与 TCA 结合在三峡高切坡监测中的应用研究. 赣州：江西理工大学硕士学位论文.

卢晓鹏.2010. 基于三维激光扫描技术的滑坡监测应用研究. 西安：长安大学硕士学位论文.

陆付民，王尚庆，李劲.2009.离散卡尔曼滤波法在滑坡变形预测中的应用.水利水电科技进展，29（4）：6-9，35.

陆银龙.2013.渗流-应力耦合作用下岩石损伤破裂演化模型与煤层底板突水机理研究. 徐州：中国矿业大学博士学位论文.

栾婷婷，吕则恺，马政，等. 2017. 基于安全流变-突变理论的排土场滑坡预警指标体系构建研究.北京石油化工学院学报，25（3）：38-42.

罗国煜，刘松玉，杨卫东. 1992.区域稳定性优势面分析理论与方法. 岩土工程学报，14（6）：10-18.

罗先启，刘德富，吴剑，等. 2005. 雨水及库水作用下滑坡稳定模型试验研究.岩石力学与工程学报，24（14）：2478-2483.

马惠民，吴红刚.2011. 山区高速公路高边坡病害防治实践. 铁道工程学报，28（7）：34-41.

马俊伟.2016. 渐进式滑坡多场信息演化特征与数据挖掘研究. 武汉：中国地质大学博士学位论文.

马水山，王志旺，张漫.2004. 基于关联规则挖掘的滑坡监测资料分析.长江科学院院报，21（5）：48-51.

孟小峰，杜治娟.2016. 大数据融合研究：问题与挑战. 计算机研究与发展，53（2）：231-246.

缪卫东，侯连中.2003. 西安市白鹿塬滑坡发生时间预测研究. 西北地质，4：90-95.

牛瑞卿，韩舸.2012. 利用数据挖掘的滑坡监测数据处理流程. 武汉大学学报（信息科学版），37（7）：869-872，881.

潘家铮.1980. 建筑物的抗滑稳定性分析和滑坡分析. 北京：水利出版社.

潘汝涛.2011.PID 控制器简介及参数整定方法. 科技信息，（7）：50-50.

庞燕.2017. 低空大倾角立体影像自动匹配方法研究. 南昌：东华理工大学硕士学位论文.

裴灵，刘鸿燕，粟俊江，等.2017. 地质灾害智能监测预警系统研究.科技创新与应用，10：97-98.

钱璞，郑瑞平，田伟平，等.2011. 公路高边坡排水系统设置. 交通企业管理，26（5）：54-56.

乔建平，杨宗佶，田宏岭.2009. 降雨滑坡预警的概率分析方法. 工程地质学报，17（3）：343-348.

秦宏楠.2016. 紫金山金铜矿排土场滑坡诱发机理及监测预警技术研究. 北京：北京科技大学博士学位论文.

秦鹏，张喆瑜，秦植海，等. 2012. 滑坡体监测数据的改进变维分形-人工神经网络耦合预测模型.长江科学院院报，29（3）：29-34.

秦四清.2005. 斜坡失稳过程的非线性演化机制与物理预报.岩土工程学报，11：6-13.

邱仁辉.2002. 纸浆模塑制品成型机理及过程控制的研究. 哈尔滨：东北林业大学博士学位论文.

阮高，李本云.2017. 山区公路岩土复合型高切坡稳定性分析. 黑龙江交通科技，40（6）：62-63.

尚海兴，黄文钰.2013. 无人机低空遥感影像的自动拼接技术研究. 西北水电，（2）：14-18.

邵炜，金峰，王光纶.1999.用于接触面模拟的非线性薄层单元.清华大学学报（自然科学版），39（2）：34-38.

单九生，魏丽，边晓庚，等.2008. 一基于 Web-GIS 技术的滑坡灾害预报预警业务系统. 高原气象，27（1）：222-229.

沈珠江. 1992. 桩的抗滑阻力和抗滑桩的极限设计. 岩土工程学报，14（1）：51-56.

施斌，张丹，王宝军，等. 2007. 地质与岩土工程分布式光纤监测技术及其发展. 工程地质学报，
　　15（Suppl.II）：109-116.

施斌. 2013. 论工程地质中的场及其多场耦合. 工程地质学报，21（5）：673-680.

史智慧. 2012. 浅析在过程控制中 PID 控制的应用. 科协论坛（下半月），（7）：68-69.

司大刚，李凤贤，冯小东，等. 2014. 基于 3S 技术的数字滑坡地质灾害监测预警方法探讨研究.
　　科技视界，14：47，80.

宋金龙. 2012. 基于数据挖掘技术的强震区公路岩质边坡地质灾害评价体系研究. 成都：成都理
　　工大学硕士学位论文.

宋晓蛟，王生龙，卢琳，等. 2017. 基于三维激光扫描技术的地质灾害动态监测方法研究. 资源
　　信息与工程，32（1）：180-181.

宋义敏，杨小彬. 2013. 煤破坏过程中的温度演化特征实验研究机. 岩石力学与工程学报，32（7）：
　　1344-1349.

宋志锋，冯玉铃. 2017. 无人机倾斜摄影在实景三维建模中的应用. 建筑工程技术与设计，（21）：
　　4071-4071.

苏白燕. 2018. 基于动态数据驱动技术的地质灾害监测预警研究. 成都：成都理工大学博士学位
　　论文.

苏天明. 2012. 红层泥质岩崩解破坏现象与机理分析. 昆明：中国公路学会道路工程分会学术年
　　会暨第六届（2012）国际路面养护技术论坛.

苏天明，伍法权，祝介旺，等. 2011. 万州地区高切坡崩塌成因与发育模式分析. 中外公路，31（2）：
　　29-32.

孙博，周仲华，张虎元，等. 2011. 夯土建筑遗址表面温度变化特征及预报模型. 岩土力学，32（3）：
　　867-871.

孙静，杨穆尔. 2007. 多元自相关过程的残差 T～2 控制图. 清华大学学报（自然科学版），47（12）：
　　2184-2187.

孙书伟，马惠民，张忠平. 2008a. 顺层高边坡开挖松动区研究. 岩土力学，29（6）：1665-1668.

孙书伟，朱本珍，张忠平. 2008b. 顺层高边坡开挖松动区的数值模拟研究. 铁道学报，30（5）：
　　74-79.

孙玮. 2013. 基于平行坐标可视化的滑坡预报预警研究. 武汉：武汉大学博士学位论文.

孙义杰. 2015. 库岸边坡多场光纤监测技术与稳定性评价研究. 南京：南京大学博士学位论文.

孙玉科，许兵，李毓瑞. 1999. 论环境工程地质学的学科属性. 长春科技大学学报，129（8）：
　　28-30.

台伟，范北林，刘士和. 2013. 长江上游滑坡泥石流预测预警系统. 武汉大学学报：工学版，46（6）：
　　711-715.

谭玖. 2015. 基于 FBG 的煤矿采空区温度场监测技术的研究与应用. 武汉：武汉理工大学硕士学
　　位论文.

谭衢霖，杨松林，魏庆朝. 2008. 合成孔径雷达干涉测量技术及铁路工程应用分析. 铁道工程学
　　报，25（1）：11-16.

谭万鹏，郑颖人，陈卫兵. 2010. 动态、多手段、全过程滑坡预警预报研究. 四川建筑科学研究，

36（1）：106-111.

汤罗圣.2013. 三峡库区堆积层滑坡稳定性与预测预报研究.武汉：中国地质大学博士学位论文.

唐冬梅，陈一平，柳建新，等.2013. 暴雨型山体滑坡预警技术——电抗阈值法. 中国有色金属
学报，9：2404-2412.

唐辉明.2008. 工程地质学基础.北京：化学工业出版社.

唐亚明，张茂省，薛强，等.2012. 滑坡监测预警国内外研究现状及评述. 地质论评，58（3）：9.

唐亚明，薛强，李政国，等.2015. 基于单体和区域尺度的黄土滑坡监测预警方法与实例. 灾害
学，4：91-95.

唐中实，王彦佐，辛宇，等.2011.3D-GIS 的高切坡一体化模型设计与实现. 地球信息科学学报，
13（1）：102-108.

田龙强.2011. 基于 NET 平台的高切坡监测预警系统的研究. 武汉：中国地质大学硕士学位论文.

童第科，王俊杰，李海平.2009. 某山区公路高切坡失稳原因及工程加固. 工业建筑，（S1）：
720-724.

涂鹏飞，岑仲阳，谌华.2010. 应用重轨星载 InSAR 技术监测三峡库区滑坡形变探讨. 遥感技术
与应用，25（6）：886-890.

汪斌.2007. 库水作用下滑坡流固耦合作用及变形研究. 武汉：中国地质大学博士学位论文.

汪其超，孙义杰，施斌，等.2017.库岸边坡变形场与水分场光纤监测技术研究. 中国水利水电
科学研究院学报，15（6）：418-424.

王超，张红，刘智，等.2002. 苏州地区地面沉降的星载合成孔径雷达差分干涉测量监测. 自然
科学进展，12（6）：621-624.

王成华，陈永波，林立相.2001. 抗滑桩间土拱力学特性与最大桩间距分析. 山地学报，19（6）：
556-559.

王丹，吴伟.2017.SPC 统计过程控制在质量管理中的应用. 数字通信世界，（6）：16-19.

王根龙，巫冬妹，伍法权，等.2007. 三峡水库区秭归县楚都大道高切坡安全评估. 中国地质灾
害与防治学报，18（3）：1-5.

王浩，孙木子，马新凯，等.2015. 路堑边坡平面滑动演化过程及远程滑动机制的模拟与分析. 工
程地质学报，23（3）：438-447.

王家成.2011. 巴东高切坡碎石土抗剪强度参数试验研究及工程应用. 宜昌：三峡大学硕士学位
论文.

王家海，任佳，张顺斌，等.2008. 利用地下水水位对滑坡预警的分析及探讨.地下空间与工程
学报，4（6）：1152-1156.

王建强.2012. 多源地学信息综合处理及三维立体化方法研究. 临汾：山西师范大学硕士学位论
文.

王杰.2015. 基于多源数据的矿区空间变化监测与分析. 唐山：华北理工大学硕士学位论文.

王举，张成才.2014. 基于三维激光扫描技术的土石坝变形监测方法研究. 岩土工程学报，36（12）：
2345-2350.

王娟，何思明.2013. 高切坡潜在破裂面预测与超前支护桩加固研究. 山地学报，31（5）：588-593.

王堃宇，王奇智，高龙山，等.2017. 基于三维激光扫描技术的边坡表面变形监测. 科学技术与
工程，17（20）：11-16.

王利勇.2011. 无人机低空遥感数字影像自动拼接与快速定位技术研究. 郑州：解放军信息工程

大学硕士学位论文.

王士川, 陈立新. 1997. 抗滑桩间距的下限解. 工业建筑, 27 (10): 32-36.

王腾. 2010. 时间序列 InSAR 数据分析技术及其在三峡地区的应用. 武汉: 武汉大学博士学位论文.

王婷婷, 靳奉祥, 单瑞. 2011. 基于三维激光扫描技术的曲面变形监测. 测绘通报, (3): 4-6.

王威. 2009. 基于 Symbian 的 GPS 路径分析系统设计与实现. 北京: 北京邮电大学硕士学位论文.

王文斌, 何平, 李刚, 等. 2007. 三峡库区重庆市奉节县已治理高切坡项目安全评估工作及评估成果. 矿产勘查, (3): 77-80.

王珣, 刘勇, 李刚, 等. 2018. 基于西原模型的蠕变型滑坡预警判据及滑坡智能监测预警系统研究. 水利水电技术, 49 (8): 29-38.

王宇, 曹强, 李晓, 等. 2011. 边坡渐进破坏的模糊随机可靠性研究. 工程地质学报, 19 (6): 852-858.

王玉鹏. 2011. 无人机低空遥感影像的应用研究. 焦作: 河南理工大学硕士学位论文.

王煜, 董新宇. 2014. 基于 BDS 结合星载合成孔径雷达干涉测量技术的部分地质灾害监测和预警系统. 科技创新导报, (15): 36-36.

王正方, 贾磊, 王静, 等. 2017. 土木工程安全多场监测与三维显示软件平台. 山东工业技术, 15: 124-126.

王志勇. 2007. 星载雷达干涉测量技术在地面沉降监测中的应用. 青岛: 山东科技大学博士学位论文.

魏星, 虎旭林, 郑璐石. 2002. 岩体边坡稳定性的灰色系统类比预测. 宁夏大学学报 (自然科学版), 1: 37-40.

魏学勇, 欧阳祖熙, 周昊, 等. 2010. 三峡工程万州库区高切坡地质灾害变形监测. 地壳构造与地壳应力文集, (0): 110-113.

魏作安, 李世海, 赵颖. 2009. 底端嵌固桩与滑体相互作用的物理模型试验研究. 岩土力学, 30(8): 2259-2263.

温铭生. 2014. 哀牢山区降雨型滑坡预警理论与方法研究. 北京: 北京交通大学博士学位论文.

文雄飞, 张穗, 张煜, 等. 2016. 无人机倾斜摄影辅助遥感技术在水土保持动态监测中的应用潜力分析. 长江科学院院报, 33 (11): 93-98.

邬凯, 盛谦, 张勇慧. 2011. 基于加卸载响应比理论的降雨型滑坡预警研究. 防灾减灾工程学报, 31 (6): 632-636.

邬凯, 杨雪莲, 王军. 2018. 山区公路降雨型滑坡区域预警研究. 公路工程, 43 (6): 131-137.

邬满, 练君, 文莉莉, 等. 2017. 基于大数据的铜矿地质灾害立体监测网络体系的研究. 世界有色金属, (6): 164-167.

吴华金. 2003. 山区高速公路高边坡防治对策. 公路, (4): 125-131.

吴立新, 刘善军, 吴育华. 2007. 遥感-岩石力学引论: 岩石受为灾变的红外遥感. 北京: 科学出版社.

吴曙光, 张永兴, 刘新荣. 2007. 三峡库区某桩锚挡墙失稳机理分析. 土木建筑与环境工程, 29 (1): 1-4, 30.

吴永亮, 陈建平, 姚书朋, 等. 2017. 无人机低空遥感技术应用. 国土资源遥感, 29 (4): 120-125.

伍法权. 2010. 三峡库区高切坡变形破坏机制. 北京: 中国三峡出版社.

夏浩，雍替，马俊伟. 2015. 推移式滑坡模型试验推力加载方法的研究.长江科学院院报，32（1）：112-116.

夏耶，郭小方，葛大庆，等. 2006. 地面沉降与山体高切坡的星载合成孔径雷达差分干涉监测方法及其工程应用. 北京：第二届全国地面沉降学术研讨会.

谢谟文，胡嫚，王立伟. 2013. 基于三维激光扫描仪的高切坡表面变形监测方法——以金坪子高切坡为例. 中国地质灾害与防治学报，24（4）：85-92.

谢小艳. 2012. 基于 Terra Explorer 三维地质环境信息系统的设计与实现. 成都：电子科技大学硕士学位论文.

谢振华，何娜，栾婷婷. 2014. 露天矿山排土场滑坡危险性分析及预防对策. 工业安全与环保，40（2）：73-76.

徐涛，杨明. 2016. 基于 Mpagis 的地面塌陷盆地三维可视化预测. 陕西煤炭，35（4）：16-18，30.

徐绪堪，楼昱清，于成成. 2019. 基于 D-S 理论的突发事件多源数据可信度评估研究.情报理论与实践，42（8）：67-72.

许冬丽. 2007. 三峡库区秭归县新集镇典型高切坡破坏机理及治理研究. 武汉：中国地质大学硕士学位论文.

许玉娟. 2012. 岩石冻融损伤特性及寒区岩质边坡稳定性研究. 长沙：中南大学硕士学位论文.

晏同珍. 1988. 滑坡动态规律及预测应用//中国地质学会工程地质专业委员会. 全国第三次工程地质大会论文选集（下卷）.

杨娟. 2017. 基于无人机航测技术的三峡库区地质灾害调查监测方法研究. 丝路视野，（3）：145-145.

杨明，姚令侃，王广军. 2007. 抗滑桩宽度与桩间距对桩间土拱效应的影响研究. 岩土工程学报，29（10）：1477-1482.

杨穆尔，孙静. 2006. 二元自相关过程的残差 T～2 控制图. 清华大学学报（自然科学版），46（3）：403-406.

杨世胜，仲崇淦. 2010. 公路高切坡安全敏感部位分析. 公路与汽运，（3）：94-101.

杨天鸿，唐春安，朱万成，等. 2001. 岩石破裂过程渗流与应力耦合分析. 岩土工程学报，23（4）：489-493.

杨文景. 2016. 公路高切坡安全评价的集对分析模型. 广东公路交通，（4）：118-120.

杨阳. 2013. 小基线子集长时间序列差分干涉技术研究. 长沙：国防科学技术大学博士学位论文.

杨永红，吕大伟. 2006. 高速公路碳质页岩高边坡加固处治研究. 岩石力学与工程学报，25（2）：392-398.

杨永明. 2016. 无人机遥感系统数据获取与处理关键技术研究. 昆明：昆明理工大学博士学位论文.

杨志洲. 2017. 宝鸡黄土梁地区不稳定边坡的滑坡机制及预警. 西安：长安大学硕士学位论文.

姚富光，钟先信，周靖超. 2018. 粒计算：一种大数据融合智能建模新方法. 南京理工大学学报（自然科学版），42（4）：503-510.

姚勇，穆鹏. 2012. 某高速公路高边坡特征及优化设计模式. 中外公路，32（5）：16-19.

叶四桥，陈洪凯. 2009. 公路高切坡施工过程及防治技术体系. 公路，（12）：58-62.

叶四桥，唐红梅，慕长春，等. 2007. 强风化泥岩和泥灰岩高切坡表层的破坏与防护. 公路，（11）：77-81.

易顺民，唐辉明. 1996. 滑坡活动时空结构的信息维特征. 中国地质学会工程地质专业委员会. 第五届全国工程地质大会文集.

尹光志，张卫中，张东明，等. 2007. 基于指数平滑法与回归分析相结合的滑坡预测. 岩土力学，28（008）：1725-1728.

雍睿. 2013. 三峡库区侏罗系地层推移式滑坡-抗滑桩相互作用研究.武汉：中国地质大学博士学位论文.

于欢欢，徐亚富，谢洪波. 2015. 基于三维激光扫描技术的边坡变形监测应用研究. 能源与环保，（12）：111-113，116.

余正海. 2018. 地质灾害治理工程效果监测实践. 工程建设与设计，（6）35-36.

袁菡. 2013. 城市道路高切坡园林植物造景设计探讨. 重庆：西南大学硕士学位论文.

袁相儒，谢广林. 1995. 滑坡灾害预测专家系统 LPES.岩土力学，2：42-51.

曾华霖. 2011. "场"的物理学定义的澄清. 地学前缘，1：235-239.

曾涛，杨武年，简季. 2009. 无人机低空遥感影像处理在汶川地震地质灾害信息快速勘测中的应用. 测绘科学，（S2）：64-65，55.

曾裕平. 2009. 重大突发性滑坡灾害预测预报研究.成都：成都理工大学博士学位论文.

詹良通，李鹤，陈云敏，等. 2012. 东南沿海残积土地区降雨诱发型滑坡预报雨强-历时曲线的影响因素分析. 岩土力学，33（3）：872-880.

詹永祥，姚海林，董启朋，等. 2013. 松散体高切坡抗滑桩加固的土拱效应分析. 上海交通大学学报，47（9）：1372-1376.

张超. 2016. 下肢助力外骨骼机器人研究. 哈尔滨：哈尔滨工业大学博士学位论文.

张成良. 2007. 深部岩体多场耦合分析及地下空间开挖卸荷研究. 武汉：武汉理工大学博士学位论文.

张飞，王创业，菅玉荣，等. 2003. 露天矿边坡变形破坏位移速率的分形特征. 包头钢铁学院学报，1：5-7，28.

张撼鹏. 2007. 新型低能量输入电弧焊接系统及其过程控制研究. 北京：北京工业大学博士学位论文.

张恒. 2013. 智能信息反馈 PID 控制器设计与仿真. 哈尔滨：哈尔滨工业大学硕士学位论文.

张华杰，袁国斌，墙芳躅，等. 1996. 滑坡预测与风险评价专家系统.地学前缘，1：105-109.

张建华，谢强，张照秀. 2004. 抗滑桩结构的土拱效应及其数值模拟.岩石力学与工程学报，23（4）：699-703.

张俊前. 2013. 无人机遥感影像快速拼接方法研究. 城市勘测，（5）：73-75.

张珂. 2014.ENVISAT ScanSAR 干涉数据处理研究. 北京：中国地质大学硕士学位论文.

张启福，孙现申，王力.基于简易六段法的 RIGEL VZ-400 激光扫描仪精度测试方法研究.工程勘察，39（3）：63-66，81.

张清志，郑万模，巴仁基，等. 2013. 应用高精度 GPS 系统对四川丹巴哑喀则滑坡进行监测及稳定性分析.工程地质学报，21（2）：250-259.

张少锋，胡义，刘彬，等.2014. 某建筑场地高切坡破坏模式及支护建议. 资源环境与工程，28（4）：423-426.

张像源，周萌. 2006. 基于专家评分模型和 GIS 的滑坡预警分析开发研究. 中国地质灾害与防治学报，2：107-110.

张小青. 2016. 基于三维激光扫描技术的变形监测方法研究. 北京测绘,（3）：53-56，158.

张晓超，许模，刘建强. 2011. 基于 WSN 和 ANN 的综合远程智能地质灾害监测预警系统研究. 太原理工大学学报, 42（4）：403-407.

张艳博，刘善军. 2011. 含孔岩石加载过程的热辐射温度场变化特征.岩土力学, 2011, 32（4）：1013-1017.

张英，齐欢，王小平. 2002. 新滩滑坡非线性动力学模型方法研究.长江科学院院报, 4：33-35.

张永兴，董捷，文海家，等. 2009. 考虑自重应力的悬臂式抗滑桩三维土拱效应及合理间距研究. 中国公路学报, 22（2）：18-25.

张云，文学虎，应国伟，等. 2016. 基于三维激光扫描技术的边坡位移监测方法，CN106123845A.

张治强，蔡嗣经，马平波. 2003. 数据挖掘在岩质边坡稳定性预测中的应用. 北京科技大学学报, 25（2）：103-105，146.

张铸，张华赞. 2018. 公路边坡滑坡地质灾害监测预警技术探究. 建筑, 10：76-77.

张倬元，黄润秋. 1988. 岩体失稳前系统的线性和非线性状态及破坏时间预报的"黄金分割数"法. 第三次全国工程地质大会.

张子凌，南新元. 2019. 一种基于记忆渐消因子指数加权的动态分布式传感器融合算法. 传感技术学报, 32（2）：75-80.

章国锋，李小红. 2016. 测量机器人在边坡应急测绘中的应用. 建筑工程技术与设计,（21）：1296，1299.

赵海龙. 2012. 基于面向对象的高分辨无人机影像灾害信息提取关键技术研究. 成都：电子科技大学硕士学位论文.

赵洪壮，李卫东，周平根，等. 2012.面向地质灾害监测预警的智能多媒体传感器网络. 科技创新导报, 2：29-30.

赵火焱，曹媛. 2015. 基于测量机器人的地铁监测系统研究与实现. 城市建设理论研究（电子版）, 5（28）：2686-2689.

赵久彬，刘元雪，宋林波，等. 2018.大数据关键技术在滑坡监测预警系统中的应用. 重庆理工大学学报（自然科学）, 32（2）：182-190.

赵晓东，周国庆，别小勇. 2010. 加载过程中结构-冻土界面红外辐射温度场研究. 岩土力学, 31（6）：1817-1821.

赵晓东，杲旭日，张泰丽，等. 2018. 基于 GIS 的潜势度地质灾害预警预报模型研究——以浙江省温州市为例. 地理与地理信息科学, 34（5）：1-6.

赵延林. 2009. 裂隙岩体渗流-损伤-断裂耦合理论及应用研究. 长沙：中南大学博士学位论文.

征汉文. 1992. 关于场的本质问题. 学海, 1：21-24，71.

郑明新，王恭先，王兰生. 1998. 分形理论在滑坡预报中的应用研究. 地质灾害与环境保护, 2：19-27.

郑杨. 2017. 镇江市跑马山滑坡监测及预警预报技术研究. 南京：南京大学硕士学位论文.

钟保蒙，杨昆，雷兵荣. 2011. 高切坡防护工程设计方案探讨. 工程建设与设计,（12）：99-101.

钟洛加，肖尚德，周衍龙，等. 2008.WebGIS 降雨型滑坡预警模型及关键技术研究. 人民长江, 39（12）：48-49.

周创兵，熊文林. 1996. 双场耦合条件下裂隙央体中的渗透张量. 岩石力学与工程学报, 15（4）：338.

周创兵，陈益峰，姜清辉，等. 2008. 论岩体多场广义耦合及其工程应用. 岩石力学与工程学报，7：1329-1340.

周翠英，陈恒，朱凤贤. 2008. 边坡演化的非线性时间序列多元混沌判别. 地球科学（中国地质大学学报），3：393-398.

周德培，肖世国，夏雄. 2004. 边坡工程中抗滑桩合理桩间距的探讨. 岩土工程学报，26（1）：132-135.

周志军，梁涵，庾付磊，等. 2013. 山区公路高切坡岩土的理想点法安全评价. 兰州理工大学学报，39（4）：119-122.

朱凌，石若明. 2008. 地面 H 维激光扫描点云分辨率研究. 遥感学报，（3）：405-410.

朱仁义. 2012. 宽幅 InSAR 技术在地质灾害的综合形变监测应用研究. 西安：长安大学硕士学位论文.

朱珍德，孙钧. 1999. 裂隙岩体非稳态渗流场与损伤场耦合分析模型. 水文地质工程地质，2：37-44.

祝辉，叶四桥. 2015. 山区公路岩土复合型高切坡稳定性分析. 路基工程，（2）：28-31，46.

卓宝熙. 1998. "三 S"地质灾害信息立体防治系统的建立及其实用意义. 中国地质灾害与防治学报，（S1）：256-261.

左玶，刘维正，张瑞坤，等. 2014. 路堤荷载下刚柔长短桩复合地基承载特性研究. 西南交通大学学报，49（3）：379-385.

Agrawal R，Imieliński T，Swami A.1993. Mining association rules between sets of items in large databases//Buneman P，Jajodia S. Proceedings of the 1993 ACM SIGMOD international conference on Management of Data（SIGMOD 93）. New York：Association for Computing Machinery.

Alwan L C. 1992. Effects of autocorrelation on control chart performance. Communications in Statistics，21（4）：1025-1049.

Alwan L C，Roberts H V. 1988.Time-series modeling for statistical process control. Journal of Business & Economic Statistics，6（1）：87-95.

Andrade C，Zuloaga P，Martz I，et al. 2011.Study on treatment of high-cut red sandy rock slope in expressway. Highway Engineering，46（2）：182-189.

Åström K J，Hägglund T，Hang C C. 1993.Automatic tuning and adaptation for PID controllers-a survey. Control Engineering Practice，1（4）：699-714.

Canal A，Akin M. 2016.Assessment of rock slope stability by probabilistic-based slope stability probability classification method along highway cut slopes in Adilcevaz-Bitlis（Turkey）. Journal of Mountain Science，13（11）：1893-1909.

Carlà T，Farinab P，Intrieri E，et al. 2017. On the monitoring and early-warning of brittle slope failures in hard rock masses：Examples from an open-pit mine. Engineering Geology，228：71-81.

Chao L，Feng Z，Gao J，et al. 2012. Some problems of GPS RTK technique application to mining subsidence monitoring. International Journal of Mining Science & Technology，22（2）：223-228.

Chen C Y，Martin G R. 2002. Soil-structure interaction for landslide stabilizing piles. Computers and Geotechnics，29（5）：363-386.

Chen H J，Zhang X Z，Zhou C M，et al. 2016. Study on high cut slope stability and soil nail structure in loess area. Transportation Science & Technology, 5: 84-87.

Chen X. 2015. Optimization and integration of remote sensing UAV in low altitude. Equipment for Geophysical Prospecting, 6: 29-32, 60.

Chen Z, Fang C, Deng R. 2015. Research and application of Jinggangshan geological disaster prevention system based on wireless sensor network system. Wuhan: 23rd International Conference on Geoinformatics.

Chevalier B, Combe G, Villard P. 2007. Load transfers and arching effects in granular soil layer. Congrès Français de Mècanique, 18: 27-31.

Chi T H, Zhang X, Chen H B, et al. 2003.Research on information system for natural disaster monitoring and assessment. Toulouse: 2003 IEEE International Geoscience and Remote Sensing Symposium. IEEE Xplore, 4: 2404-2406.

Chowdhury R N, Grivas D A. 1982. Probabilitic model of progressive failure of slope. Geotechnical and Engineering Division ASCE, 108 (GT6): 803-819.

Closson D, Karaki N A, Hansen H, et al. 2003. Space-borne radar interferometric mapping of precursory deformations of a dyke collapse-Dead Sea area-Jordan. International Journal of Remote Sensing, 24 (4): 843-849.

Colesanti C, Wasowski J. 2006. Investigating landslides with space-borne Synthetic Aperture Radar (SAR) interferometry. Engineering Geology, 88 (3-4): 173-199.

Crowder S V. 1989.Design of exponentially weighted moving average schemes. Journal of Quality Technology, 21 (3): 155-162.

Erzin Y, Gul T O. 2012. The use of neural networks for the prediction of the settlement of one-way footings on cohesionless soils based on standard penetration test. Neural Computing & Applications, 24 (6): 891-900.

Fukuzono T. 1985. A method to predict the time of slope failure caused by rainfall using the inverse number of velocity of surface displacement. Landslides, 22 (2): 8-13.

Gao F, Liu W. 2013. Study on effect of seismic action direction on slope stability. Chengdu: China-Japan-US Trilateral Symposium on Lifeline Earthquake Engineering.

George B, Alberto L. 1997. Wiley Series in Probability and Statistics. Hoboken: John Wiley & Sons.

Guo H D, Kang Z Z, Yue H Y, et al. 2011. Coal mining induced land subsidence monitoring using multiband spaceborne differential interferometric synthetic aperture radar data. Journal of Applied Remote Sensing, 5 (1): 3518.

Guo X N, Pei H J, Wang J P, et al. 2016. Development status of international remote sensing in natural disaster research. Chinese Agricultural Science Bulletin, 6: 131-138.

Hai L, Zhu X B. 2012. Influencing factors and prevention measures of erosion damage for highway slope in loess area. Advanced Materials Research, 594-597: 161-166.

Herrera G, Fernández-Merodo J A, Mulas J, et al. 2009. A landslide forecasting model using ground based SAR data: The portalet case study. Engineering Geology, 105 (4): 220-230.

Hurst H E, Black R P, Simaike Y M. 1966. Long-term storage: An experimental study. Journal of the Royal Statistical Society, 129 (4): 591-593.

Ito T, Matsui T. 1975. Methods to estimate lateral force anting on stabilizing piles. Soils and

Foundations. 15（4）：43-59.

Jardine R J，Potts D M，Higgins K G，et al. 2004. Critical slip surface in slope stability analysis. London：Advances in Geotechnical Engineering-The Skempton Conference.

Jenck O，Dias D，Kastner R.2009. Three-dimensional numerical modeling of a piled embankment. International Journal of Geomechanics，9（3）：102-112.

Jiang W，Farr J V. 2016. Integrating SPC and EPC methods for quality improvement. Quality Technology & Quantitative Management，4（3）：345-363.

Karl T. 1943. Theoretical Soil Mechanics. Hoboken：Wiley and Sons.

Keefer D K，Wilson R C，Mark R K，et al. 1987. Real-time landslide warning during heavy rainfall. Science，238（4829）：921-925.

Kusaka T，Shikada M，Kawata Y. 1993. Inference of landslide areas using spatial features and surface temperature of watersheds. Proceedings of the SPIE，141：241-246.

Larsen M C，Wieczorek G F，Eaton L S，et al. 2001. Venezuelan debris flow and flash flood disaster of 1999 studied. Eos Transactions American Geophysical Union，82（47）：572-573.

Lei T，Tan Z Y，Lin C X. 2013. Development and Application of Monitoring and early Warning System for Geological Disasters in Highway High Slope. Applied Mechanics and Materials，405-408：2431-2437.

Li J Y，Zhou F Q. 2014. Research on key technology of three-dimensional laser scanning data processing. Wuhan：2013 International Conference on Computer Sciences and Applications. IEEE：784-787.

Li L，Chen J，Yang W，et al. 2009. Modeling and simulation of single-look complex images for distributed satelliteborne interferometric synthetic aperture radar. Tianjin：2009 2nd International Congress on Image and Signal Processing. IEEE：1-5.

Liang R Y，Yamin M. 2010. Three-dimensional finite element study of arching behavior in slope/drilled shafts system. International Journal for Numerical & Analytical Methods in Geomechanics，34（11）：1157-1168.

Liu C，He Y G，Chen S，et al. 2017. Precision analysis of low-altitude UAV remote sensing mapping results in the bauxite. Engineering of Surveying and Mapping，（1）：20-23.

Liu L P. 2012. Influence Factors on highway high slope seismic stability and preventive measures. Applied Mechanics and Materials，178-181：1139-1142.

Lv G R，Li X J. 2008. Comprehensive control of high cutting slope of Wei-Ru Expressway. Site Investigation Science and Technology，3：41-45.

Ma Q，Jiang Y，Qian X. 2013. Fuzzy comprehensive evaluation of the stability of high-cutting regional slope. Chengdu：Fourth International Conference on Transportation Engineering.

Mayr A，Rutzinger M，Bremer M，et al. 2017. Object-based classification of terrestrial laser scanning point clouds for landslide monitoring. The Photogrammetric Record，32（160）：377-397.

Miller P，Swanson R E，Heckler C E. 1998. Contribution plots：A missing link in multivariate quality control. Applied Mathematics and Computer Science，8（4）：775-792.

Mochizuki M，Asada A，Ura T，et al. 2006. New-generation seafloor geodetic observation system based on technology of underwater robotics. Agu Fall Meeting Abstracts，11（1）：1275-1276.

Onuma T，Okada K，Otsubo A. 2011. Time series analysis of surface deformation related with CO_2, injection by satellite-borne SAR interferometry at In Salah，Algeria. Energy Procedia，4（22）: 3428-3434.

Ortiz F，Puente S，Torres F. 2005. Mathematical Morphology and Binary Geodesy for Robot navigation planning//Pattern Recognition and Data Mining. Berlin: Springer.

Peralta J C，Capitani M，Mousa R M. 2016. Road construction: Applied concepts in stability analysis and solutions for high cut slope. Washington DC: 95th TRB Annual Meeting.

Petley D N，Petley D J，Allison R J. 2007. Temporal prediction in landslides-Understanding the Saito effect. Tenth Geophysical Research Abstracts，9（1）: 07977.

Picarelli L，Urciuoli G，Russo C. 2004. Effect of groundwater regime on the behaviour of clayey slopes. Canadian Geotechnical Journal，41（3）: 467-484.

Qi S W，Yan F Z，Wang S J，et al. 2006. Characteristics，mechanism and development tendency of deformation of Maoping landslide after commission of Geheyan reservoir on the Qingjiang River，Hubei Province，China. Engineering Geology，86（1）: 37-51.

Qin Y. 2012. Status and development on geological disasters research induced by mining. Coal Technology，（1）: 144-145.

Qin Z，Zha X. 2009. Study of deep drain stability in high steep slope. Changsha: GeoHunan International Conference，8: 3-6.

Roberts S W. 1959. Control chart tests based on geometric moving averages. Technometrics，1（3）: 239-250.

Sansosti E，Casu F，Manzo M，et al. 2010. Space-borne radar interferometry techniques for the generation of deformation time series: An advanced tool for Earth's surface displacement analysis. Geophysical Research Letters，37（20）: 20305.

Shimamura M. 2003.Challenge to predict natural disasters and current status of research. Jr East Technical Review，2: 51-53.

Shimokawa E. 1980. Creep deformation of cohesive soils and its relationship to landslide. Memoirs of the Faculty of Agriculture Kagoshima University，16: 129-156.

Skempton A W. 1964. Long-term stability of clay slopes. Géotechnique，14（2）: 77-102.

Skempton A W，Hutchinson J. 1969. Stability of natural slopes . Proceeding of the 7th International Conference of Soil Mechanics，2: 291-340.

Skibniewski M J，Tserng H P，Ju S H，et al. 2014. Web-based real time bridge scour monitoring system for disaster management.The Baltic Journal of Road and Bridge Engineering，9（1）: 17-25.

Song C J，Zhou D P，Yan H Q. 2003. Study one technology of strengthening and protecting high-cut slope of soft rock. Highway，（12）: 78-82.

Sornette D，Helmstetter A，Andersen J V，et al. 2004. Towards landslide predictions: Two case studies. Physica A Statistical Mechanics & Its Applications，338（4）: 605-632.

Staphorst L，Pretorius L，Pretorius T . 2014. Structural Equation Modelling based data fusion for technology forecasting: A National Research and Education Network example. Portland International Conference on Management of Engineering & Technology. IEEE: 1-10.

Sun Y J，Zhang D，Shi B. 2014. Distributed acquisition，characterization and process análysis of multi-field information in slopes. Engineering Geology，182：49-62.

Tang H M，Hu X L，Xu C，et al. 2014. A novel approach for determining landslide pushing force based on landslide-pile interactions. Engineering Geology，182：15-24.

Terzaghi K. 1936. Stability of slopes of natural clay. Proceedings of the 1st International Conference of Soil Mechanics and Foundations，1：161-165.

Terzaghi K. 1943. Theoretical Soil Mechanics .New York：John Wiley & Sons.

Thielicke W，Stamhuis E J. 2014. PIVlab-towards user-friendly，affordable and accurate digital particle image velocimetry in MATLAB. Journal of Open Research Software，2（1）：118-129.

Vardoulakis I，Graf B，Gudehus G. 1981. Trap-door problem with dry sand：A statical approach based upon model test kinematics international. International Journal for Numerical and Analytical methods in Geomechanics，5（1）：57-78.

Vaziri A，Moore L，Ali H . 2010. Monitoring systems for warning impending failures in slopes and open pit mines. Natural Hazards，55（2）：501-512.

Wang H L，Xu W Y. 2013. Stability of Liangshuijing landslide under variation water levels of Three Gorges Reservoir. European Journal of Environmental & Civil Engineering，17（S1）：s158-s177.

Wang J，Lin Z，Ren C. 2012. Relative orientation in low altitude photogrammetry survey. ISPRS-International Archives of the Photogrammetry Remote Sensing and Spatial Information Sciences，XXXIX-B1：463-467.

Wang K L，Lin M L. 2011. Initiation and displacement of landslide induced by earthquake—a study of shaking table model slope test. Engineering Geology，122（1）：106-114.

Wang W L. 1974. Soil arching in slopes. Journal of the Geotechnical Engineering Division，100：61-78.

Wang W L，Liang J. 1979. Unsheathed excavation in soils. Journal of the Geotechnical Engineering Division，105（9）：1117-1121.

Wang Y L，Liu S F，Li J，et al. 2006. Investigation research on exploitation status of rare earth mineral and geological disaster based on high resolution remote sensing data. Jiangxi Nonferrous Metals，20（1）：14-18.

Wardell D G，Moskowitz H，Plante R D. 1992. Control charts in the presence of data correlation. Management Science，38（8）：1084-1105.

Wardell D G，Moskowitz H，Plante R D. 1994. Run length distributions of residual control charts for autocorrelated processes. Journal of Quality Technology，26（14）：308-317.

Wei Z，Yin G，Wang J G，et al. 2012. Stability analysis and supporting system design of a high-steep cut soil slope on an ancient landslide during highway construction of Tehran–Chalus. Environmental Earth Sciences，67（6）：1651-1662.

White D J，Take W A，Bolton M D. 2003. Soil deformation measurement using particle image velocimetry（PIV）and photogrammetry. Géotechnique，53（7）：619-631.

Wu L X，Liu S J，Wu Y H，et al. 2006. Precursors for rock fracturing and failure-Part II：IRR T-Curve abnormalities. International Journal of Rock Mechanics and Mining Science，43（3）：483-493.

Wu Z D，Zhou H W，Zhang Z P，et al. 2009. Numerical simulation analysis for stability of Cheng Jia

Yuan high slope of Lan Shang freeway in southern Shaanxi. Chengdu: Second International Conference on Transportation Engineering.

Xu C, Li Y, Wang X. 2018. Research on the safety detection technology of dam leakage based on UAV. Electronic Measurement Technology, 41 (9): 84-86.

Zeng C. 2016. High side slope stability analysis method utilizing sarma. Building Technology Development, (5): 11, 13.

Zhang H, Lu Y, Yan Z. 2007. Dynamic field monitoring and stability analysis of a cataclastic rock high-slope. Chengdu: First International Conference on Transportation Engineering.

Zhang J Q, Wu C L, Liu J Q, et al. 2014. The research of three-dimensional integrated framework of landslide disaster monitoring data. International Journal of Computers & Applications, 36 (4): 148-154.

Zheng X N, Wei H N. 2014. Visualized monitoring system research of transformer substation based on 3D virtual reality technology. Bulletin of Science & Technology, (1): 174-177.

Zou Z Y, Zhu Z Y, Tao L J, et al. 2009. Stability and reinforcement analysis of a high and steep cataclastic rock slope. Harbin: Ninth International Conference of Chinese Transportation Professionals.